国家出版基金项目
NATIONAL PUBLICATION FOUNDATION

“十三五”国家重点出版物出版规划项目

海洋机器人科学与技术丛书
封锡盛　李　硕　主编

军事机器人：道德规范的构建

〔澳〕Jai Galliott　著
宋三明　李　岩　衣瑞文　译
梁　波　审校

科学出版社
龍門書局
北　京

图字：01-2019-3423 号

内 容 简 介

在军事国防领域，从政策制定者到武器装备制造商、职业军人等，均对伦理学研究有着日益增长的迫切需求。同时，媒体和大众也从伦理学维度持续强烈关注军事国防领域的决策及行动等话题。本书从伦理学角度探讨无人化战争的规则、技术等，研究如何看待无人化战争，并对其未来发展的社会伦理问题进行展望。

本书将源于实践的丰富经验及深厚的理论成果结集出版，将有力推动军事机器人伦理学研究成果的普及，为军事国防领域从业人员、伦理学研究人员、机器人学研究和开发应用人员等提供参考。

图书在版编目(CIP)数据

军事机器人：道德规范的构建 /（澳）詹·加利奥特(Jai Galliott)著；宋三明，李岩，衣瑞文译. —北京：龙门书局，2020.12

(海洋机器人科学与技术丛书/封锡盛，李硕主编)

书名原文：Military Robots: Mapping the Moral Landscape

“十三五”国家重点出版物出版规划项目 国家出版基金项目

ISBN 978-7-5088-5883-8

Ⅰ. ①军… Ⅱ. ①詹… ②宋… ③李… ④衣… Ⅲ. ①军用机器人－技术伦理学 Ⅳ. ①TP242.3 ②B82-057

中国版本图书馆 CIP 数据核字(2020)第 236469 号

责任编辑：王喜军 张春贺 张 震 / 责任校对：樊雅琼

责任印制：师艳茹 / 封面设计：无极书装

科 学 出 版 社
龍 門 書 局 出版

北京东黄城根北街 16 号

邮政编码：100717

http://www.sciencep.com

中国科学院印刷厂 印刷

科学出版社发行 各地新华书店经销

*

2020 年 12 月第 一 版 开本：720 × 1000 1/16

2020 年 12 月第一次印刷 印张：14

字数：282 000

定价：118.00 元

(如有印装质量问题，我社负责调换)

Military Robots: ***Mapping the Moral Landscape* / by Jai Galliott / ISBN: 978-1-138-07971-7**

“海洋机器人科学与技术丛书”
编辑委员会

丛书前言一

浩瀚的海洋蕴藏着人类社会发展所需的各种资源，向海洋拓展是我们的必然选择。海洋作为地球上最大的生态系统不仅调节着全球气候变化，而且为人类提供蛋白质、水和能源等生产资料支撑全球的经济发展。我们曾经认为海洋在维持地球生态系统平衡方面具备无限的潜力，能够修复人类发展对环境造成的伤害。但是，近年来的研究表明，人类社会的生产和生活会造成海洋健康状况的退化。因此，我们需要更多地了解和认识海洋，评估海洋的健康状况，避免对海洋的再生能力造成破坏性影响。

我国既是幅员辽阔的陆地国家，也是广袤的海洋国家，大陆海岸线约 1.8 万千米，内海和边海水域面积约 470 万平方千米。深邃宽阔的海域内潜含着的丰富资源为中华民族的生存和发展提供了必要的物质基础。我国的洪涝、干旱、台风等灾害天气的发生与海洋密切相关，海洋与我国的生存和发展密不可分。党的十八大报告明确提出："提高海洋资源开发能力，发展海洋经济，保护海洋生态环境，坚决维护国家海洋权益，建设海洋强国。"①党的十九大报告明确提出："坚持陆海统筹，加快建设海洋强国。"②认识海洋、开发海洋需要包括海洋机器人在内的各种高新技术和装备，海洋机器人一直为世界各海洋强国所关注。

关于机器人，蒋新松院士有一段精彩的诠释：机器人不是人，是机器，它能代替人完成很多需要人类完成的工作。机器人是拟人的机械电子装置，具有机器和拟人的双重属性。海洋机器人是机器人的分支，它还多了一重海洋属性，是人类进入海洋空间的替身。

海洋机器人可定义为在水面和水下移动，具有视觉等感知系统，通过遥控或自主操作方式，使用机械手或其他工具，代替或辅助人去完成某些水面和水下作业的装置。海洋机器人分为水面和水下两大类，在机器人学领域属于服务机器人中的特种机器人类别。根据作业载体上有无操作人员可分为载人和无人两大类，其中无人类又包含遥控、自主和混合三种作业模式，对应的水下机器人分别称为无人遥控水下机器人、无人自主水下机器人和无人混合水下机器人。

---

① 胡锦涛在中国共产党第十八次全国代表大会上的报告. 人民网，http://cpc.people.com.cn/n/2012/1118/c64094-19612151.html

② 习近平在中国共产党第十九次全国代表大会上的报告. 人民网，http://cpc.people.com.cn/n1/2017/1028/c64094-29613660.html

无人水下机器人也称无人潜水器，相应有无人遥控潜水器、无人自主潜水器和无人混合潜水器。通常在不产生混淆的情况下省略“无人”二字，如无人遥控潜水器可以称为遥控水下机器人或遥控潜水器等。

世界海洋机器人发展的历史大约有 70 年，经历了从载人到无人，从直接操作、遥控、自主到混合的主要阶段。加拿大国际潜艇工程公司创始人麦克法兰，将水下机器人的发展历史总结为四次革命：第一次革命出现在 20 世纪 60 年代，以潜水员潜水和载人潜水器的应用为主要标志；第二次革命出现在 70 年代，以遥控水下机器人迅速发展成为一个产业为标志；第三次革命发生在 90 年代，以自主水下机器人走向成熟为标志；第四次革命发生在 21 世纪，进入了各种类型水下机器人混合的发展阶段。

我国海洋机器人发展的历程也大致如此，但是我国的科研人员走过上述历程只用了一半多一点的时间。20 世纪 70 年代，中国船舶重工集团公司第七〇一研究所研制了用于打捞水下沉物的“鱼鹰”号载人潜水器，这是我国载人潜水器的开端。1986 年，中国科学院沈阳自动化研究所和上海交通大学合作，研制成功我国第一台遥控水下机器人“海人一号”。90 年代我国开始研制自主水下机器人，“探索者”、CR-01、CR-02、“智水”系列等先后完成研制任务。目前，上海交通大学研制的“海马”号遥控水下机器人工作水深已经达到 4500 米，中国科学院沈阳自动化研究所联合中国科学院海洋研究所共同研制的深海科考型 ROV 系统最大下潜深度达到 5611 米。近年来，我国海洋机器人更是经历了跨越式的发展。其中，“海翼”号深海滑翔机完成深海观测；有标志意义的“蛟龙”号载人潜水器将进入业务化运行；“海斗”号混合型水下机器人已经多次成功到达万米水深；“十三五”国家重点研发计划中全海深载人潜水器及全海深无人潜水器已陆续立项研制。海洋机器人的蓬勃发展正推动中国海洋研究进入“万米时代”。

水下机器人的作业模式各有长短。遥控模式需要操作者与水下载体之间存在脐带电缆，电缆可以源源不断地提供能源动力，但也限制了遥控水下机器人的活动范围；由计算机操作的自主水下机器人代替人工操作的遥控水下机器人虽然解决了作业范围受限的缺陷，但是计算机的自主感知和决策能力还无法与人相比。在这种情形下，综合了遥控和自主两种作业模式的混合型水下机器人应运而生。另外，水面机器人的引入还促成了水面与水下混合作业的新模式，水面机器人成为沟通水下机器人与空中、地面机器人的通信中继，操作者可以在更远的地方对水下机器人实施监控。

与水下机器人和潜水器对应的英文分别为 underwater robot 和 underwater vehicle，前者强调仿人行为，后者意在水下运载或潜水，分别视为“人”和“器”，海洋机器人是在海洋环境中运载功能与仿人功能的结合体。应用需求的多样性使得运载与仿人功能的体现程度不尽相同，由此产生了各种功能型的海洋机器人，如观察型、作业型、巡航型和海底型等。如今，在海洋机器人领域 robot 和 vehicle 两词的内涵逐渐趋同。

信息技术、人工智能技术特别是其分支机器智能技术的快速发展，正在推动海洋机器人以新技术革命的形式进入“智能海洋机器人”时代。严格地说，前述自主水下机器人的“自主”行为已具备某种智能的基本内涵。但是，其“自主”行为泛化能力非常低，属弱智能；新一代人工智能相关技术，如互联网、物联网、云计算、大数据、深度学习、迁移学习、边缘计算、自主计算和水下传感网等技术将大幅度提升海洋机器人的智能化水平。而且，新理念、新材料、新部件、新动力源、新工艺、新型仪器仪表和传感器还会使智能海洋机器人以各种形态呈现，如海陆空一体化、全海深、超长航程、超高速度、核动力、跨介质、集群作业等。

海洋机器人的理念正在使大型有人平台向大型无人平台转化，推动少人化和无人化的浪潮滚滚向前，无人商船、无人游艇、无人渔船、无人潜艇、无人战舰以及与此关联的无人码头、无人港口、无人商船队的出现已不是遥远的神话，有些已经成为现实。无人化的势头将冲破现有行业、领域和部门的界限，其影响深远。需要说明的是，这里“无人”的含义是人干预的程度、时机和方式与有人模式不同。无人系统绝非无人监管、独立自由运行的系统，仍是有人监管或操控的系统。

研发海洋机器人装备属于工程科学范畴。由于技术体系的复杂性、海洋环境的不确定性和用户需求的多样性，目前海洋机器人装备尚未被打造成大规模的产业和产业链，也还没有形成规范的通用设计程序。科研人员在海洋机器人相关研究开发中主要采用先验模型法和试错法，通过多次试验和改进才能达到预期设计目标。因此，研究经验就显得尤为重要。总结经验、利于来者是本丛书作者的共同愿望，他们都是在海洋机器人领域拥有长时间研究工作经历的专家，他们奉献的知识和经验成为本丛书的一个特色。

海洋机器人涉及的学科领域很宽，内容十分丰富，我国学者和工程师已经撰写了大量的著作，但是仍不能覆盖全部领域。“海洋机器人科学与技术丛书”集合了我国海洋机器人领域的有关研究团队，阐述我国在海洋机器人基础理论、工程技术和应用技术方面取得的最新研究成果，是对现有著作的系统补充。

“海洋机器人科学与技术丛书”内容主要涵盖基础理论研究、工程设计、产品开发和应用等，囊括多种类型的海洋机器人，如水面、水下、浮游以及用于深水、极地等特殊环境的各类机器人，涉及机械、液压、控制、导航、电气、动力、能源、流体动力学、声学工程、材料和部件等多学科，对于正在发展的新技术以及有关海洋机器人的伦理道德社会属性等内容也有专门阐述。

海洋是生命的摇篮、资源的宝库、风雨的温床、贸易的通道以及国防的屏障，海洋机器人是摇篮中的新生命、资源开发者、新领域开拓者、奥秘探索者和国门守卫者。为它“著书立传”，让它为我们实现海洋强国梦的夙愿服务，意义重大。

本丛书全体作者奉献了他们的学识和经验，编委会成员为本丛书出版做了组织和审校工作，在此一并表示深深的谢意。

本丛书的作者承担着多项重大的科研任务和繁重的教学任务，精力和学识所限，书中难免会存在疏漏之处，敬请广大读者批评指正。

中国工程院院士　封锡盛

2018 年 6 月 28 日

丛书前言二

改革开放以来，我国海洋机器人事业发展迅速，在国家有关部门的支持下，一批标志性的平台诞生，取得了一系列具有世界级水平的科研成果，海洋机器人已经在海洋经济、海洋资源开发和利用、海洋科学研究和国家安全等方面发挥重要作用。众多科研机构和高等院校从不同层面及角度共同参与该领域，其研究成果推动了海洋机器人的健康、可持续发展。我们注意到一批相关企业正迅速成长，这意味着我国的海洋机器人产业正在形成，与此同时一批记载这些研究成果的中文著作诞生，呈现了一派繁荣景象。

在此背景下“海洋机器人科学与技术丛书”出版，共有数十分册，是目前本领域中规模最大的一套丛书。这套丛书是对现有海洋机器人著作的补充，基本覆盖海洋机器人科学、技术与应用工程的各个领域。

“海洋机器人科学与技术丛书”内容包括海洋机器人的科学原理、研究方法、系统技术、工程实践和应用技术，涵盖水面、水下、遥控、自主和混合等类型海洋机器人及由它们构成的复杂系统，反映了本领域的最新技术成果。中国科学院沈阳自动化研究所、哈尔滨工程大学、中国科学院声学研究所、中国科学院深海科学与工程研究所、浙江大学、华侨大学、东华理工大学等十余家科研机构和高等院校的教学与科研人员参加了丛书的撰写，他们理论水平高且科研经验丰富，还有一批有影响力的学者组成了编辑委员会负责书稿审校。相信丛书出版后将对本领域的教师、科研人员、工程师、管理人员、学生和爱好者有所裨益，为海洋机器人知识的传播和传承贡献一份力量。

本丛书得到 2018 年度国家出版基金的资助，丛书编辑委员会和全体作者对此表示衷心的感谢。

“海洋机器人科学与技术丛书”编辑委员会

2018 年 6 月 27 日

译者序

当今时代的机器人学不再仅仅是一门技术科学，它需要哲学、法律、社会学、心理学等人文社会科学领域学者的支持和参与，从跨学科的角度，进行交叉与融合，构建有益于全人类发展的机器人伦理道德规范。

进入 21 世纪，机器人伦理学恰逢其时，隆重登场！

马克思主义的基本观点认为，科学技术是双刃剑，具有两重性，就像弓箭既可以用于打猎，也可以用于杀人。但军事机器人作为一种武器，无疑主要是用来杀人或辅助杀人的。作为机器人伦理学的一个研究对象，军事机器人具有特殊的道德伦理价值。

军事机器人属于特种机器人，其主要职责是参与国防建设、执行军事侦察和战场打击任务。从技术发展的角度，我们希望机器人能感知战场环境，自主控制、自主搜索并自主打击目标。但是，我们不希望机器人完全取代人，而只是希望机器人代替人类执行一些我们不能做或不愿做的事情。典型的军事机器人包括无人机、无人车和自主水下航行器等。设计、建造和使用军事机器人主要有两个初衷：一是减少己方人员的伤亡；二是通过精确打击，减少平民伤亡和财产损失。要实现这些目标，至少必须具备以下两个条件：一是师出有名，否则处于技术劣势的一方会通过非对称性报复，让对方遭受长久而深远的伤害；二是机器人具有能和人类匹敌的自主感知系统和目标辨识能力。

然而，在现有的国际政治经济秩序下，第一个条件经常被霸权主义所践踏，而现有的技术手段还不能很好地实现第二个条件。于是，军事机器人应用的现实与理想之间的差距，不可避免地会对传统道德和伦理观念产生冲击。常见的问题包括：无人系统是否会使决策者更容易做出开战的决定？无人系统是否侵犯了他国的领土和主权？无人系统是否会让远程操作员轻易就做出打击决定？无人系统参战对处于技术劣势的一方来说是否公平？无人系统是否意味着风险转移？由于技术限制，无人系统在精确度上的误差是否会伤害无辜？有人参与的打击决定在多大程度上和人有关？如果机器人违反了人类的伦理道德或者法律规范，谁应该为此承担责任？是否该对无人系统进行追责，该怎样追责？

人类向往和平，不希望战争发生，但是社会矛盾、教派冲突和资源争夺等常常不可避免地将人类导向冲突。姑且不论这些开战理由是否正当，人类一旦卷入战争，就会竭力避免成为攻击的目标。于是，无人系统有了用武之地！诚如书中所言，“无人战争是一项人类活动和社会惯例”。从伦理上剖析无人战争的原则和标准，有助于人类更加理性地分析战争的起源、发展和结束。这些原则和标准不仅关系到国际社会的和平与稳定，也会指引科学技术朝着更加符合伦理道德的方向发展。

遗憾的是，在当今社会，很少有人关心无人系统所引发的科学技术伦理问题，这点在国内尤为突出。本书作者 Jai Galliott 曾经在澳大利亚皇家海军服役，他用军人特有的眼光和视角，看待无人系统对传统正义战争理论所提出的挑战。一方面，作者完整地讨论了正义战争理论在无人战争中所面临的挑战和解决方式；另一方面，作者又用平实的语言阐述了看似艰涩生硬的哲学道理。相信本书的翻译和出版，会为广大读者提供一种反思无人系统的视角。

当然，无人系统只是一种载体，我们还会面临各种不同形式的战争，如信息战和太空战等。可以预见的是，应用正义战争理论分析相关问题时也会遇到特定的挑战，但是伦理道德始终是人类和平共处、携手进步的指路明灯。此外，正义战争理论所包含的原则和标准，也会为普通民众的行为提供有益的启示和借鉴。

全书共 10 章。前言、第 1 章至第 3 章由衣瑞文翻译，第 4 章至第 7 章由宋三明翻译，第 8 章至第 10 章由李岩翻译。宋三明负责统稿，梁波负责审校。本书在翻译过程中得到了中国科学院沈阳自动化研究所封锡盛院士、李硕副所长的全程指导和支持，译者对此深表谢意。

在本书的翻译过程中，我们力求忠实地反映作者的原意。但是战争伦理在一定层面上还包括哲学的思维和逻辑，给从事技术开发和工程应用的译者带来一定的挑战。由于译者水平有限，书中难免有不足之处，恳请广大读者批评指正。

译　者

于中国科学院沈阳自动化研究所

2019 年 6 月

前　言

2007年，当我从澳大利亚皇家海军退役时，军事机器人伦理学研究尚处于萌芽阶段，社会公众对相关问题的争论很少。随着平民伤亡数被严重低估以及公众监督缺位等问题的凸显，迫切需要对其开展长期、深入的研讨。因此，我怀着极大的热情，开始了多年的深入研究。到2009年年底，本书逐渐成形。幸运的是，我不是该领域的独行侠。几乎在同一时期，在太平洋的彼岸，研究生 B. J. Strawser 即将完成他的博士论文，主题是“战争中的道德责任和自律”①。受近期②军事事件的激发，他决定在论文中增加“越来越流行的无人机战争”的内容，作为论文最后一章。总之，追随着 Armin Krishnan、Christian Enemark、Avery Plaw、Patrick Lin 以及 Robert Sparrow 等同行学者的步伐，我们正在帮助规范最初的学术争论。

当下，这种争论已经获得了极大的关注。几乎是一夜之间，不论是在政治脱口秀节目还是专栏，或是国会、听证会等众多场合，所有人都想发表关于这种致命攻击武器的观点。各种人权团体、空想理论家、专栏作家等，都对这种无须人参与即可执行军事行动的全自主机器人远景充满忧虑。也许有人会说，我应该对这种激烈争论局面感到高兴，但事实并非如此。更多的时候是，这些后来者经常带有思维定式，并且将有关无人机的争论简化成一看便知无法回答的问题，如你认为无人机是好还是坏，或者你支持还是反对使用无人机。这本应是一个需要进行长期讨论的学术问题，像当今大多数政治辩论一样，将其简化成两极对立的肤浅“争论”无助于任何人了解问题。现实的情况是，不论过去、现在还是将来，无人机战争比大多数评论家的认识都更为复杂。

同时，社会公众的兴趣激发了学术界更多的人竞相跳入无人机大潮，但他们主要目的是出版成果。这些原本应该更加学术性的争论，正在通过网站、期刊或

① B. J. Strawser 现任美国海军研究生院副教授，他的博士论文题目是“The bounds of defense: moral responsibility, autonomy, and war”，2012年提交美国康涅狄格大学。

② 此处指的是 B. J. Strawser 撰写博士论文期间，大概在2010年。——译者注

书籍等广为传播，坚持坐冷板凳的严谨的学术研究氛围正在消亡。本书的目的，即是思考总结最近 5 年内[①]出现的相关论点，并基于正义战争理论来开展深入研究。哲学研究对现实世界的政策影响甚微，甚至几乎没有任何作用，尽管如此，我仍然希望本书为我曾经的战友们——不管是指挥员还是战斗员，提供真诚的实践指导。

Jai Galliott
澳大利亚，悉尼
2014 年 4 月

① 指 Jai Galliott 撰写书稿期间，大概在 2010 年前后 5 年期间。——译者注

致　谢

许许多多的人为本书的问世提供了帮助，但麦考瑞大学的 Mianna Lotz 和 Aleksandar Pavkovic 提供的帮助最为重要。他们不仅为我提供了机会，更重要的是他们给予了我顺利完成本书最需要的鼓励。此外，还要感谢 B. J. Strawser、Avery Plaw、Armin Krishnan、Patrick Lin、Rob Sparrow、Katina Machael、Christian Enemark、Peter Singer、Stephen Coleman、John Kleinig、Jeff McMahan、Thomas Hurka、Ed Barren、Shannon Ford、Seumas Miller、Nicole Vincent、Cynthia Ung、Jeanette Kennett、Alex Leveringhaus、Tjerk de Greef、Heather Roff-Perkins、David Wallace、Anke Snoek、Ruby Catsanos、Thamas Bruneau 和 Tereza Hendlova，他们为我的写作提供了诸多指导。非常感谢我母亲的远见卓识，当然也要感谢我的夫人，正是她的付出，确保了本书没有受到我恋爱、结婚、生子的影响而顺利完成。

同时，非常庆幸我的许多观点得到同行专家的指正。在此，我怀着诚挚的感激之情特别感谢 Jeroen van den Hoven 资助我访学荷兰代尔夫特理工大学和英国牛津大学，相关成果奠定了本书第 9 章的基础；《军事伦理学》（*Journal of Military Ethics*）杂志的 Henrik Syse 对两篇关于非对称战争的论文积极反馈，促使我大幅修改了第 7 章的内容；在马萨诸塞大学，Avery Plaw 热情邀请我到他的家中做客，并与我讨论《战后正义》（*Jus Post Bellum*），这些构成了第 8 章的内容；应用哲学和公共伦理学中心的 Shannon Ford 和 Adam Henschke 邀请我做关于伦理正义辩护的演讲，这些内容成为本书第 3 章的重点。本书同样包括了我先后发表在《国际动态》（*Dynamique Internationales*）、《伦理学》（*Ethics*）、《堪培拉时报》（*The Canberra Times*）、《IEEE 技术与社会》（*IEEE Technology & Society*），以及开庭书局（Open Court Press）和 IGI 出版社（IGI Global）的期刊的相关内容。

最后，我要特别感谢阿什盖特出版公司（Ashgate Publishing）政治和国际关系部的 Kirstin Howgate，正是他对新技术和国际事务的热情，促使我顺利完成了此书。我还要感谢赫尔大学的 Don Carrick 和 James Connelly、美国海军军官学校的 George Lucas 以及渥太华大学的 Paul Robinson，正是他们发掘并肯定了本书的价值，并迅速把本书收入“军事和国防伦理学丛书”。

目　　录

1
绪　论

2000 年来，许许多多新武器技术诞生时，都被描述为可以减少战争的破坏力、恐怖感以及残酷性。那些声称通过在盟友和敌人之间构筑“缓冲区”以实现“更干净利落的”死亡和快速结束战争的说辞特别容易引发人们类似的兴趣和关注。需要考虑的事实是，我们的祖先曾经仅仅依靠简单的石块和木棒，就能贴身战斗击败敌人。随着武器设计知识的应用，人们发明了长矛、弓箭、投石机以及其他机械武器。随之而来的是火药、火炮、火器以及其他现代武器，这些武器大幅增加了交战双方的接战距离。想象中，这些新武器可以使现代战争相比古代贴身格斗降低恐怖感。然而，在克雷西（Crécy）战役中我们看到了漫天箭雨和抛石，抑或我们可以看诸如第二次世界大战（简称二战）或越南战争这样年代更近的血腥冲突，新武器可以在某种程度上减少战争屠杀的荒唐观点是极其令人厌恶的[1]。也就是说，虽然有人大肆正面宣传，但我们应思考的真正问题是，新的军事技术是否能够真正降低或缓和战争的残忍性。

这些问题现在变得至关重要。历史上，火炮的发明曾经带来乐观主义情绪（如 1621 年的相关观点①），人们错误地预测其将使得战争“以史上最快速度结束”，可避免“昂贵的血的代价”，可减少“伤亡数目”[2]。今天，某种程度上，被称作无人系统（完整定义见 1.1 节）的军事机器人的出现似乎要重蹈这个覆辙。换句话说，无人武器技术的发展，提升了人们关于 21 世纪及以后的不可避免的冲突会以更人道的方式展开的期望[3]。大众媒体经常在报道中反复宣传这样的观点：无人系统有望拯救士兵和平民的生命。无人系统的应用效果将在以后得到检验，但是，这种“新”希望和乐观主义情绪可追溯到 20 世纪 90 年代初的第一次海湾战争，那是一个美国军队新军事技术的试验场。在先进技术的帮助下，美军实现了对萨达姆·侯赛因（Saddam Hussein）庞大军队的决定性速胜，只有几百美军死亡并且其他损失也降到了最低[4]。常年备战高技术战争，美军似乎收益颇丰，且因此长

① 1621 年，米开伊洛夫发表《基于军事科学的炮兵作战条令》（*Regulations concerning combat artillery and other matters which relate to military science*）。——译者注

期追求更多的新技术，因为他们相信，这种成功模式几乎可以复制到任何潜在冲突中，并取得快速、高效、决定性的胜利[5]。第二次海湾战争证明复制这种模式在实践中不可能轻易奏效，但是可以理解，这种模式仍具有巨大吸引力。当前摆在我们面前的任务是，慎重考虑围绕无人系统所产生的乐观主义潮流是否明智。

在展开进一步的阐述之前，需要说明的是，无人系统不是当今有望使战争变得更加人性化的唯一选项，如网络战争，以国家行为攻击别国计算机网络导致其崩溃或者被破坏，相比传统的战争提供了一个潜在的不流血选项，并且近年来获得了越来越多的关注[6]。例如，俄罗斯攻击爱沙尼亚和格鲁吉亚，以及来自朝鲜、伊朗等国的针对美国军队、经济系统网络的潜在攻击①[7]。非致命武器或弱致命武器倡导者认为，当今的对抗不需要致命武器。激光可以眩目，微波系统可以灼烧皮肤，化学物质可以使人瘫痪，动能弹药可以提供钝力，涡流发生器可以产生冲击波[8]。这些新技术使得一些理论家相信，在当前被称作信息革命的军事革命大潮中，无人系统可以归入其中。人们更加准确、快速地获得战场空间信息以减少流血的愿望，推动了这场军事革命。这种愿望导致许多国家军队在武装力量结构、战略和战术（这些被认为是一场真正革命的信号）方面产生许多变化[9]。其出发点是，随着新技术带来的信息技术以及战斗力的提升，军队可以更加高效，最大限度地减少战争给参与者带来的伤害。然而，其中有一个明显的争议，即不管是在过去、现在还是将来，军事领域是否会发生革命[10]。或者说，我们正处在一个混合式革命的风口浪尖上，其中涵盖了无人系统、信息通信技术、生物技术、纳米技术等。我们很难对这种革命的属性给出准确界定，但是这种转变过程中的典型案例不容忽视，当技术开始汇聚，他们对社会与军队之间的互动具有强大的影响力。

目前，对无人系统属性的界定，还不十分清晰，是属于信息革命的一部分，还是一种新型革命，抑或两者都有？从下文讨论中词汇的出现频率可以清楚看出，军队为了寻求自身的现代化，非常乐于拥抱这种技术。历史已经证明，技术往往是一把双刃剑[11]，它给社会带来利益的同时，也带来了潜在的不稳定因素[12]。著名的技术哲学家，如尼尔·波斯曼（Neil Postman）、卡洛尔·米切姆（Carol Mitcham）②和雅克·埃吕尔（Jacques Ellul）等，都写过技术对人类的潜在负面影响方面的著作，并且警告我们不要盲目接受任何技术。在《技术的报复——墨菲法则和事与愿违》（“Why things bite back: technology and the revenge of unintended consequences”）[13]中，爱德华·特纳（Edward Tenner）用大段篇幅提醒我们，即使是成熟技术，也往往会逐渐显现出缓慢的、长期的问题，而不是立即暴露致命

---

① 原文如此，不代表译者观点。——译者注

② 原文如此，应为卡尔·米切姆（Carl Mitcham）。——译者注

问题。特纳将诸如重新排列、反复循环、重新改组、改革新生、再次充满等称为报复效应[14]。这种效应不会凭空产生，当技术受到社会、文化、法律、组织等因素[15]冲击时，这种效应更显著。这也是为什么我们需要将无人系统纳入更广阔的空间进行思考。但要清楚，尽管有不可预期的风险，但这并不意味着我们应该完全停止武器研发。很多技术已经产生了不良后果，但是我们并没有停止使用它们。事实上，关于武器的发展会增加还是减少战争破坏性，是一个长期存在争议的话题。因此，如果没有经过深入的研究和分析，就会得出错误的结论，无助于问题的解决。

一个需要回答的问题是，我们是否有能力管控现有武器技术使用过程中带来的社会、伦理的挑战，并提供有益的解决方案。这个问题必须拓展到无人系统领域，毕竟与其他技术相比，无人系统并不是特立独行清白无辜的。尽管，这种观点从最初称其为机器人时就已经根深蒂固。第一次世界大战（简称一战）后，由于战争和大流感的冲击，整整一代产业工人丧失了劳动能力，因此用机器代替人进行劳动的热情卷土重来。卡雷尔·恰佩克（Karel Capek）在 20 世纪 20 年代的科幻剧本《罗素姆万能机器人》[16]中，第一次使用了机器人（robot）这个词（源自捷克语 robota，意思是苦力）。恰佩克设想的服务机器人如今已经在社会中无处不在。毫不意外，剧本中的机器人仆人最终对自己的角色地位不满意，背叛了他们的人类主人。这一场景演变成了一个对这种乌托邦式远景持悲观态度的科幻流派[17]。诸如《地球停转日》《鹰眼》《星球大战》《终结者》《变形金刚》等流行电影，这里仅举几例，同样讲述了机器人应用在国防领域的故事。更常见的是，这些作品中表达出对失控、意外行为、程序崩溃等的忧虑[18]。然而，对很多人来说，这些通俗的警告已经影响了将机器人发展成具有独立行动能力或给予平等地位的努力。本书尝试扭转这种趋势，并以更为学术的基调、模式和规范来强化这种警告。本书研究了使用无人系统的原因，探讨了正确应用无人系统的规范，并对无人系统的社会属性、战略意义以及道德影响等进行阐述。本书的首要目标是提醒大家关注人在无人战争中的角色，并阐述在应用无人系统时，其部署使用应置于严格的监督与国际规范之下。

1.1 术语和定义

对无人系统开展准确的、有价值的研究，首先需要对各种技术下一个清晰的定义。社会公众对机器人的讨论，导致了对不同特征和级别的机器人的混淆，《施普林格机器人手册》[19]承认，关于军事机器人的很多术语，经常有误导性并且定义也不够准确。撇开公众文化中的期许，还有很多略显不合时宜的事情必须去做，如厘清在人文科学和所谓的“硬科学”[20]之间的“分歧”和“裂痕”。相比一般由“软科学”的人文科学给出的广义分析与定义，近来有一种趋势（或需求）是进行精准的、狭义的定义。事实上，世界上主要国家的军队都会发布本国各种技术的报告，涵盖了术语、定义、分类以及其他军事用语，然后以他们的方式展开学术讨论。这导致任何关于军事机器人技术的讨论很难寻找到定位精确的文献，同时，同样的事情对应不同的术语及定义也带来了混乱。对于新兴技术，其定义和伦理问题越发受到关注。我们无法做到对所有的术语和问题进行标准化，此处的目的是指出可行性，并概要介绍本书采用的一些定义。

首先，我们必须问一个似乎相当基础的问题：什么是机器人？如前所述，长期以来，我们阅读和观看了很多关于社会和军事机器人的警示故事。因此，提出这样的问题可能会被认为是多余的，答案似乎是显而易见的。然而，事实恰恰相反。直到今天，仍然没有一个关于机器人的统一定义，甚至大多数机器人专家之间都不统一（更何况机器人专家与哲学家之间）。一些人认为，机器人仅仅是装有传感器和执行器的能与外界进行互动的机器[21]。然而，任何带有打印机或 DVD 光驱的计算机均符合此定义，这很难定义大多数人心中想到的机器人[22]。从工程的观点来看，机器人是一种具有控制、运动、感知、通信、认知等装置的人造物体（artificial body），有的也许有人类的外貌，有的可能没有[23]。更多的哲学家倾向定义具有感知、思考（或决策）和行动能力的机器为机器人[24]。当然，一种机器是否严格具备感知、思考、决策或行动能力是一个重要的争论点。除此之外，一个广泛认同的标准是，机器人必须具备一定的自主能力，简单点说，即无人监管下的自主操作能力。这意味着机器人具备从外界环境中接收并处理数据的能力，而且具备与所处环境互动的能力。

今天的许多无人系统完全满足这些评判标准，但其中一些无人系统仅装备了传感器，通过远程遥控进行作业。结果就是，除非定义扩展到包括这些人工操作决策能力，否则在这种严格术语体系下，不能把所有的无人系统称作机器人。这种情况部分可归因于基础信息的模糊，关于什么是无人系统也需要严格定义。本书为了便于讨论，认为无人系统（unmanned systems）[25]与无人机（drones）是同一概念，并且采用了相对宽松的没有争议的定义，具体如下。

定义：一种机械电子系统，具备以下共同特征。①不需要人工在线操作；②设计上具有可回收重复使用的能力（虽然某种程度上可能使用模式并非如此）；③在军用领域，具备投送致命或非致命武器载荷的能力，或者具备扮演战场支援角色的能力[26]。具体包括，地面机器人（unmanned ground vehicles，如无人车）、海洋机器人（unmanned maritime vessels，水面和水下，如无人艇和无人潜航器）、空中机器人（unmanned aerial vehicles，如无人机）和太空机器人（unmanned space vehicles，如无人飞船），最后一种也可认为是其他三种的子集[27]。

必须承认的是，在这种意义上，“无人”这一术语并不准确，尽管没有机载操作人员，这种类型的战争仍然需要大量人员，主要扮演支持保障角色[28]。同样需要注意，“系统”一词并不仅仅指代不同的无人机或无人艇，它也包括了各种不同的控制系统平台，如卫星及其地面站。有人可能会认为像导弹、火箭、无人炸弹（如地雷）等也是无人系统[29]。然而，鉴于作者撰写本书的目的，此类武器将不会被当作无人系统来考虑。这类武器的某些型号可能是无人系统武器大家族的有机组成部分（如无人机携带的导弹或火箭），因此，将它们自身归为无人系统没有太大的意义。此外，它们不具备可回收能力，并会在爆炸或冲击中毁坏。最后，许多此类武器（如一些导弹或地雷）并不是在作业的各个阶段都是主动驱动的。上述所有这些特征对军队来说都非常重要，毕竟遵守（也可能是规避）武器控制公约需要首先对武器进行清晰的分类。

除了这些大量的技术特征，还有很多应用方面的概念特征定义。如前所述，发展和应用无人系统的幕后动机在于让作战人员远离冲突区域。在这些系统发展的早期，通常是用无人装备代替有人系统，如用无人机代替战斗机。另外，火箭、导弹、无人炸弹等并没有明确的无人装备替代物。尽管它们可以执行人必须通过其他手段才能完成的任务，但是其与现代无人系统的联系并不紧密。诚然，并非所有的无人系统都是被设计用来执行与有人装备类似的任务的，但是这是最初构想它们的一种方式，并且，这种思维方式在当今大多数案例中仍然有效。此外，像地雷、核导弹这样的武器，通常是被设计成无差别攻击的，它们经常在战后很长一段时间内仍然造成伤害。这让它们特别可恶，需要对其开展深入的道德思考。那么此类武器是否应该被归类于机器人？[30] 基于上述种种实践上和概念上的原因，这些武器不应该被当作机器人。最多，此类武器的一些复杂型号也许可称为准无人系统（这个定义在于，这些系统受到真正的无人系统设计思想的影响，但并不满足上述或者其他的一个或更多的条件）。当然，不可否认，这些武器（与其他武器一起使用增加杀伤距离）使无人系统伦理问题的争论更加复杂化。

最后的问题是，需要给出一个无人系统操控模式更容易理解的概述。让我们暂且抛开围绕“自主”这一术语的复杂哲学含义，以及与之对应的控制、思维、认知等的争论。眼下，我们急需一个技术角度的定义，来描述无人系统控制回路中去掉人的因素，并且判定自主水平高低。由于自主性存在一个分级的问题，可以从低（人工操控较多处于人在回路中）到高（人工操控处于人在回路上，或者彻底不在回路），这使得研究自主的连续性变得有意义，各种各样的平台根据其专门的设计和能力依次排序[31]。然而，出于探讨伦理问题的目的，沿着连续界限画几条线表达自主性分级即可，甚至都没有必要去明确命名这些等级。当然，需要考虑的问题是究竟应该画多少条线。虽然有些人将自主性分为 15～20 个等级，这里仍然将其分为 4 个等级，为揭示不同类型的本质提供更加清晰和精准的指标。

（1）自主水平等级 1——非自主/遥控。操作人员控制无人系统的每一个动作。离开操作人员，遥控系统不具备工作能力。

（2）自主水平等级 2——监控自主。操作人员指定运动、位置或基本的动作，无人系统自行执行使命。操作人员必须频繁地为无人系统提供输入并持续监控，以确保正确操作。

（3）自主水平等级 3——任务自主。操作人员指定总体任务，无人系统自行采取动作步骤，在自我监控下完成任务。操作人员一般拥有监督系统运行的手段，但是没有必要展开操作。

（4）自主水平等级 4——全自主。具有全自主能力的无人系统，能够自行创建并完成任务，除了决定复制一套同样的系统之外，无须人类的任何输入。人完全可以从这个回路中离开，影响甚微。此类系统展现出了模仿或复制人类感情的能力（本书对此类事情不持立场）。

第二和第三等级自主水平分级也许应该合并，因为它们都属于半自主作业，之所以仍然区分保留，主要在于这两种自主水平等级中操作人员的角色有显著的不同。

1.2 不成熟的观点

正如前文指出的那样，在过去的几年中，随着应用范围的扩大，关于无人系统的文献已经极大丰富，但是大多是严格的技术资料或纯粹的法律文献。事实上，关于军事机器人的争论中一个非常让人意外的特点是，本应深入开展的关于其伦理问题的学术讨论却很少出现，特别是在对比相关技术在其他领域的影响时尤其明显，如在医疗领域，它受到极大关注并得到了很多研究经费支持。在接下来的叙述中，本书将对众多描述军用机器人伦理学[32]的文献进行摘要汇总，选取不同论述的关键点并探讨它们之间的联系，以期通俗易懂。

也许，彼得·W. 辛格（Peter W. Singer）的《为战争而生：21 世纪的机器人革命与冲突》[33]一书，是讨论无人系统伦理学问题最为流行的著作。辛格堪称政治理论家，并没有受到澳大利亚功利主义风气的诱惑，他最初撰写了关于军队非法利用儿童以及私营军事承包商崛起等问题的著作。《为战争而生：21 世纪的机器人革命与冲突》一书旨在揭示无人系统已经从本质上改变了战争模式，并且触发了很多关于心理学、恐怖主义、战争的本质等非常重要的伦理问题。这是关于无人机争论的第一次浪潮的核心内容，辛格拥有新闻记者的洞察力，借鉴了科幻小说，以及清单（laundry list）式的陈述风格[34]。他的目的在于针对日益发展的机器人战争，对相关问题加以介绍，而不是从事实质性的理论研究[35]。辛格的主要贡献在于，他通过采访现役士兵、政治家以及武器设计者，开启了最初的广泛的研究。这本书为深入讨论相关问题提供了丰富的信息资源。

受辛格的工作以及公众争论的激励，少数专业的伦理学家开展了关于无人系统伦理问题的研究，其中很多人在“无人机”这个术语走进大众之前即开始了相关工作[36]。他们在各种期刊和杂志上发表文章，撰写著作，包括长篇军事报告。他们同样在各种场合发表论文，如国际军事伦理学会年会，以及国际机器人武器控制委员会研讨会等。阿明·克里斯南（Armin Krishnan）的《杀人机器人：自主武器的合法性和伦理性》[37]一书，构成了这第一次浪潮的尾声，尽管它是现有关于军事机器人研究中传播最广的，但仍有其局限性。例如，虽然战争是一种典型的死亡冒险，但并非所有无人系统都像“杀人机器人”术语所暗示的那样——被用作致命的武器，而且它们并非全是自主的。此外，关于伦理学的讨论被合并为一章，并且，有关责任争论的阐述并不充分。然而，早期学术活动最值得关注的重点是，这些争论已经通过一种非常规途径得以确立。但是，对自主系统潜在可怕后果的担忧，加之缺乏相关领域详尽的哲学审视，产生了一些不利的社会影响，如将作家以及广大读者分化成了支持或者反对这种系统的不同阵营。也就是说在不经意间，第一次浪潮将学术交流变成了肤浅的争吵，就如同今天的政治演说一样。

一些参与者认识到超越关于无人机争论的第一次浪潮的重要性，并且推动其向更具理性的层次发展。克里斯蒂安·厄勒马克（Christian Enemark）的《武装无人机和战争伦理：后英雄时代的军事优势》[38]一书，是第二次浪潮中的第一部著作。这是关于无人机及其作战风险的重要研究工作，在该书第七章中详尽描述并进一步加深了这种争论。厄勒马克在该书中阐述了自己的很多忧虑，但与其他学者一样，他并没有为使用这些系统进行彻底的辩护，或者提出相关责任问题的应对。布拉德利·J. 斯乔瑟（Bradley J. Strawser）的《远程控制杀人：无人军队的伦理》[39]一书改进了分析研究的方法，即在实践和理论中找寻不同关注点，同样为推动更深入的理性分析做出了贡献。当然，还有很多其他的独立研究引起了热烈的反响，特别是斯乔瑟关于无人战争授权许可问题的研究，以及罗伯特·斯巴鲁（Robert Sparrow）关于科技力量显著不相称的道德意义的研究。该书对无人系统伦理问题的主要方面做出了通俗易懂并且学术方法统一的分析研究；而且，还认真分析了应用这些系统背后的道德规则，利用道德约束其正确应用。当然，伦理问题会随着无人系统的应用而出现乃至激化，斯乔瑟系统总结了此前的零散文献，以批判的思想对其整理，建立了不同流派之间的联系，并拓展到前所未有的领域。在评估无人机部署许可时[40]，该书同样试图提供某种指导规范。鉴于我们生活在一个关注风险的社会，并且不可能不去发明这些系统，我们需跳出欧美传统哲学范畴，基于后果管理模式进行研究工作[41]。

从方法论的角度看，应该说，最终很难将无人系统理论和实践分开。在任何假定的场景中，很多关于无人机的争论，决定于道德风险的可承受度。当我们追问，一个指挥官是否应该授权一次可能造成平民伤亡的无人轰炸，抑或是否有理由发动一场免责的战争，我们无疑是在问一些很难给出结果的道德问题。然而，很多重要的伦理问题仍然有经验可循：无人系统与有人装备相比是否更加精确？无人系统能够减少对士兵的心理伤害吗？无人系统执行任务能够优于人类吗？当然，考虑到军事技术发展的宏伟蓝图，目前无人系统的发展仍处于婴儿期，支撑我们做出判断的硬性数据很少。基于此，虽然有时候不够严谨，但也没必要为把哲学理论和经验丰富的军事研究学者的证据相混淆而道歉。

1.3 后续章节安排

在简要介绍了无人系统减少战争野蛮性的潜力，并介绍了各种难以预料的后果后，本书最初的几章从技术细节角度入手，深入探讨了什么是无人系统，并介绍了为什么各个国家及其军队迫切希望使用它们，以及从理论和实践角度看应该如何实施。特别需要指出的是，第 2 章全面论述了无人系统的技术脉络，涵盖从最初起源到未来发展，重点关注自主能力的发展进程。第 3 章探讨了应用无人系统发动军事行动的正当性，并且通过社会契约论分析指出，任何合法军事力量均在必要的道德约束下不懈追求提高效率和效力。随着无人系统应用案例的增多，以及随之而来的批判，第 4 章阐述了管控无人战争的必要性，并且提出了一种基于契约的正义战争理论，以便作为可行的道德选择框架。

本书其余章节研究了无人系统技术利用，甚至更广义的无人战争的现行和潜在的挑战。从前面几章关于正义战争的框架体系来看，本书考虑了无人系统在战争中的效能，并质疑这些技术是否能衍生出更加人性化的武器，或者像有关方面标榜的那样，成为提高军队效率的灵丹妙药。第 5 章重点关注无人战争的相关技术维度和操作维度。有人问：无人系统能够让人免遭伤害吗？操作人员有战争成就感吗？技术的界限在哪里？该章在风险转移的背景下对这些问题进行了讨论，并思考在伦理上风险转移多大程度是被允许的。第 6 章继续讨论该问题，但更多地关注无人战争的心理学、社会学以及政治学维度，及其对战争参与者（社会公众、无人系统操作人员、指挥官以及更高层面的军事及政治决策者）的影响。该章最后通过思考是否更先进的技术解决方案就能解决一些明确的挑战，进而给出结论。第 7 章进一步探讨了潜在的技术解决方案，审视了非对称战争的概念，因其适合无人战争。有观点认为，和其他形式的战争相比，无人机战争在某种程度上是彻底的非对称战争，以至于正义与公平和无人机战争的道德与战略目标出现了矛盾。第 8 章探讨了无人机战争对当地平民的影响，并以最近的中东战争为例，深入思考战后大环境有关的更深层次的伦理问题，研究其所呈现出来的引人注目的变化。这可以作为未来无人战争的一个案例，涵盖了很多更具建设性的无人系统手段。第 9 章，也是最重要的一章，讨论了共性问题及挑战的责任归属问题。该章分析了传统的责任框架体系的诸多障碍，为更加实用并更具前瞻性的探索奠定坚实基础，并致力于确保无人系统得到其应得的来自所有参与方的关注。

注　释

1 Charles Dunlap, *Technology and the 21st Century Battlefield: Recomplicating Moral Life for the Statesman and the Soldier* (Carlisle: Institute for Strategic Studies, 1999), 1.

2 Henry Alford, *The Works of John Donne, with a Memoir of His Life* (London: John W. Parker, 1839), 58.

3 是否最好将 21 世纪战争中的攻击归类为一种常规战争或恐怖主义，还存在很大的争议。在本书中，只需将暗杀看成常规军事行动的合法部分，不需要将其看成非法的杀戮。

4 James S. Corum, “Development of Modern Counterinsurgency Theory and Doctrine”, in *The Ashgate Research Companion to Modern Warfare*, ed. George Kassimeris and George Buckley (Farnham: Ashgate, 2010), 46.

5 Liang Qiao and Xiangsui Wang, *Unretricted Warfare: China's Master Plane to Destroy American* (West Palm Beach: NewsMax Media, 2002), 77; Simon Cooper, “High-Tech War and the Securing of Consent”, *Southern Review: Communication, Politics & Culture* 37, no.3 (2005): 76.

6 Myriam Dunn Cavelty, “Cyberwar”, in *The Ashgate Research Companion to Modern Warfare*, ed. George Kassimeris and George Buckley (Farnham: Ashgate, 2010), 129.

7 Randall R. Dipert, “The Ethics of Cyberwarfare”, *Journal of Military Ethics* 9, no.4 (2010): 384.

8 Christitopher Coker, *Ethics and War in the 21st Century* (New York: Routledge, 2008), 130.

9 Elinor C. Sloan, *The Revolution in Military Affairs: Implications for Canada and NATO* (McGill-Queen's University Press, 2002), 3-4.

10 关于这个争论的很多不同观点，可以参考: Max Boot, *War Made New: Technology, Warfare, and the Course of History, 1500 to Today* (New York: Gotham Books, 2006); Jeremy Black, “The Revolution in Military Affairs: The Historian's Perspective”, *Journal of Military and Strategic Studies* 9, no.2 (2006/7), www.jmss.org/jmss/index.php/jmss/article/download/111/122; M. G. Vickers and R. C. Mattinage, *The Revolution in War* (Washington, DC: Center for Strategic and Budgetary Assessments, 2004); Bernard Loo, “Revolutions in Military Affairs: Theory and Applicability to Small Armed Forces”, in *Military Transformation and Strategy: Revolutions in Military Affairs and Small States*, ed. Bernard Loo (London: Taylor & Francis, 2008); William Murray, “Thinking About Revolutions in Military Affairs”, *Joint Force Quarterly* 16 (1997).

11 Patrick Lin, George Bekey, and Keith Abney, *Autonomous Military Robotics: Risk, Ethics, and Design* (San Luis Obispo: California Polytechnic State University, 2008),2.

12 Kip P. Nygren, “Emerging Technologies and Exponential Change: Implications for Army Transformation”, *Parameters: The US Army War College Quarterly Senior Professional Journal* 32, no.2 (2002): 89.

13 Edward Tenner, *Why Things Bite Back: Technology and the Revenge of Unintended Consequences* (New York: Vintage Books, 1996).

14 同上。

15 同上, 7。

16 Karel Capek, *R.U.R* (*Rossum's Universal Robots*), trans. D. Wyllie (Fairford: Echo Library, 2010).

17 Paul Springer, *Military Robots and Drones* (Santa Barbara: ABC-CLIO, 2013), 10.

18 Patrick Lin, Keith Abney, and George Bekey, "Robot Ethics: Mapping the Issues for a Mechanized World", *Artificial Intelligence* 175, nos 5-6 (2011): 943.

19 Bruno Siciliano and Oussama Khatib, eds, *The Springer Handbook of Robotics* (Dordrecht: Springer, 2008).

20 Peter W. Singer, "The Ethics of Killer Applications: Why Is It So Hard to Talk About Morality When It Comes to New Military Technology?" *Journal of Military Ethics* 9, no.4 (2010): 301.

21 Gianmarco Veruggio and Fiorella Operto, "Roboethics: Social and Ethical Implications of Robotics", in *The Springer Handbook of Robotics*, ed. Bruno Siciliano and Oussama Khatib (Dordrecht: Springer Verlag, 2008), 1502.

22 Lin Abney and Bekey, "Robot Ethics: Mapping the Issues for a Mechanized World", 943.

23 Ming Xie, *The Fundamentals of Robotics: Linking Perception to Action* (River Edge: World Scientific, 2003), 8.

24 Peter M. Asaro, "How Just Could a Robot War Be?", in *Current Issues in Computing and Philosophy*, ed. Philip Brey, Adam Briggle, and Katinka Waelbers (Amsterdam: IOS Press, 2008), 51.

25 关于一些定义，可参考 Douglas W. Gage, "UGV History 101: A Brief History of Unmanned Ground Vehicle (UGV) Development Efforts", *Unmanned Systems Magazine* 13, no.3 (1995); Laszlo Vanya, "Experts from the History of Unmanned Ground Vehicles", *AARMS* 2, no.2 (2003); United Kingdom Ministry of Defence, "Joint Doctrine Note 2/11: The UK Approach to Unmanned Aircraft Systems" (Wiltshire: Ministry of Defence, 2011).

26 对于无人系统，存在很多双重使用的问题，这里只考虑那些有很大可能性用于军事领域的定义。

27 这些分类中的每一个都包含很多单个的平台，第 2 章将列举一些例子。

28 Nancy J. Cooke and Roger A. Chadwick, "Lessons Learned from Human-Robotic Interactions on the Ground and in the Air", in *Human-Robot Interactions in Future Military Operations*, ed. Michael Barnes and Florian Jentsch (Farnham: Ashgate, 2011), 356.

29 Noel Sharkey, "Moral and Legal Aspects of Military Robots", in *Ethics and Legal Aspects of Unmanned Systems: Interviews*, ed. Gerhard Dabringer (Vienna: Institute for Religion and Peach, 2010), 47-48.

30 一些倡导使用像机器人一样的简易爆炸装置的例子，可以参考 Patrick Hew, "The Blind Spot in Robot-Enabled Warfare Deeper Implications of the Ied Challenge", *Australian Army Journal* 7, no.2 (2010).

31 Asaro, "How Just Could a Robot War Be?", 52; Patrick Hew, "C2 Design for Ethical Agency over Killing in War", in *The Evolution of C2: Where Have We Been? Where Are We Going?* (Santa Monica: International Command and Control Research and Technology Symposia, 2010), 4; Armin Krishnan, "Automating War: The Need for Regulation", *Contemporary Security Policy* 30, no. 1 (2009): 176.

32 John P. Sullins, "Introduction: Open Questions in Roboethics", *Journal of Philosophy and Technology* 24, no. 3 (2011): 233.

33 Peter W. Singer, *Wired for War: The Robotics Revolution and Conflict in the 21st Century* (New York: The Penguin Press, 2009).

34 Bradley Jay Strawser, "Introduction: The Moral Landscape of Unmanned Weapons", in *Killing by Remote Control: The Ethics of an Unmanned Military*, ed. Bradley Jay Strawser (New York: Oxford University Press, 2013), 4.

35 George Lucas, "Postmodern War", *Journal of Military Ethics* 9, no. 4 (2010): 292.

36 Lin, Bekey and Abney, "Autonomous Military Robotics: Risk, Ethics, and Design" (San Luis Obispo: California Polytechnic State University, 2008).

37 Armin Krishnan, *Killer Robots: Legality and Ethicality of Autonomous Weapons* (Farnham: Ashgate, 2009).

38 Christian Enemark, *Armed Drones and the Ethics of War: Military Virtue in a Post-Heroic Age* (New York: Routledge, 2013).

39 Bradley Jay Strawser, ed. *Killing by Remote Control: The Ethics of an Unmanned Military*, (New York: Oxford University Press, 2013).

40 本书可能会提到开发这些系统时的道德许可，但这并不是本书的主要考虑方向。不过，这些系统的确为工程师和其他相关人员提供了很多有趣的伦理问题。

41 Coker, *Ethics and War in the 21st Century*, xiii.

2

无人系统的兴起

在长期的战争史上，人类一直在寻求更加高效先进的军事技术[1]。因此，军方及其研究机构致力于将优势资源配置到这些任务中，从结果可以看到在军事技术历史发展链条上的各种长足进步。目前，无人系统处于这个链条的最终端，可扮演模拟靶标、诱饵、后勤保障、救援、爆炸物处置、侦察以及作战等角色，跨越陆、海、空、天全域，到处都有它们的身影[2]。对许多国家来说，在现代战争中用机器取代人的角色具有极大的诱惑。在第 3 章中会提到，除了保护作战人员的生命以及减少其他损失之外，许多国家采用无人化技术是为了获得战术上的优势。当下，美国引领着无人系统设计、开发和应用的潮流，还有 55 个国家①也在进行着同样的行动，并且这一数字正在稳步增长[3]。这些正在使用或者计划使用无人化技术的国家包括：阿根廷、澳大利亚、奥地利、比利时、巴西、保加利亚、加拿大、智利、中国、捷克、丹麦、芬兰、法国、德国、希腊、匈牙利、意大利、印度、印度尼西亚、以色列、伊朗、日本、约旦、黎巴嫩、拉脱维亚、马来西亚、墨西哥、摩洛哥、荷兰、新西兰、挪威、巴基斯坦、秘鲁、菲律宾、波兰、葡萄牙、罗马尼亚、塞尔维亚、新加坡、南非、韩国、俄罗斯、西班牙、瑞士、瑞典、土耳其、泰国、乌克兰、阿联酋、英国、乌拉圭和越南等[4]。因此，美国并不是讨论无人系统相关问题唯一涉及的国家。然而，由于美国是世界上最大的无人系统使用者，并且可能是在国土外用兵意愿最强烈的国家，所以，对美国的技术以及实现方式应该给予特别关注。

近年来，美国国会一直将无人系统的研发及部署作为优先领域，通过了多个议案并制定了相关法律。2000 年，美国国会确立了两大目标，即尝试将无人机和无人车整合进美国军队结构体系中。2010 年是第一个时间节点，1/3 的纵深打击飞行器实现无人化；2015 年是第二个时间节点，1/3 的陆军地面战斗车辆实现无人化[5]。2006 年，美国国会要求国防部制定政策，在新武器研发中优先考虑无人系统，并提出统筹研发这些系统及其组部件[6]。尽管国会制订的时间节点都已延期

① 原文如此，以下只列举了 52 个国家。——译者注

（不光是因为美国开始需要实质性削减军费以避免联邦债务达到上限，另外一个原因是在经济困难时期削减军队研发投入的惯例），国防部预算的持续投入仍然彰显了无人系统的重要性。的确，需要有强大的资金保障来列装并维持此类系统[7]。以无人机为例，2014 财年美军投入 37 亿美元购置新的无人机，这还不包括继续研发的费用[8]。这个数字让人联想到过去的几个财年：2013 财年是 35 亿美元，2012 财年是 45 亿美元[9]。虽然这仅占约 1%的国防预算，但在此类系统上的花费意义深远。从另一个角度看，这约 1%接近美国环境保护署的整个年度预算，其负责保护生活着超过 3 亿人的自然环境[10]。

考虑到世界各国对无人系统的兴趣，以及军队中可预见的拥抱新技术的趋势，有理由预测在未来的军队体系结构中，这类系统将占据显著地位。然而，由于缺乏对无人系统内涵的透彻理解，没有谁可以真正开展这类伦理问题研究。本章致力于探寻无人系统的起源，以及在此之前的相关技术。尽管不可能面面俱到，本章叙述的历史足以很好地表达无人系统发展的一般轨迹，反映它逐渐增长的自主能力及扩大的应用领域。这里将无人系统的发展分成四个关键阶段阐述：第一阶段，研究早期处于想象及神话时期的无人系统历史；第二阶段，探讨初步现代化的无人系统及相关技术的历史；第三阶段，通过各种军事领域的应用，介绍无人系统在今天的使用情况，从陆军到海军，最后是空军；第四阶段，预测未来无人系统研究的发展方向。

2.1 起源：最初的想象及神话

如前所述，无人系统的快速发展已经给人们带来了很多惊喜。这种惊喜可归功于这种革命性技术在其演化过程中倾向隐藏自己。无人系统经常被描述成现代的产物，但是这种观点并不正确。几乎每一种技术都是基于各种小型技术发展而来，无人系统也不例外[11]。但技术的后续发展同样依赖于其他事物，即创造力。由于创造力源于强有力的创造性思考及想象这种只有人类才拥有（迄今为止）的能力，因此探寻早期围绕机器人系统以及远程武器的想象非常重要。也许有人认为这不是一项重要的任务，但无人系统的起源可以追溯到数千年前。古代神话故事是研究如此久远历史的唯一途径[12]。即使历史链条有部分中断，仍然值得开展研究，盖因为他们给了今天的工程师们动力，去寻求实现神话故事中的技术和工程特征。一些武器必将被铭记，比如原子弹，即是首先出现在神话故事中。

虽然“机器人”这一术语发明于 20 世纪 20 年代，但是人类对自动化的不懈追求可追溯到更早时期[13]。荷马史诗《伊利亚特》中讲述了关于赫菲斯托斯（Hephaestus）的一些神话故事，其中包括了（也许是想象出来的）复杂的智能机器和自动控制（类人机器）的想法，成书时间约在公元前 1200 年至公元前 800 年，其中描述的想象可追溯到公元前 3500 年[14]。据称赫菲斯托斯是赫拉（Hera）和宙斯（Zeus）的儿子，是科技之神和铁匠之神。他天生瘸腿，因此，赫拉将其放逐至利姆诺斯（Lemnos）岛的一个火山。在那儿，他建造了一座宫殿，并制作了各种各样的金属装备[15]。其中很多被设计用来帮助他克服障碍。故事中记载了一种带有三脚架的装置，可以依靠自身的动力在房间内滚动。设计这个装置的初衷是用它在宴会上传送食物，这种三脚架装置可很好地起到帮助赫菲斯托斯搬运工具的作用，同样还可以用于转运人员[16]。荷马史诗中的另一个故事暗示，赫菲斯托斯已经创造了有生命的助手并且运行良好：

> ……为了帮助它们的主人……它们是金质的，看起来像活着的年轻女子。它们心中有智慧，会说话并且很强壮，而且从不朽的神那里学会了如何做事。它们灵活敏捷，足以帮助自己的主人……[17]

据说赫菲斯托斯用黄金打造了这些仆人来从事劳动。这些传说及其设想的机器，可认为是今天服务机器人的古代版本[18]。

然而，赫菲斯托斯的创造并非仅供他自己使用。对诸神来说他还是个铁匠，为诸神制作武器和盔甲。他制作的一件苦乐参半的武器是泰隆（Talon）[19]。事情是这样的，宙斯要求赫菲斯托斯为他其中一个儿子——克里特岛国王米诺斯（Minos）制造一个机器人。赫菲斯托斯满足了宙斯的要求，为米诺斯建造了一个巨大的青铜机器人——泰隆。泰隆有时候会被描述成带有翅膀，具有飞翔能力[20]，然而并没有神学文献支撑。据说，泰隆每天绕岛飞行三圈，以保护克里特岛免遭入侵，他会向任何有威胁的目标投掷石块[21]。很多其他神话中的创造发明也被归功于赫菲斯托斯。他用黄金为太阳神赫利俄斯（Helios）制作了飞艇，可以载着他从西方（太阳落山的地方）到东方（太阳升起的地方），他一路“睡得很香”[22]。他还被认为在宙斯的命令下制造了一只机器鹰，用以惩罚从诸神处盗取食物及天火给人类的普罗米修斯，机器鹰每天都来叼啄被铁链锁着的普罗米修斯的肝脏（可以再生）[23]。他的其他发明创造包括模仿动物的机器人（automaton），应该是给赫利俄斯的儿子埃厄忒斯（Aeetes）国王做的。在众多发明创造中，有一项是一对看门狗，一只金的和一只银的，它们是王宫的守护者。据说，这些机器狗可以“长生不老”[24]。同样，他还制作了嘴里能喷火的青铜机器牛，在国王埃厄忒斯交出传说中的金羊毛之前，伊阿宋（Jason）和其他阿尔戈英雄号（Argonauts）船员们不得不先制服他[25]。

这些神话故事中的装备和远程武器并非古希腊文学的专利。有证据表明，古代亚洲人头脑中也有类似的传说。有一个中国古代故事，周穆王（约公元前 1023

年至公元前 957 年）①的一次西行巡视中，有个名叫偃师的工匠向周穆王自荐。偃师向周穆王展示了一个机器人，它仅仅由皮革、木头、黏胶、漆制成，并有各种各样的人造器官。据记载，这个可以跳舞及说话的机器人让周穆王感到非常惊奇[26]。在印度的传说中同样记载着一些科幻片段，这些在 20 世纪已经梦想成真。约公元前 400 年的古梵文书《摩诃婆罗多》[记载牧牛神克利须那（Krishna）的两部主要神话之一]中记载，克利须那的敌人寻求魔鬼的帮助，建造了一辆两侧有铁质护甲和翅膀的双轮战车[27]。这辆战车飞到克利须那的跟随者居住的区域，从战车上投射武器，破坏沿途的一切[28]。

需要注意的是，除了非常早期的神话传说外，还有许多看来更加真实的描述技术创新的其他记载（尽管几乎可以肯定受到了上述古代传说的影响）。众所周知，中国是最早利用风筝的国家之一，但是很少有人知道，风筝有时候在战争中可被用作武器。虽然没有机械装置，但是风筝明显增加了交战双方的接战距离。据说约在公元前 200 年，一位名叫韩信的中国将军，利用风筝飞跃过敌人的城墙，用绳子测量他与敌人的距离[29]。这些情报可用来规划和协调地面攻击。还有传说，风筝早期用于空中轰炸，将燃烧弹绑到风筝上，飞跃敌人的城墙，摧毁敌人的木质建筑[30]。

此外，通过一些保存下来的早期机器图纸文档等资料，可以证明它们确实在现实世界中存在过。其中，约公元 60 年 31，亚历山大城（Alexandria）的希罗（Hero）制造了一种带有轮子的类似手推车的机械装置。这种装置非常巧妙地利用简单的落锤驱动前进，落锤通过绳子缠绕在车轴上，在重力作用下，落锤下落带动轮子旋转。如果绳子缠绕方向相反，同样可以向后运动。如果卡住绳子，则可制动。如果有独立的齿轮，则可实现更多功能。这也许就是最早的机器人雏形，值得注意的是，在某种意义上它是可编程控制的[32]。莱奥纳多·达·芬奇（Leonardo da Vinci）发展了这种设计，他设计了一个类似骑士形状的机器人。从最近发现的达·芬奇手稿及后人尝试复制所依据的草图中可以看出，很显然机器骑士具备坐卧起立、挥舞手臂、抓取大块物体、转头以及张嘴的功能[33]。与希罗的绳索驱动系统很像，达·芬奇的“骑士”通过更加复杂的绳索系统操控，虽然这套控制系统实现基本的编程很困难，但很显然它具备很大的潜力。达·芬奇还设计了可飞行的机器幽灵，即利用螺旋桨（或螺旋形状）的转子驱动装置，通过压缩空气提供升力[34]。

其他简单的先驱性技术数量太多，这里无法全面提及。可能基于这样一种事实，古代社会最富有的人将这些精巧的装置视为一种娱乐的方式，并且乐于享受其他发明家、工程师以及数学家的发明创造，这可被视作最原始的机器人产业。我们必须承认，尽管缺乏详细的资料，这些早期空想家们的概念设想及发明创造，在无人系统发展的最初阶段，扮演着最核心的角色。其中有些人认为，利用正确

① 应为约公元前 1054 年至公元前 949 年。——译者注

的技术，无人系统将不仅限于扮演娱乐的角色，这些装置可以在冲突中发挥优势。由于这些发明家缺乏关键技术，无法将其发明更进一步拓展，他们没能做出足以深刻影响后世发明家及技术发展的重要成果。

2.2　现代发展：从遥控到自主监控

时光向前继续推进，一般认为，一战是讨论现代意义上无人系统的起点。但是，重要影响应追溯到 19 世纪 60 年代美国南北战争期间。在美国独立战争中，联邦军和联盟军尝试使用装满燃烧弹的热气球，寄希望于它们能穿越敌人的封锁线，然后炸毁敌人的弹药库，消灭集结的军队，摧毁敌方的基础设施[35]。1895 年，美国陆军步兵团士兵尝试寻求一种空中监控方案，这样就不必将人置于危险的高处开阔地带。他们的办法是将定制的照相机置于热气球中，以便拍摄周围环境的广角照片[36]。很快，亚历山大·格拉汉姆·贝尔（Alexander Graham Bell）发明了电话，随后很快有了远距离无线电通信[37]。到 1897 年①，尼古拉·特斯拉（Nikola Tesla）已经制成并演示了第一枚无线电控制的鱼雷②，可在给敌方舰船造成毁灭性灾难的同时，最大限度地降低使用者的风险[38]。有趣的是，美国海军并不喜欢这套系统，他们认为这种鬼鬼祟祟的隐蔽攻击是“绝对不光彩的”，有违当时的海军传统，这迫使特斯拉去寻找那些不这么一根筋的海外买家[39]。

虽然上述进展非常重要，但是一战被追溯称为现代无人系统的破晓黎明，主要是因为：直到当时，才开始显示出现代无人系统所具有的物理和操控方面的真正特征。沿着特斯拉的脚步，德国人建造了大量无线电遥控大型汽艇，用来对付英国[40]。这些汽艇携带撞击起爆炸药，起初由陆基控制塔通过线缆控制，随之发展了水上飞机。再后来，它们可以通过无线电控制。然而，综合协调汽艇、水上飞机以及地面控制站非常困难，再加上动力难题，导致人们对应用这种无人系统缺乏信心。随后，德国人转而发展了性能良好的 U 艇[41]。战争快结束时，美国卡特彼勒（Caterpillar）公司的一名工程师设计了一种最早的远距离遥控无人地面战车，命名为“陆地鱼雷”[42]。从专利中我们可知，设计这个带有履带和链条的无人车的动机，是渴望避免陷入令人恐惧的早期沟壕战，用它来在战壕与战壕之间布设通信电缆。它还可以测量步兵战壕之间的地势高低，甚至直接向敌方战壕投送炸药[43]。同期，在意大利战场一样有类似装备投入使用，但对一战来说，这种装备出现得太晚。

---

① 似为 1898 年。——译者注

② 应是鱼雷艇。——译者注

无人机的发展起步更早，主要缘于英国与德国早期空战的惨重损失。1915 年，埃尔默·斯佩里（Elmer Sperry）完成了一项航空发展史上的最重要发明，即陀螺仪测量装置，这是现在大多数自动驾驶仪以及许多现代机器人的心脏[44]。然后，1917 年，美国海军给斯佩里的儿子拨款制造“航空鱼雷”，这个名字再次表明一个事实，它被设计成投送武器，通过撞击爆炸来破坏运载工具[45]。这导致了寇蒂斯（Curtiss）N-9 水上飞机的发展，这款飞机具备基本的自控飞行能力，但更加复杂的起飞操作需要飞行员来完成。后来美国总统约翰·F. 肯尼迪（John F. Kennedy）的哥哥约瑟夫·肯尼迪（Joseph Kennedy），就是驾驶这款飞机失事身亡的。该款飞机随后发展了一型无线电控制的型号，但是控制系统比较初级，不像其他飞机一样可以执行精确飞行和武器投送任务[46]。美国陆军于 1918 年设计了一型类似的航空鱼雷，命名为科特林臭虫（Kettering Bug）[47]。英国同样有一些类似的项目在进行，大多是基于现有的飞机，利用一次性发动机进行改造。所有这些系统都相当不可靠。这也包括德哈维兰（DeHavilland）模型机，据报道，它坠毁时冲进了观众密集区[48]。

两次世界大战期间，主要在英国的推动下，无人机在不断的失败中继续向前发展。这种坚持主要归因于，英国军队怀疑皇家海军的水面舰队是否有在空中打击下生存的能力[49]。出于这种考虑，英国花费大量的精力研发空中靶标，本质上是为皇家海军提供防空训练靶。虽然有一些显著的成就，但二战期间是（无人系统）发展缓慢的时期。1939 年，德国宝沃（Borgward）汽车公司利用一辆法国原型车，研制了一种带有炸药箱的小型电动爆破车。这种遥控车可通过无线电控制行驶至指定位置，辅以定时装置，车辆可实现投送炸药后返回，这使其成为最早的可回收型机器人之一（虽说实际上很多时候回收失败）[50]。在 20 世纪 40 年代，英国艾伦公司（W. H. Allen & Company）开始研发千吨级的步行坦克，但经费很快被撤销，用于其他更急需的研究。这期间，西方国家没兴趣发展无人平台[51]。在二战快结束时，德国人充分利用最后的时光，研制了 Fiesler 103，更通俗的名称是 V-1 导弹（V-1 Buzz Bomb），因其飞向目标时发出的嗡嗡声而得名。作为此后导弹先驱的 V-1 导弹，简单而且廉价，依靠可靠的推进发动机，能够搭载大型战斗载荷飞行数百公里[52]。数千枚 V-1 导弹的轰炸，给伦敦和英国东南部造成了巨大的破坏，恐惧感在公众中散播，因此这种武器声名狼藉[53]。

与早期的创新速度相比，冷战期间各种无人装备得到了相对快速的发展。在苏联，洲际弹道导弹受到了极大的关注，但大多数国家认为其他技术革新也有持续需求，在这一时期的前半段产生了许多重要的进展。在 20 世纪五六十年代，美国通用电气公司和俄亥俄州立大学都对步行机器人产生了兴趣，研发的人形机器人可以负重穿越极端复杂地形。通用电气公司的控制行走机器人是四足式的，而俄亥俄州立大学的自适应悬架机器人采用了更加复杂的六足式，原理是模仿六足昆虫的三足步态（机器人的腿三足一组交替着地，更像是一只蟑螂）[54]。1953 年，美国研制了缆控水下回收机器人（cable-controlled underwater recovery vehicle，CURV），这是一种遥控潜水器，可执行巡检、勘察、打捞、处置等任务，所有操作均通过显示屏进行，将人从危险的水下环境中解脱出来[55]。法国和苏联随后研制了类似的机器人，改进了操作互动系统、传感器以及机械手，增强了抓取目标的能力[56]。在这一时期，公众第一次知道美国莱恩（Ryan）公司的火蜂（Firebee）高级可回收无人机（一些给了以色列）[57]。火蜂是应用最广泛的无人机之一，自 20 世纪 50 年代开始使用，直到今天仍有新型号推出。许多火蜂无人机被武器化，随着 20 世纪 60 年代有人驾驶的 U2 高空侦察机在苏联和古巴被击落，一些后续改型安装了高质量照相机以及电子侦察传感器，用以在政治敏感区域执行任务[58]。这些可回收的侦察无人机，从有人驾驶的 DC-130 飞机机翼下发射。一旦发射，它们将通过无线链路控制飞行区域，并在海上迫降，迫降后由专人负责打捞并准备执行下一次任务[59]。

冷战后期，由于顾忌弹道导弹的威胁以及太空探测技术的应用，一些更加先进的技术获得了持续推进。世界各国不断购买无人系统。英国购买的凤凰（Phoenix）侦察系统，可以获取近乎实时的图像和数据[60]。美国海军及其陆战队装备了先锋（Pioneer）无人机，其遥控装置非常小，甚至可以装入士兵的背包里[61]。各种各样的垂直起降系统（大多是旋翼飞行器），以及小型飞行器得到发展。无人潜水器被推进到一个新的发展阶段，如美国的深层勘探者（Deep Drone）可在水下 1000 米执行各种任务[62]。与此同时，随着水声、无线电以及激光通信技术的发展，无人船开始成功摆脱线缆操控，无人系统的研究被推进到了监控自主的层级。无人快艇同样投入运营，如 Seaflash 300——一种航速可达 25 节、可远距离无线遥控的喷水推进滑行艇，被列入英国皇家海军编制以及其他欧洲国家的海军编制[63]。此外，当时成立不久的美国高级研究计划局（US Advanced Research Projects Agency，后改称美国国防高级研究计划局 Defense Advanced Research Projects Agency，DARPA），极力鼓吹发展高自主水平的护卫舰和驱逐舰。无人车也变得更加复杂，随着通信、显示、控制及作动装置更加精巧，许多小型遥控机器人相继出现，有些还装有可旋转机械手、扩音器、照相机、枪械、榴弹发射器等。尽管尚未广泛应用，大的无人系统仍然占据重要地位。机器人防务系统公司（Robot Defense Systems）研发了一种小型武装卡车——潜行者（Prowler）。受制于早期微处理器、测距仪以及雷达等技术的发展水平，虽然这种无人车在遥控模式下工作良好，但是在监控自主模式下鲁棒性①较差。与此同时，美国国防预研局

① 鲁棒性：鲁棒是 Robust 的音译，原意为健壮和强壮。鲁棒性指在实际环境中为保证安全要求，控制系统最小必须满足的要求。通俗讲，鲁棒性就是系统的健壮性。——译者注

开始设计更先进的具备任务自主水平的无人车[64]。为了实现目标，国防预研局与麻省理工学院，以及斯坦福大学的颇具创新性的机器人实验室等科研院所展开合作，共同研发了许多今天仍在服役的无人系统。

2.3 21世纪：任务自主的时代

到目前为止的讨论表明，美国在发展无人系统方面最为积极、活跃。在当今世界，必须优先讨论美国无人系统当前的发展[65]。此外，与按照年代顺序阐述的方法不同，本节将根据无人系统的应用领域——陆、海、空来分别加以阐述，以便提供一幅清晰的无人系统图像，这将是其他章节的主线。

2.3.1 陆地无人系统

根据技术发展，现代无人车大致可以分为两类：大型装备（如装甲车、支援车）倾向发展任务自主级自主能力；其他相对小型装备（如爆炸物处置机器人）倾向发展非自主或监控自主级自主能力。除此之外，还有非常规的人形机器人，用于船载消防员或类似使命。

很多大型装备的研发依赖于国防预研局挑战大赛（Grand Challenge）项目发展的技术，该项目举办于2004～2005年，提供了约100万美元的大奖，用于奖励利用导航（无人工监控）通过莫哈韦（Mojave）沙漠140英里长距离复杂环境的前三名获奖者[66]。粉碎者（Crusher）是一种类似的衍生车，由国防预研局和卡内基梅隆大学联合研制，用以执行战场支援、侦察、后勤、警戒以及医疗救援等任务，采用了现代处理器、激光以及全球定位系统（global positioning system，GPS）[67]。粉碎者可以通过遥控、定点导航或有限任务自主操控，通过陡峭山坡、溪流河床以及其他复杂地形[68]。另一个优秀案例是以色列一家企业制造的守护者（Guardium）。不同于像坦克一样昂贵的粉碎者，守护者是一种高性价比、轻装甲、高速的无人车，它具备有限的任务级自主能力，可在公路或越野环境运行。守护者装有尖端传感器，可识别一定距离内的入侵者，然后通过遥控武器进行处置[69]。波士顿动力（Boston Dynamic）公司的大狗（BigDog）机器人同样值得一提，它以四足动物为仿生原型，大小像一头骡子，外形像一头驴。主要用来伴随士兵在实地操控条件下步行前进，不需要有规律的输入。与早期那些不成功的四足机器人不同，整装的大狗可以负重154千克穿越复杂地形，展现出了超人的平衡性和稳定性[70]。波士顿动力公司还制造了一种可以像蜘蛛一样爬墙、钻窗以及越过其他垂直地形的机器人——瑞思（RiSE），它在爬行的过程中能记录有价值的秘密情报[71]。

一些小尺寸的机器人同样举足轻重。它们当中，瑞康机器人（Recon Robotics）公司的抛投机器人（Throwbot）和欧尼提克（Omnitech）公司的塔夫伯特（Toughbot）是典型代表[72]。两种机器人设计上都像一个两端带轮子的圆柱，以便于它们可以穿过走廊、爬楼梯或者钻窗户，并且不受落地姿态的限制。通过遥控对这些装有长效电池的侦察机器人进行控制，可以编队使用以评估陷阱、爆炸装置或者搜寻敌方人员。虽然这些无人车非常有用，但是它们不具备改变环境的能力。正因如此，军方必须转而求助于其他机器人，如美国海军陆战队的龙行者（Dragon Runner）。这种机器人个头稍大，并且装有倾卸车身附件（dump body attachment），除了可执行常规的路由清理任务之外，还可以处置临时爆炸物[73]。通过一个类似索尼游戏机（Play Station）的游戏机控制器进行操控，海军希望它在训练中能给年轻的陆战队员提供帮助[74]。更大一点的机器人是 iRobot 公司的背包机器人（Packbot）和佛斯特-米勒（Foster-Miller）公司的模块化先进武装机器人系统（Modular Advanced Armed Robotic System，MAARS），这两种机器人已经分别广泛应用于伊拉克和阿富汗战场。这种无人车绝大多数（如果不是全部的话）沿道路行驶，但也有一些安装了类似脚蹼的装置，以便于爬楼梯或穿越障碍[75]。通过安装复杂的手抓夹持器、高性能变焦照相机以及核生化传感器，这些无人系统在爆炸物处置等场合有无可比拟的优势[76]。其他一些用于战场支援的无人车，同样可以安装各种武器，从非致命橡皮子弹发射枪到可致命的枪械，甚至可以发射火箭。无人系统通常在离冲突区域不太远的地方遥控操作，但是一些更新型的无人系统可以不依赖操作人员的输入，而自行重新规划路径，到达预设阵地。

2.3.2 海洋无人系统

同样，在这种观念的推动下，出于对海军装备生存能力的担忧，21 世纪已经发展了多种海上无人系统。在两次世界大战之间的时期，海军主要担心遭到空中打击。但是在 2000 年，美国海军科尔（Cole）号驱逐舰受到一艘小型水面艇的抵近攻击，携带炸药的小艇撞击了科尔号并破坏了船体，导致 17 名船员死亡，受伤的船员就更多[77]，这次事件直接导致了美国海军对小型快速反应防御艇的迫切需求。作为对此次事件的回应，美国海军发明了斯巴达侦察兵（Spartan Scout）系统，它外形与刚性充气艇类似，通常遥控操作[78]。另外一种为应对日益涌现的恐怖威胁而发展的无人艇——保护者（Protector），由以色列拉斐尔高级防御系统（Rafael Advanced Defense Systems）公司开发，在英国、新加坡以及美国海军中服役。保护者采用了 V 形船型和流线型设计，确保其航速可达 50 节，可在目标海域持续监控一天。它配置了一挺带有稳定装置的机枪用于拦截敌人，安装了复杂的光电传感器可在白天和晚上监视目标海域，并配备了广播系统用于警告擅自闯入附近海域的船舶。最近，其续航能力得到了进一步提升。泽威克斯技术（Zyvex Technologies）公司最近①实测了一款名为食人鱼（Piranba）的大型长航程无人艇，用于执行巡逻和侦察任务[79]。该艇建造材料采用了纳米增强碳纤维，比其他无人艇重量更轻、强度更高。此外，还有一种太阳能驱动的小型无人艇，在改善性能的同时更加环保[80]。

现代无人潜航器的发展轨迹非常具有代表性，它们已经历了所有的阶段：从遥控发展到更加智能自主，这在一定程度上可归“功”于当今水下远距离通信技术的落后。最近几年，多种类型的无人系统已经接近成熟，成为可以实际应用的选项。例如，远程水雷侦察系统（Long-Range Mine Reconnaissance System）可通过慢速潜艇的鱼雷发射管布放和回收，就像海军特种部队的蛙人一样。通过采用高级的处理器和传感器，系统的自主能力可以达到任务自主等级，并且可执行长达 5 天的任务。研发该系统的目的是为潜艇艇员提供隐蔽水雷侦察的手段，以解放艇员去执行其他任务[81]。由于仅在近期类似的水下技术才接近成熟，因此其战术应用受到限制。然而，英国宇航工程公司（British Aerospace Engineering）规划的护身符（Talisman）系统，进步十分迅速，似乎代表了下一代无人潜水器的发展方向。它基于空气动力学原理建造了碳纤维艇体，并且像现代巡逻船一样安装了矢量推进器，提供全向运动的推进动力。出航任务在布放前预先设定，基于任务自主能力运行；当然，若有必要，在水下航行时可以通过水声通信系统重新编程，在水面航行时可以进行无线电或卫星通信[82]。护身符系统可执行多种任务，根据配置不同可执行探测、水雷处置以及濒海抵近侦察等任务，甚至可以控制武器并进行火力打击。

2.3.3 空中无人系统

随着先锋号在海湾战争中应用，跟随早期成功的步伐，无人机成为美军追求先进技术最令人振奋的领域之一。今天，几十种不同型号的无人系统在提供着各种服务。其中，诺斯罗普·格鲁曼（Northrop Crumman）公司的全球鹰（Global Hawk）RQ-4 是一种专用侦察机，应用最为广泛[83]，它由复合材料制成，具有任务级自主水平，可完成高空长航时侦察任务，具备准实时高智能指挥决策能力[84]。我们在媒体中更常看到的是美国通用原子能（General Atomics）公司的捕食者（Predator）RQ-1 或者捕食者 MQ-1 无人机[85]。捕食者无人机主要用于中等距离的侦察和目标探测任务，不需要窗户、生命支持和弹射救生等系统，取而代之的是复杂的照相机和雷达，可以穿透浓雾探测并用激光指示目标。捕食者无人机能从普通跑道上起飞，可以在后方通过卫星通信监控或直接控制，就跟座舱驾驶一样[86]。在阿富

① 约 2010 年。——译者注

汗、波黑、伊拉克、利比亚、巴基斯坦、塞尔维亚、索马里和也门以及其他战场中，捕食者无人机得到广泛应用。死神（Reaper）MQ-9 无人机是捕食者无人机的升级版，飞行高度及速度是老型号的两倍，更加重要的是它被改造成可以携带多种武器的军械库，这使其赢得了猎食杀手的称号[87]。此外，波音公司和诺斯罗普·格鲁曼公司分别为秘密战争和空中轰炸研制过无人机。美国联合澳大利亚、加拿大、丹麦、意大利、荷兰、挪威、土耳其以及英国等国家，研制了有人驾驶联合攻击战斗机（Joint Strike Fighter），在研发过程中已事先考虑了未来将其改装成无人驾驶飞机的需求[88]。

除了这些大型无人机，还有很多各种不同用途的小型无人机。其中，为美国海军研制的火力侦察兵（Fire Scout）MQ-8 无人机，要比常规的直升机小一些，但与许多全尺寸直升机相比在性能指标方面很有竞争力，具备任务级自主水平，在飞行及操控方面不受船舶甲板限制[89]。这意味着一旦接到命令，火力侦察兵可以立即起飞，沿着某一航线飞行和平稳返航着陆，不受船舶艏摇、纵摇、横摇的影响，并且不需要全程持续输入指令。这种无人机是超视距侦察和监控的理想平台，但是也可作为攻击武器平台或用作支援保障。同样地，有许多典型的翼型无人机，为适应远距离运输的需要而压缩尺寸。位于加利福尼亚的航空环境（Aero Vironment）公司也许是其中研发此类小型系统最知名的企业，其生产的龙眼（Dragon Eye）无人机尽管航程有限，但却是唯一一种甚至可以通过手持橡皮筋弹射起飞的无人机。通过机载彩色或红外照相机，海军陆战队可以完成战术侦察（或抵近侦察）任务[90]。航空环境公司还生产其他一些微型无人机，包括黑寡妇（Black Widow）无人机，其仅有 15.2 厘米宽、80 克重，可飞行 30 分钟，并实现视频图像的回传[91]。最近出现的纳米蜂鸟（Nano Hummingbird）是另一种遥控微型无人机，可以像蜂鸟一样飞行[92]。机上装有小型照相机，前期的试飞相当成功。这种微小型无人机主要用来进行驻地侦察与监控。

2.4 自主性的未来

至此，本章已经简要介绍了无人系统发展的历程。随着这些系统的逐步发展，思考并预测未来的方向及变化尤显重要。然而，正如很难说我们是否正站在一场新的军事变革的浪尖上一样，由于我们采用归纳法去预测未来，因此对技术发展做任何近期预测都经常被证明是有问题的[93]。即便如此，我们有理由预测，随着战略和技术的进步，21 世纪将是又一个充满血腥杀戮的世纪[94]。可以从这些系统的总体发展趋势中获得很多重要的信息，将精确的“定点预测”[95]问题留给像雷·库兹韦尔（Ray Kurzweil）等这样的未来学家，以及受益于无人系统工业及更广义的军事工业联合体（简称：军工联合体）的庞大游说集团和企业。

有一件事情是非常确定的，那就是无人系统将继续发展其自主操控水平。正如本章介绍的那样，大多数早期的无人系统是遥控的。到二战，服役的无人系统已经具备了监控级自主及简单的任务级自主能力。早期不得不发展自主技术的原因是通信技术的落后。信号传输很难满足大深度、大高度以及穿过复杂地形的要求，并且这种通信极易受到监听或攻击[96]。无人系统的自主水平越高，对控制信号的需求越少。今天，许多无人系统具备高级的任务级自主水平（带宽和监听是一个永恒的问题），虽然某些无人系统具备对预设目标发射武器的能力，但是最终的致命武器攻击决策，一般由人工操作做出。然而，在未来的某一天，我们将看到人的因素从决策回路中取消。也就是说，随着应用软件和计算机处理器变得更加高级，也许有可能研制一种具备完全自主能力的机器人，它具备学习能力，并且可以根据环境的不同，决定是否使用致命攻击武器。例如，罗纳德·阿尔金（Ronald Arkin）详细描述了一些他称为伦理管理者的内容，从根本上讲，软件和硬件应该指导并约束机器人使用致命攻击武器，这与他一直持有的关于应该制定战争法律及规则的思考风格一致[97]。根据阿尔金的观点，一个全自主的无人系统，应该产生某种策略供管理者参考；如果选项不满足系统的逻辑要求，就会被抑制（但这种乐观主义观点在接下来的章节中将受到批判）。

虽然存在通信带宽或类似问题，但是在不远的将来，作为更大的网络中心战系统的一部分，无人系统将开启网络化协同作战。网络化作战的需求在一战期间就已经很明显了。回想起来，当时德国的早期缆控无人艇即存在互相协调困难的问题。确实，军舰、飞机以及地面站之间的协调难题深不可测，如果能够将这三者互相链接到一起，（德国）那些无人艇项目的命运也许会截然不同。今天的飞机、军舰以及士兵之间，不再需要依靠信鸽、旗语或无线电进行通信，借助计算机的帮助，必将会有更多的方式出现。未来的需求，预示着更高水平的通信及信息共享能力，操控速度更快，并且引入更多的作战空间信息。通过恰当链接组成的网络，通常比其中的个体更加智能[98]。作为网络系统的一部分，不同的无人系统，将通过组成集群模式以增大尺度和提高复杂程度，并且比现有系统更加高效。在机器人大背景下，涵盖多个机器人互相组合的集群，作为一个整体，统一操控[99]。像蜜蜂集群或者飞鸟集群那样，集群中并没有单一的管理者。相反地，每个人造机器人都互相连接到一起，同其他的一个或多个组成子网，以克服通信方面的问题，整个集群以自组织的方式协调一致，达到共同目标。具体到无人系统，这意味着每个平台均会被赋予某个战略性目标，并且通过特定的方式传播出去，同时搜集集群中其他平台完成目标操作所需要的任务。当然集群系统面临的一大问题是不可预知性。不可预知性在面对敌人时可能是件好事，但涉及指挥和控制，就有潜在的道德问题。不过，因为真正的集群是不可能实现的，至少目前还不需要担心。作为先驱，我们不久就会看到人工操作员负责监控的这种多机器人系统[100]。他们所使用的软件系统将最终实现开源，当然这将引发一系列其他问题。

关于平台本体设计，未来的无人系统可能会根据它们在集群中的特定角色以及完成不同领域任务的需求，采用最低复杂度以及最小维护成本方案。换句话说，它们需要具备陆、海、空相互组合，或者独立完成任务的结构适应性。实际上，在无人机领域已经出现了这种技术，这意味着基于公共平台，通过加装不同的任务包来执行不同任务，还可能意味着某些平台需要开展综合设计。例如，大量的无人车可以集中到一起并互相自主自锁，构成无人直升机着陆场。同样，也会有比现有自重构机器人更高级的无人系统出现，具有各种形式和功能，适应不同环境。它们通常由小型的、统一的模块组成，通过组合构建更大的机器人，或通过分割形成更多的小型机器人。如果这些模块是纳米尺度，则自重构机器人几乎可以组成任意形状。美国国防预研局有一个化学机器人项目正在进行。在这个化学机器人（Chembot）项目支持下，麻省理工学院和波士顿动力公司正在研发变形机器人 SquishBot，一个可以像鼻涕虫一样蠕动的微型机器人，通过分泌黏性液体并且可变形黏弹性骨骼，通过变形穿越小孔或缝隙，可用于堵漏或潜入敏感区域[101]。关于尺寸，总的来说无人系统需要尽量小，如同那些用于隐蔽作业的机器人，并且随着小型化技术的发展将继续变得更小[102]。在新兴动力源及燃料模块的帮助下，许多无人系统将在自持力方面显著受益，定点持续监控或日夜不停地侦察将成为可能。

2.5 小结

人类总是在寻求新武器技术，以便于更加高效地与敌人作战，无人系统的发展及广泛应用，正在重复着已经流传了几千年的相同故事。这些无人系统的根源，可以从古代神话故事中寻找到蛛丝马迹，希腊诸神以及古代中国人均从其应用中获益。考虑到像达·芬奇的研究以及其他 19 世纪早期的研究停留在理论层面，无人系统的首次真正应用出现在一战期间，此时的无人系统通常通过线缆人工操控，通过与目标撞击产生爆炸破坏。二战导致无人系统大发展，并且产生了早期的可回收式无人车。因为系统可靠性较低，动力及控制链路失效的现象经常发生，所以军队接受无人系统的速度缓慢，更为可靠高效的有人系统更受青睐。这种状况一直持续到冷战时期，受弹道导弹及外太空威胁的推动，无线电控制的可回收无人系统趋向成熟。如今，无人系统几乎与古人想象的一样有趣，这应该感谢今天计算机处理器的强大力量。相比今天的发展，未来的无人系统将更加灵巧，自主水平更高，具备集群应用能力，并且在很多情形下变得更小，更加适应范围广大的不同环境。总之，这种以现代（技术）革命为特征的创新，产生了一种比迄今任何武器都更加致命的威胁，人性只有在最近才成为部署这种武器需要考虑的选项，终极系统也许会摆脱人类而独立行动，这与受人工操控的角色之间存在巨大的鸿沟。因此，必须慎重考虑应用这种武器的正当理由（just cause），以及各种挑战是否能得到有效管控，或者已经转变成实际有益的方案。下文我们将讨论这些问题。

注　　释

1 一般认为，第一场正式的战争发生在公元前 2700 年，交战双方分别是苏美尔和埃兰(今天的伊拉克和伊朗)。参考 Richard A. Gabriel and Karen S. Metz, *From Sumer to Rome: The Military Capabilities of Ancient Times* (New York: Greenwood Press, 1991), 4-7.

2 关于这个话题的更详细的讨论，请参考 Jai C. Galliott, ed. *Commercial Space Exploration: Ethics, Policy and Governance* (Farnham: Ashgate, 2015).

3 Yuri Balyko, "NATO's Unmanned Aerial Vehicles in Local Conflicts", *Military Parade* 1 (2008):36.

4 Johannes Kuschel, *The European Defense Market: Great Challenges-Small Moves* (Norderstedt: GRIN Verlag, 2008), 108; Kenzo Nonami et al. *Autonomous Flying Robots* (Dordrecht: Springer, 2010), 6.

5 United States Department of Defense, "FY2009-2034 Unmanned Systems Integrated Roadmap" (Washington, DC: Department of Defense, 2009), 4.

6 同上, 5。

7 Michael O'Hanlon and Peter W. Singer, "The Real Defense Budget Questions", *Politico*, 21 July 2011, 2; Peter W. Singer, "U-Turn: Unmanned Systems Could Be Casualties of Budget Pressures", *Armed Forces Journal* (2011); Paul L. Francis, "Issues to Be Considered for Army's Modernization of Combat Systems", ed. United States Government Accountability Office (Washington, DC: United States Government Accountability Office, 2009).

8 Office of the Under Secretary of Defense (Comptroller), *Program Acquisition Cost by Weapon System* (Washington, DC: Department of Defense, 2013).

9 同上。

10 United States Environmental Protection Agency, "EPA's Budget and Spending", http://www.epa.gov/planandbudget/budget.html.

11 Peter M. Asaro, "Military Robots and Just War Theory", in *Ethical and Legal Aspects of Unmanned Systems: Interviews*, ed. Gerhard Dabringer (Vienna: Institute for Religion and Peace, 2010), 105.

12 Steven M. Shaker and Alan R. Wise, *War without Men: Robots on the Future Battlefield* (Washington: Pergamon-Brassey's, 1988), 13.

13 Daniel W. Stuckart and Michael J. Berson, "Artificial Intelligence in the Social Studies", in *Research on Technology in Social Studies Education*, ed. John Lee and Adam M. Friedman (Charlotte: Information Age Publishing, 2009), 231.

14 Homer, *The Iliad and Odyssey* of *Homer*, trans. Alexander Pope (London: George Routledge and Sons, 1890). 这个翻译版本最适合那些相对熟悉《伊利亚特》的读者；而 Lattimore 翻译的版本(下面会引述)则更显当代化，更适合那些新手。

15 Sidney Perkowitz, *Digital People: From Bionic Humans to Androids* (Washington, DC: Joseph Henry Press, 2005), 51-84.

16 Homer, *The Iliad of Homer*, trans. Richard Lattimore (Chicago: University of Chicago Press, 1951), 18.136.

17 同上。

18 更权威的解释，请参考 Aimee van Wynsberghe, *Healthcare Robots: Ethics, Design and Implementation* (New York: Routledge, 2015).

19 M. E. Moran, “The History of Robotic Sugery”, in *Robotics in Genito-Urinary Surgery,* ed. Ashok Kumar Hemal and Mani Menon (Dordrecht: Springer, 2010), 9.

20 公元前300年的硬币费斯托斯德拉克马(Didrachm of Phaistos，一种古代货币)上画着一个长着翅膀的泰隆，举着石头，做着防御的姿势。

21 Pseudo-Apollodorus, *The Library of Greek Mythology*, trans. Keith Aldrich (Lawrence: Coronado Press, 1975), Bibliotheca 1.27.

22 *Greek Elegiac Poetry, From the Seventh to the Fifth Centuries B.C.,* trans. Douglas E. Gerber (Cambridge: Harvard University Press, 1999), Mimnermus, Fragment 12.

23 Pseudo-Hyginus, *The Myths of Hyginus*, trans. Mary A. Grant (Lawrence: University of Kansas Press, 1960), Astronomica 2.15.

24 Homer, *The Odyssey*, trans. Walter Shewring (Oxford: Oxford University Press, 1980), 7.93.

25 Pseudo-Apollodorus, *The Library of Greek Mythology* (Oxford: Oxford University Press, 2008), 1.127.

26 Joseph Needham, *Science & Civilisation in China: History of Scientific Thought*, trans. Ling Wang (Cambridge: Cambridge University Press, 1956), 53.

27 *The Mahabharata*, trans. Protap Chandra Roy (Calcutta: Bharata Press, 2019).

28 R. Clark, *The Role of the Bomber* (New York: Thomas Y. Cromwell Company 1977), 9.

29 Joseph Needham, *Science and Civilisation in China: Physics and Physical Technology* (Cambridge: Cambridge University Press, 1965), 577.

30 Joseph Needham, *Science and Civilisation in China: Chemistry and Chemical Technology* (Cambridge: Cambridge University Press, 1987), 157-158.

31 Moran, “The History of Robotic Surgery”(Dordrecht: Springer, 2010), 11.

32 Noel Sharkey, “I Ropebot”, *New Scientist* 194, no. 2611 (2007): 3.

33 Mark E. Rosheim, *Leonardo’s Lost Robots* (Dordrecht: Springer, 2006), 105-113.

34 Walter J. Boyne, *How the Helicopter Changed Modern Warfare* (Gretna: Pelican Publishing, 2011), 301.

35 James Crabtree, *On Air Defense* (Westport: Greenwood Publishing, 1994), 2.

36 J. Finnegan, *Military Intelligence: A Picture History* (Arlington: United States Army Intelligence and Security Command, 1985), 10.

37 Springer, *Military Robots and Drones*.

38 Krishnan, *Killer Robots: Legality and Ethicality of Autonomous Weapons*, 15; Michael Burgan, *Nikola Tesla: Physicist, Inventor, Electrical Engineer* (Mankakto: Compass Point Books, 2009), 68.

39 Springer, *Military Robots and Drones*, 8-9.

40 Gordon Williamson, *German E-Boats* (University Park: Osprey Publishing, 2002), 1939-1945.

41 同上, 3-4。

42 Unknown, “Who Called Them ‘New’?”, *Popular Science*, June 1945, 78.

43 Elmer E. Wickersham. Land Torpedo. United States Patent 1407969, filed 28 February 1922.

44 Shaker and Wise, *War without Men: Robots on the Future Battlefield*, 22.

45 同上。

46 Laurence R. Newcome, *Unmanned Aviation: A Brief History of Unmanned Aerial Vehicles* (Reston: American Institute

of Aeronautics and Astronautics, 2004), 16-21.

47 Shaker and Wise, *War without Men: Robots on the Future Battlefield*, 21.

48 同上。

49 Joseph Moretz, *The Royal Navy and the Capital Ship in the Interwar Period: An Operational Perspective* (London: Frank Cass Publishers, 2002), 128-129.

50 Jean-Denis Lepage, *German Military Vehicles of World War II: An Illustrated Guide to Cars, Trucks, Half-Tracks, Motorcycles, Amphibious Vehicles and Others* (Jefferson: McFarland & Company, 2007), 164-166.

51 Krishnan, *Killer Robots: Legality and Ethicality of Autonomous Weapons*, 19.

52 Steven J. Zaloga, *V-1 Flying Bomb 1942-1952: Hitler's Infamous "Doodlebug"* (University Park: Osprey Publishing, 2005), 3.

53 V-1 导弹在技术上的效率并不高，很多都没有命中目标。但是，却有效地完成了更具战略性的目标，即对民众造成恐惧感。

54 Daniel V. Hunt, *Smart Robots: A Handbook of Intelligent Robot Systems* (Dordrecht: Springer, 1985), 26.

55 Robert F. Marx, *The History of Underwater Exploration* (Mineola: Dover Publications, 1990), 188.

56 同上。

57 Steven J. Zaloga, *Unmanned Aerial Vehicles: Robotic Air Warfare 1917-2007* (Oxford: Osprey Publishing, 2008), 12.

58 同上。

59 同上。

60 Shaker and Wise, *War without Men: Robots on the Future Battlefield*, 94.

61 同上。

62 Richard Bartlett, *United States Navy* (London: Heinemann Library, 2004), 25.

63 Eric Wertheim, *Naval Institute Guide to Combat Fleets of the World: Their Ships, Aircraft, and Systems* (Annapolis: Naval Institute Press, 2007), 511.

64 Richard S. Friedman, *Advanced Technology Warfare: A Detailed Study of the Latest Weapons and Techniques for Warfare Today and into the 21st Century* (New York: Harmony Books, 1985), 132.

65 在历史上，美国对工业和贸易采取的是一种保护主义措施。由于军事技术支撑着美国的超级地位，美国人采取强有力的措施，将重要的技术限制在本土，或仅对关系亲密的盟友公开。但是，除非美国放松其严格的武器出口管制，其他国家由于无处购买很有可能被迫开发自己的无人系统。最终，这些国家在制造无人系统方面可能会超过美国，特别是那些曾经在伊拉克和阿富汗近距离观摩过这些系统的国家。这种发展模式有可能加重一些问题，但又缓解另外一些问题。

66 Deborah D. Stine, *Federally Funded Innovation Inducement Prizes* (Darby: DIANE Publishing, 2009), 8.

67 United States Department of Defense, "FY2009-2034 Unmanned Systems Integrated Roadmap", 112.

68 同上。

69 D. P. Sellers et al., *International Assessment of Unmanned Ground Vehicles* (Alexandria: Institute for Defense Analyses, 2008), S3, 29.

70 Marc Railbert et al., "BigDog, the Rough-Terrain Quadruped Robot" (paper presented at the 17th World Congress, Seoul, Korea, 6-11 July 2008).

71 T. L. Lam and Y. Xu, *Tree Climbing Robot: Design, Kinematics and Motion Planning* (Dordrecht: Springer, 2012), 10.

72 Mitchell Barnes H. R. Everett, and Pavlo Rudakevych, "Throwbot: Design Considerations for a Man-Portable Throwable Robot" (paper presented at the SPIE, March 2005).

73 United States Department of Defense, "FY2009-2034 Unmanned Systems Integrated Roadmap", 119.

74 United States National Research Council, Committee on Autonomous Vehicles in Support of Naval Operations, *Autonomous Vehicles in Support of Naval Operations* (Washington, DC: The National Academies Press, 2005), 141.

75 Peter W. Singer, "Military Robots and the Laws of War", *The New Atlantis: A Journal of Technology and Society* 23 (2009):33.

76 关注这个问题非常重要，这些地面无人系统在大多数情况下并没有使用致命武力，但很多人将其当作杀人机器人。在后面的章节中还应该注意的是，从伦理的角度看，无人系统非致命的角色同样很重要。

77 George Lucas, "The Ethical Challenges of Unmanned Systems", in *Robots on the Battlefield: Contemporary Issues and Implications for the Future*, ed. R. Doare, D. Danet and J. P. Hanon (Fort Leavenworth: Combat Studies Institute Press, 2014), 137.

78 Anthony Finn and Steve Scheding, *Developments and Challenges for Autonomous Unmanned Vehicles: A Compendium* (Berlin: Springer Verlag, 2010), 22.

79 Michael Nemeth, "Xyvex Technologies Reveals the Piranha Unmanned Surface Vessel", http://www.prweb.com/releases/zyvex/zyvex/piranhaUSV/prweb4658434.htm.

80 J. Jalbert, "Solar-Powered Autonomous Underwater Vehicle Development" (paper presented at the 13th International Symposium on Unmanned Untethered Submersible Technology, Durham, August 2003).

81 United States National Research Council, *Autonomous Vehicles in Support of Naval Operations*, 126-127.

82 BAE Systems, "BAE Systems Unveils Latest Innovative Unmanned Underwater System", http://www.baesystems.com/Newsroom/NewsReleases/autoGen_107227114948.html.

83 Northrop Grumman purchased Teledyne Ryan, maker of the earlier mentioned *Firebee*, in 1999.

84 Ray Bonds, *Illustrated Directory of Modern American Weapons* (Minneapolis: Zenith Imprint, 2002), 210; Thomas P. Ehrhard, *Air Force UAVs: The Secret History* (Washington, DC: Mitchell Institute Press, 2010), 54-56.

85 R 意味着侦察，而 M 表示系统能扮演多重角色。2002 年，当系统能够发挥多重角色时，R 被取代了。但是，根据前面关于无人车(unmanned ground vehicle, UGV)的注释，无人机(unmanned aerial vehicle, UAV)执行侦察任务时比执行战术支持任务时续航能力要长很多个小时。

86 Anthony Cordesman, *The Iraq War: Strategy, Tactics, and Military Lessons* (Washington, DC: CSIS Press, 2003), 307-308.

87 Fred J. Pushies, U.S. *Air Force Special Ops* (Minneapolis: Zenith Imprint, 2007), 63-64.

88 感谢加利福尼亚州阿纳海姆 UI Aerospace 的 Finney Premkumar 向我介绍了这个趋势。读者也可以参考 Jai C. Galliott, "Take out the Pilot from Australia's Joint Strike Fighter", *The Conversation* (2014), http://theconversation.com/take-out-the-pilot-from-australisa-f-35-joint-strike-fighter-28107.

89 United States Department of Defense, "FY2009-2034 Unmanned Systems Integrated Roadmap", 66.

90 同上, 70。

91 Bonds, *Illustrated Directory of Modern American Weapons*, 208; Jeremiah Hall, "Low Reynolds Number Aerodynamics for Micro Aerial Vehicles" (University of Colorado at Boulder, 2007), 3-4.

92 W. J. Hennigan, "It's a Bird! It's a Spy! It's Both", *Los Angeles Times*, http://articles.latimes.com/2011/feb/17/bussiness/la-fi-hummingbird-drone-20110217.

93 Coker, *Ethics and War in the 21st Century*, 173.

94 Colin S. Gray, "The 21st Century Security Environment and the Future of War", *Parameters: The US Army War College Quarterly Senior Professional Journal* 38, no. 4 (2008): 17.

95 Gary A. Ackerman, "It Is Hard to Predict the Future: The Evolving Nature of Threats and Vulnerabilities", *Revue Scientifique et Technique International Office of Epizootics* 25, no. 1 (2006): 354.

96 Thomas Adams, "Future Warfare and the Decline of Human Decisionmaking", *Parameters: The US Army War College Quarterly Senior Professional Journal* 31, no. 4 (2001): 64.

97 Ronald Arkin, "Ethical Robots in Warfare", *IEEE Technology and Society* 28, no. 1 (2009); Ronald Arkin, *Governing Lethal Behavior in Autonomous Robots* (Boca Raton: CRC Press, 2009); Ronald Arkin, "The Case for Ethical Autonomy in Unmanned Systems", *Journal of Military Ethics* 9, no. 4 (2010); Ronald Arkin, "Governing Lethal Behaviour", in *Ethical and Legal Aspects of Unmanned Systems: Interviews*, ed. Gerhard Dabringer (Vienna: Institute for Religion and Peace, 2010).

98 Singer, *Wired for War: The Robotics Revolution and Conflict in the 21st Century*, 184.

99 Mark Coeckelbergh, "From Killer Machines to Doctrines and Swarms, or Why Ethics of Military Robotics Is Not (Necessarily) About Robots", *Philosophy & Technology* 24, no. 3 (2011): 274.

100 那些能够扮演多重角色的控制模型，可参考 Michael A. Goodrick, "On Maximising Fan-Out: Towards Controlling Multiple Unmanned Vehicles", in *Human-Robot Interactions in Future Military Operations*, ed. Michael Barnes and Florian Jentsch (Farnham: Ashgate, 2011), 375-380.

101 Jeffrey W. Morin, *Design, Fabrication and Mechanical Optimization of Multi-Scale Anisotrophic Feet for Terrestrial Locomotion* (Massachusetts: Massachusetts Institute of Technology, 2011), 17-19.

102 关于小型化技术的发展介绍，可参考 Manuel DeLanda, *War in the Age of Intelligent Machines* (New York: Swerve Editions, 1991), 146-154.

3 使用无人系统的正当理由

本章将探讨使用无人系统背后的道德理由。3.1 节将会回顾与其他武器相比，无人系统带来的实际好处。3.2 节将会审视一个观点：基于规避风险原则（principle of unnecessary risk），那些将无人系统作为一种武力保护措施的国家，有道德义务采用无人系统。然而，随着关注的焦点集中在可以挽救士兵生命这一唯一优点上，关于使用它们的责任义务问题的争论，很难做出完美的解释。为了克服这些问题，3.3 节将会详细阐述公众、国家以及军队之间的天然联系。3.4 节将从更加广义的角度，讨论使用无人系统的道德理由，军队的责任义务是强力和高效维持存在于军队以及所属国家之间的契约关系，间接地，维护人民建立国家的必要性和合法性。接下来的问题是，如果无人系统无法扮演高效有力的角色，则其存在的理由就很牵强，这个问题将在后面的章节中阐述。

3.1 无人系统行动案例

对任何一种技术开展道德评估，不管是新的还是旧的，都非常有必要发掘和记录使用这种技术带来的潜在好处，因为使用一项技术的正当理由总是与它的优势紧密联系的。在这方面，无人系统案例也是一样。这正是为什么官方的军事政策和策略文件，较早清晰引用和使用相关无人系统技术的潜在优势[1]。广义地讲，无人系统对军队和社会有很多潜在的益处，其中部分内容已经在前面章节关于技术及其应用的讨论中很明显地看出来。然而，在最一般的层面，这些无人系统的使用，应该能将战争花费降到最低，并且改善作战能力。本节对一些特定的优势给出最详细的介绍后，将在剩余的章节中继续探讨其他内容：为什么这些优势具有道德重要性？它们是如何联系在一起的？为什么一支功能完整的军队应当试图获得这种优势？同样应该注意到，在分析无人系统传递这些优势的实际能力时，潜在的政治动机以及任何关于伦理的问题都是重要的，这将留待后续章节进行讨论。

3.1.1 降低人力成本

使用无人系统的一个内在收益是，它具有降低战争中人力成本的潜力。传统军事行动的典型特征是利用人来控制世界的各个区域，每一处都拥有独特的环境及地理条件。虽然在战争背景下任何地方都会存在危险，但是常见的人类冲突热点地区往往是最危险的环境，如通常是高温、干旱的中东和非洲地区，以及湿热的亚洲西南地区、拉丁美洲地区。在这些环境中打仗，尤其是在后者，还会伴随着额外的特殊环境威胁——传染病 [2]。大自然的危险对兵力部署的冲击影响很大。如果只考虑高温的影响，在伊拉克自由行动（Operation Iraqi Freedom）中，高温引起的疾病带走了 6 名士兵的生命，更有数千人生病 [3]。相比一战期间的英国军队，这已经是巨大的进步了，当时在伊拉克英国军队死于中暑的士兵每月即达数百人，这种高温的危险不容忽视。此外，大自然的危险还可以被用做战争的工具。例如，据估计，一战期间的奥地利阿尔卑斯山地区，有超过 40 000 名士兵死于炮火引起的雪崩，而不是枪击 [4]。很明显，使用无人系统可以最大限度地减少士兵暴露在这种危险环境中的情况，其降低的程度依赖于操作人员与无人系统之间的分离程度。

与使用先进武器相关的复合危险比上述提及的自然环境危险更具破坏性，这有可能永久破坏士兵的健康和幸福。炸弹、地雷以及其他类似武器，经常导致与其接触的士兵身体永久残疾。在 2007 年，据报道从伊拉克和阿富汗战场回国的美国士兵，有将近 2000 人缺失了一只胳膊（或腿脚）[5]。核武器、生物武器、化学武器以及放射性武器同样是永久的话题。与因暴露在橙剂①中而遭受痛苦的越战老兵相似，今天的士兵遭受到因暴露在贫铀弹②的辐射中而引起的健康损伤 [6]。当这些贫铀弹发射后与坚硬表面撞击，如装甲车，致癌的放射性颗粒就会被释放至大气中 [7]。纳米军事技术中的纳米颗粒可能会成为下一个挑战 [8]。虽然其影响机理尚未完全搞清，但是考虑到这种颗粒是如此的小，以至于它们如果像在战争中一样扩散将会侵入人体，与石棉的作用机理类似，将会寄居在人体内并引起破坏 [9]。再强调一次，无人系统通过增大离危险区域的距离，减少了士兵受到上述伤害的风险。

那些有幸没有受到身体伤害的人，随后可能会遇到另一个更加严重的问题——

① 橙剂：又称落叶剂、枯叶剂等，是美军在越南战争期间对抗采取丛林战的越南共产党时使用的除草剂，可使树叶掉落。因其中含有多种人体难以消解的有害化学物质，对越南当地人和美国越战老兵带来了长期和巨大的危害而臭名远扬。因当时这种化学物质是装在橙色的桶里，所以后来被人们称为橙剂。——译者注

② 贫铀弹：指用以高密度、高强度、高韧性的贫铀合金做弹芯的炮弹和炸弹，其主要成分是铀 238，具有一定的放射性，对人体及自然生态环境有潜在危害。1991 年海湾战争中，美军开始大量使用贫铀弹，此后参战的多国部队特别是美军老兵中出现了海湾战争综合征。——译者注

心理问题。美国政府一份调查报告显示，从中东战场回来的士兵中，2/5 的士兵难以克服战时行为方式，需要重新适应日常社会[10]。这些士兵需要心理学或者精神病学专家的帮助，来克服焦虑、压抑或者外伤带来的压力以及其他问题。克里斯托弗·考克（Christopher Coker）认为，一些研究表明这种情况发生的概率实际上高得多，如果美国想认真对待所有的受影响者，则政府将要面对的不仅是精神健康危机，还需要面对严重的财政危机（额外的财务支出详见下文）[11]。也就是说，我们已经处于危机当中，在 2009 年已经有超过 200 名美军士兵被确认自杀[12]。总之，这种精神健康方面的问题，部分可归因于美国国防部最近颁布的止损政策，这部已经获批的法律允许经验丰富的人员继续服役，阻止他们退休或者以其他方式离开军队，以弥补征兵的困难局面[13]。在未来冲突中使用无人化武器，可以帮助士兵避免因直接交战带来的压力。在接下来的讨论中我们将看到，这种无人系统可以降低工作量，并且使得新兵训练更加容易，这意味着无人系统将减少退役进入日常社会的精神或肉体疲惫人员的数量，并减少在止损政策下所需的培训岗位数量。

当依赖有人系统时，士兵有可能被敌方军队俘虏。这种事情并非罕见，以色列士兵吉拉德·沙利特（Gilad Shalit）是一个典型例子，他被哈马斯俘虏 5 年之后才于 2011 年获释[14]。其中有很多值得担心的问题，首先是被俘人员的处境待遇。人的智力是无价的财富，所以被俘人员可能受到各种严刑拷打（使用各种骇人听闻的手段）以寻求获取他们知道的各种信息。当然，令人担心的不仅仅是身体伤害。与绑架受害者类似，那些被俘的和被囚禁的人员经常遭受心理压力和创伤，这主要源于无助感和背叛感，以及从时间上和空间上囚禁给他们带来的种种限制和迷茫[15]。其次是来自道德上以及家人的冲击影响。在过去，战俘一般都会被游街示众以挫伤敌人的士气。今天，借助通信网络世界，被俘人员往往在半岛电视台（Al Jazeera）或者美国有线电视新闻网（CNN）“游街示众”，士兵及其家属很容易看到这些严重影响士气的信息[16]。最后是营救被俘人员或者被困人员可能会付出相当大的代价，包括生命、物资甚至政治资本等。正如吉拉德·沙利特的案例中，以色列为了让他获释，付出了巨大的代价，他的获释意味着可能仅仅为了换回他一个人，不得不释放了数百名巴勒斯坦囚犯[17]。通过使用无人系统，可以很彻底地杜绝作战人员被俘或被困的风险，即使敌人捕获无人系统仍将一无所获。与人不同，无人系统的秘密信息都储存在后方，并无机载秘密信息，因此敌方除了能展示自己的成果以外，无法获得任何信息[18]。综上所述，无人化战争为士兵提供了免受肉体伤害的增强保护。

3.1.2 减少财政支出

除了有悲惨的生命代价之外，战争同样要消耗惊人的财政支出。军队财政预算数据显示，在有人系统的整个军费开支中，占最大份额的是直接或间接用于系统操作和支持的费用，大约占 1/3[19]。无人系统在减少人工成本方面还有很大未知的潜力。也许正是因为这种如前文所述的潜力，导致目前的无人化战争离真正的无人还很远。我们当前的无人化武器操作，仍然需要使用大量的人力。以无人机为例，目前的典型飞行器仅需两人即可操控，一人负责控制飞行，另一人负责操作各种设备。所以，涉及人力的基本需求[20]，一架无人机与一架有人驾驶的飞机并没有太多不同，除了无人机操控人员在执行长期任务过程中可以回家休息这一传统飞机无法做到的优势以外，无人机并无特殊之处。然而，为了减少人力而进行的机械设计已经在进行中了。研究表明，执行不是过于复杂的任务时，一名操控人员可以在任何时间同时控制四架无人机[21]。正如前面章节中所阐述的，工业界正在从软件等方面改进无人系统，允许操控人员有能力照顾到更多的无人系统。这意味着传统战场支持所需要的人力将减少[22]，这将缩减军队薪酬开支和工作时间，最终降低整个运营成本。

与有人装备相比，训练是无人武器更加节约成本的一个领域。原因之一是，相比同样功能的有人系统，无人系统一般更加自动化，训练所需的时间更短[23]。这也是捕食者无人机操控人员每年只需训练 18 次来保证飞行熟练的部分原因，与之相比 U2 高空侦察机飞行员每年需要训练飞行近百次[24]。无人系统之所以可以更容易地进一步降低训练成本，主要原因是其更多地依赖“软”训练（计算机模拟），大多数无人系统的操作环境与电脑游戏类似，这使得其更易于操作。成本降低是因为模拟训练减少了实训的次数，而实训价格昂贵且风险高。除此之外，设计者刻意将无人系统的控制台设计成与索尼公司游戏站以及微软公司 Xbox 游戏机类似的控制台。这使得许多目前的以及未来的无人系统操控人员可提前熟悉这些控制台。他们能够很容易地适应控制界面，可进一步减少训练时间[25]。换句话说，训练成本的降低可以通过增加一群预先熟悉界面的操控人员来实现。

很多无人系统技术也比与其类似的人工控制系统更便宜。后者在工程设计上必须设有满足驾驶人员需要的支持系统和救生系统。在这方面，像战斗机和运输机这样的飞行器，它们需要安装的设备包括：弹射椅、氧气瓶、护身装甲以及灭火系统等。显然，还必须要有飞行员的驾驶室，这将增加飞行器的体积和重量。与无人系统相比，为实现人工操控而必备的这些设备更大、更重，购置和使用的成本也更高[26]，但是无人系统还没有便宜到可视为“一次性系统”[27]。目前，无人系统仍处于技术发展的初级阶段，所以还没办法大幅降低成本。降低成本最终依赖于通用组部件的大量使用，以及产业规模的扩大。但是即使在这种初级阶段，无人化武器通常也比计划取代的相对应的人工操控武器价格便宜。例如，死神无人机价格仅为 F-22 战斗机的约 1/5[28]。将国防支出控制在合理的范围内，对于北美及欧洲等地区持续收紧的国防预算来说非常重要。

3.1.3 降低环境成本

除了人力以及纯粹的财政消耗，战争同样消耗着巨大的环境成本，而这经常被忽略。美国国防部是世界上最大的能源消耗组织，每天消耗近50万桶石油，几乎相当于瑞典整个国家的原油日消耗量[29]。其中大多数消耗在成千上万的依靠化石燃料驱动的军舰、战车和飞机上[30]。问题是，不仅仅军队消耗有限的能源储备，更多地在于燃烧如此大规模的燃料，会对环境产生负面冲击，这个问题将在后面讨论。由于不需要生命保障系统，如氧气瓶和弹射座椅，无人系统比人工操控系统体积更小、重量更小，从而更加高效、节能。除了体积、重量更小，减少实训的次数同样意味着将降低能源消耗。此外，许多无人系统还可以利用可再生能源，如太阳能、风能、波浪能等[31]。

军队在修建诸如机场、公路、桥梁（经常需要改变河道）、临时宿舍等基础设施时，也会破坏当地的动植物群落。同样，军队展开部署会使农民被迫离开自己的家园，剥夺了他们自给自足的生活方式，并且推高了当地生活必需品的价格。焦土政策——当军队从一个地区开拔（前进或撤退）时，破坏一切对敌人可能有用的东西——使油井被烧毁，数百万桶原油倾倒入海，这导致了生态环境破坏（以及经济损失）的严重后果[32]。另外一个需要关注的问题是，部署至海外的士兵经常偷盗或毁坏当地的宝贵文化遗产。例如，拿破仑·波拿巴（Napoleon Bonaparte）的军队曾经将吉萨（Giza）的狮身人面像当作射击训练的靶子，导致其遭受无法挽回的损失。此外，联合国教科文组织曾指控美军使用的坦克、装甲车以及直升机破坏了巴比伦遗址，并且美军还被指控偷盗别国各种各样的文物，这种情况在伊拉克尤其严重[33]。随着无人系统的应用，地面部队的需求将有效降低，将显著降低军事行动的需求，以及减少军队进行任何上述破坏活动的机会，最终将会降低军队对环境破坏的影响。

3.1.4 增强作战能力

非常重要的是，在减少外界环境代价的同时，无人系统可以增强军队的作战能力。如前述章节所述，无人系统可以通过减小尺寸以及提高机动性来提高性能。它们甚至可以被部署至士兵无法进入的非常危险的区域。另外一个值得提起的优势是，通过不设置驾驶员的远程虚拟操控优势，它可以大幅提高系统的自持力，尤其是在航空领域更加明显，受制于飞行员的疲劳等因素，传统飞行器的出动架次频率与之相比劣势明显。美国军方的研究也表明，无人系统由于具备各种自动化能力，因此比人类更加强大，因为它们可以更多、更快地汇总分析源于各种渠道的信息，并且不会像人类那样受情绪波动的影响，从而做出错误决策[34]。与人类不同，机器人不会忘记命令、不会疲劳、不会恐惧，也不会顾忌身边的战友是否已经中弹牺牲[35]。

另外，除非无人系统在战争中充当的角色发生广泛的根本性的转变，军队将继续需要人力去完成战斗，并且这些战斗人员难以招募和留住[36]。上文中提到的军队止损政策说明，即使全部由志愿者组成军队的国家，也很难维持足够的满足基本需求的人力资源。无人系统可帮助解决上述问题，特别是在现役军人队伍中，无人系统技术可以使身体素质较差的人很容易变成优秀的战士。除此之外，无人系统可以使妇女、残疾人等弱势群体，胜任某些之前向他们关闭大门的战场角色。这不仅可为这些弱势群体提供为国效力的平等机会，还可使军队保持活力[37]。下文中，我们将从更广义的角度讨论这些获益，并且基于众生平等的理念，将无人系统的应用放在哲学背景下思考。

3.2 无人系统的伦理案例

前文已经简介了一些使用无人系统可能带来的好处，我们现在需要思考，无人系统是否为我们提供了初步的正当伦理理由？如果是，又是如何构成正当理由的？现在，我只关注这些益处中的一个：减少士兵伤亡的风险，通常这被认为是应用无人武器的最重要原因。这种观点出现争议的原因将在下文介绍，但是人们普遍认为，如果应用无人系统可以通过让士兵远离危险区而降低面临的危险，我们似乎就找到了一个应用它们的绝佳理由。一般认为，这种理由显而易见、毋庸置疑，但很少有人仔细推敲这个观点。本书出于研究的目的对这个理由进行认真思考是非常重要的，并且通过多种渠道开展实证研究，因为这将影响接下来我们关于应用无人系统所出现问题的后续思考。

目前为止，斯乔瑟是唯一一个针对我们为什么要使用无人系统给出详细说明的学者[38]。与本章接下来将要论述的观点有很大不同，他认为不仅有正当权利来应用这些无人系统（也就是说，它们的应用在伦理学上是允许的），而且国家使用无人系统来提供安全保护是一种义务。斯乔瑟的观点源于他所称的规避风险原则。这种理论认为，如果甲命令乙去执行一项客观上好的任务[39]，那么甲有责任从众多备选方案中选择认为可以完成任务的方法手段，但是不能违背正义，不能使世界变得更糟，并且不能使任务执行者有潜在的致命危险，除非实质上没有其他风险更低的手段来完成任务[40]。换句话说，不得命令其他人去执行一些可能面临超出严格必要风险的任务。当然，在某些情形中，完成好的任务的唯一方法就是将执行者置于潜在的生命危险中，有时这是不可避免的。斯乔瑟的理论认为，必须选择风险最低的方法完成任务，实际上势必无法规避所有的风险。

为了试验和检验这种理论所假设的适度的道德需求，以及其一目了然的观点，斯乔瑟给我们设定了这样一种场景：一群士兵正在与罪大恶极的敌人作战，他们必须取得胜利[41]。细节在此并不重要，但是人们很容易联想到士兵正在与纳粹分子作战。问题的关键在于场景中的这群士兵正在执行的是客观上正义的任务。其中可能包括保护自己的家园和财产、保护自己的个人福祉、保护无辜人士的福祉等。在冲突的某一时刻，这群士兵与敌人卷入交火。士兵的指挥官决定脱掉防弹衣、扔掉枪，仅仅利用手中的石头与敌人作战，而且他还命令士兵也这样做。斯乔瑟让我们假设，这样做对他们誓死抗争的战斗没有帮助[42]，仅仅是大大增加了牺牲的风险。他还让我们先不要顾及战场指挥官作为个人是否被允许做出如此举动，而是应该考虑指挥官命令部队扔掉防护装备去和敌人战斗是否符合伦理要求。他认为，规避风险原则将确保在道德上排除这个选项，因为相比于他们要达到目标所必须承担的风险，这样做将使他们面临更大的危险[43]。

斯乔瑟认为，规避风险原则是毋庸置疑的，其用武之地在于支撑他的主要观点。例如，对一支军队来说，如果在一次正义的行动中，可以使用无人系统来代替人工操控系统（在不降低作战能力的前提下），那么从伦理学角度看，他们有责任必须这样做[44]。为了更好地支持他的观点，特别是其逻辑规范，斯乔瑟为我们做出了引导性类比[45]。假设有两座城市，每座城市都有各自的排爆小队和训练有素的技术人员，他们可以在几乎没有伤亡的情况下成功拆除并处置爆炸装置。每个城市最近都装备了配有炸弹处置装置的无人车，可以让他们的技术人员在没有生命危险的情况下完成排爆任务。其中一个城市规定，无人车随时都可以使用；而另一个城市则不允许这么用，尽管这用起来非常容易。第二个城市的做法将他们的技术人员毫无理由地置于危险境地，这违背了规避风险原则[46]。根据斯乔瑟的理论，在不损失排爆能力的前提下，如果可以利用无人车处置炸弹，那么他们在伦理上有义务利用无人车来代替人工排爆。他认为，军队的情形与此相似[47]。也就是说，如果一支军队有能力像使用人工操控系统一样使用无人系统，并且这可以在降低士兵风险的同时无损军队执行任务时的战斗力，那么他们在伦理上有义务这么做[48]。斯乔瑟进一步断言，这意味着我们必须为“不”使用无人系统给出合理的理由[49]。在这里，他试图将举证压力转移至那些反对部署无人系统的人身上。

很多人简单地接受了斯乔瑟的观点——为什么一个国家有义务使用无人系统。但是目前也出现了一些不同看法。首先是，如果这种技术仅仅大幅降低了战斗人员的损伤——没有其他额外成本，那么使用无人系统无疑具有道德正当性。从伦理学角度大多数人都会认同，如果有两种同样好的选项来达成一个好的目的，那么我们选择接受伤亡风险最低的方案。美国空军的作战风险管控政策采纳了这个理论，其描述为：对于接到的任何任务，在满足任务需要的前提下，最符合逻辑的选择是让战斗人员承受“最低的、可接受的风险”[50]。从这项政策中很容易归纳出斯乔瑟的观点，通俗易懂地形成了一项普遍的道德共识，并且附加了一长串限制条件。

很明显，判别一支军队在什么条件下有责任动用无人系统来降低士兵受伤害的风险是很困难的。真正令人担心的是，事情并不会像斯乔瑟理论的支撑前提中所描述的那样，清晰完美、易于判别，这导致很难判断何时适用这种责任。例如，经常会有这样的例子，我们必须在军队能力和保护的对象之间，做出有倾向性的微妙的抉择。设想一下，一场正义战争的发动者，可以通过利用无人系统来显著降低军队伤亡，但同时导致平民受伤害的可能性小幅上升。在这种情况下，是否应该允许使用无人系统，会变得不那么容易判断，更不用说必须使用无人武器。因此，存在的问题主要是并不像斯乔瑟理论的先决条件那样清晰必然，而只能简化为判断先验条件正确与否。在充满灰色阴暗地带的军事领域，这些先验条件不可能总被看作或简化成一个清晰的、斯乔瑟让我们相信的“经验主义问题……可以精确检验”[51]。我们必须问自己，斯乔瑟将举证责任转移到反对使用无人系统的人身上，是否是一种明智的行为。我们真的足够了解我们应当使用这些系统的原因，然后直接得出如下的结论——我们应当使用这些系统，只有在出现问题时加以克制？在无法形成共识时，我们应当制定预防性措施，以确保举证责任（证明无人化战争并非不符合伦理要求）公平分担至采取类似行动的一方。

斯乔瑟认为，军队基于无人系统可以最大限度地降低士兵受伤害的风险这一理由而有义务使用无人系统，在此，斯乔瑟提供了坚实的理论基础。但这是唯一的或最重要的理由吗？他充分表达了完整的道德评判标准吗？他本人也暗示，还有其他论据可以支持应用无人系统。例如，总体上如前所述，他曾提到完成同样的任务，无人系统相比生产并部署人工操控系统更加便宜。他认为，包括战争在内，人们应该赞同我们有责任将投入各种风险中的资源降到最低，因为这些资源应该被用于其他更有价值的场合。他还说，我们应该建立“节省稀缺资源准则”，以完善判断标准[52]。然而，斯乔瑟忽略了经济因素，并且没有讨论任何使用无人系统的其他益处，如减少环境影响、增强军队战斗力等，取而代之的是关注他认为更重要的事情：无人系统降低了士兵面临的风险。他的这些思想，阻碍了对应用无人系统重要性原因的更深层次理解[53]。这是因为，保护士兵免受伤害，实际上并不是应用无人系统最重要的原因，也不是唯一的原因。为了给使用这些无人系统提供一个更加完整的依据，我们必须找出所涉及的所有的重要益处，并给出关于国家及其军队为什么应当去追求这些益处的更深刻的解释。为达此目的，我们需要考虑这些实体（国家、军队）是如何获得力量的，他们的主要责任是什么，无人系统带来的益处如何帮助他们履行责任。

3.3 人民、国家和军队之间的本质关系

为了使我们能够全面理解应用无人系统的义务，我们首先需要准确地理解一个国家国防职责的起源。众所周知，在当代发动战争是国家特有的权利；然而，在我们能够真正理解使用无人系统的义务之前，我们需要解释为什么国家能够或者应该对使用武装力量拥有垄断权。因此，我们必须回到国家理论和意识形态基础上，并阐明人民、国家和军队之间的关系。这种关系很复杂，特别是在西方国家，如澳大利亚、英国、美国，以及其他很多国家。在这些国家社会中，这种关系一定程度上存在于无法用语言准确表达的公共价值体系中，并且通过一张无法特别明确定义的权利和义务网络，来维持这种体系[54]。我们与他人以及国家的社会关系，通过这种机制来规范，我们的社会责任是明确的，这被称为社会契约。这本质上是一种无形的共识，指出了每个人通过共同生活在国家的庇护下而获得各自的利益。让我们简单介绍一下社会契约论的观点。

约翰·洛克（John Locke）和托马斯·霍布斯（Thomas Hobbs）是 17 世纪和 18 世纪的两位英国哲学家。他们认为，人民与国家之间达成共识或社会契约的需要，源于一种被称为自然状态的理论。这本质上是一种原始环境或状态，其中个体的存在早于国家的形成。我们不清楚这些哲学家是否认为这是一种真实的历史现象，还是历史中的昙花一现，或者仅是一种情景假定[55]。洛克认为，自然状态、人类的天然状态是完全自由的，人们可以自由地“在自然法则范围内安排自己的行为，以他们认为合适的方式处置自己的财产和个人事项，并不需要得到他人的许可或者依赖他人的意愿”[56]。对洛克来说，这是因为在自然状态下受上帝的自然法则约束，这规定了自然人不可伤害其他人，并且应该互相确保彼此的生命、健康、自由和财产权利[57]。然而，洛克也承认，当自然法则被亵渎、破坏时，这种平和的自然状态会变成类似战争的状态。由于没有行政当局来强制推行自然法则，并且没有人“惩恶扬善”[58]，每个个体必须竭尽所能保护自己，从而导致那些没有能力保护自己的人屈从了那些有能力的人。

霍布斯在他的《利维坦》中，描述了一种更加恐怖、更加残酷的自然状态景象[59]。他认为，在自然状态下，很多自然因素或条件对人类个体形成挑战，让他们彼此处于敌视竞争的状态。首先，每个人都有着相同的需求，同样需要食物、水、住房等基本生活需求。如果不考虑其他因素，每个人的平等需求不会有任何问题，但是这些资源是有限的，并没有足够的资源来满足所有人的需求。短时间内，一些人成功地获得了权力和控制权，以牺牲其他人为代价得到了他想要的一

切。但是，考虑到第三种情况，即自然状态下每一个个体天然地具备同样的能力。一些人可能比其他人更加强壮或者聪明，但是根据霍布斯的理论，每个人都拥有相同的达到最终目的的能力，他们具备相同的杀伤能力，这将导致全民战争。一个可能的解决方案，即有赖于人类对他人的无私和善良，但是霍布斯认为这是不可行的，因为还有第四条自然属性——人类天生自私。因此，霍布斯发现自然状态是不可容忍的，那里充斥着“孤独、贫穷、龌龊、粗暴和短命”[60]。在他所描述的自然状态中，生活退化成为生存的垂死挣扎，因为缺乏公众权威力量，人们生活在一种无秩序的状态中[61]。

然而，生活在自然状态下的人们并非完全没有任何希望。人们有办法走出这种彻底绝望的原始自然状态。洛克和霍布斯都认为，自然状态下自私但理性的个体会认同——最好是建立一种机制来保护所有人的个人安全以及抵御外敌。受英国内战武装冲突的深刻影响，霍布斯写道，在自然状态下人们长久保护自己的唯一出路是创造一个公共威权，以便保卫他们免受外敌入侵并避免内部互相伤害。一个国家或威权的存在，能够确保他的人民供养自己，享受“大自然的果实”[62]。为了能够在这样更好的生活中养活自己，他们必须制定社会契约。这个契约需要参与者认同两件事：第一，他们必须认同通过放弃一些他们在自然状态下共有的，如互相攻击之类的原始权利，创建一个更美好的社会；第二，最重要的可能是，他们必须使一些人或者一伙人拥有力量和权力，以便维护这样的契约。本质上，为了发展并超越自然状态社会，他们必须同意在公共规则下生活，并且创造一种至高无上的权利来保障这种共识。

这种社会契约应该定义并规范人们与这个核心权利之间的关系，即每个个体与新创立的威权之间的关系。在这种契约下，每个个体放弃了他们诉诸武力自我保护的自然权利，将他们的安全和福祉寄托于这个威权[63]。社会契约因而要求统治者必须尽其所能保护所有人的安全和公平，但是，首先要确保领土范围内的所有人遵守这个规则。因此，统治者将会在国内垄断军事力量的使用权，要求在这里的居民遵守这些规则，尊重他人的生命、自由和财产权利，惩罚那些不守规矩的人[64]。在霍布斯对于社会契约的描述中，独裁国家同样被认为拥有垄断的力量来抵御外界威胁，无论这个威胁源于其他统治者还是非正式组织。他们有责任建立军队，并且决定什么时间和以怎样的方式发起战争。根据霍布斯的政治理论三部曲，即《法的原理》《论公民》，以及我们已经引用的《利维坦》，统治者同样有权命令他治下的人民参军服役[65]。

让-雅克·卢梭（Jean-Jacques Rousseau）以霍布斯的社会契约概念为基础[66]，提出了一种更加温和的观点，这种观点引申的看法与今天的军队有着更大的相关性[67]。卢梭的观点认为，这种社会契约源于平等公民之间的协定，而不是人民与脱离民众的统治者之间的协定。卢梭与霍布斯相同的观点是，社会契约应该为民众提供安全及福祉保障，但是应当允许个体保留其个人自由以及自决权。而与霍布斯认为统治者是凌驾于社会之上的观点不同，卢梭认为统治者来源于社会大众。国家并不能像一些外部强权一样凌驾于社会之上，而是社会自身演化的结果，在本质上是所有个体意志融合的统一意志，显著不同于并高于仅仅将众多个体意志合并集成[68]。卢梭认为，在社会契约下，个体失去的是本身的自由，以及试图成功获取任何事物的无限制的权利。他们得到的是公民自由以及他们所拥有事物的所有权，即人们受集体意志的约束而不是个体意志的约束[69]。这意味着，通过自担责任违反大众法律的方式，公民保留了决定自己命运的自由，而非放任统治者做出明显背离民众的政治决策[70]。

卢梭的自由民主社会契约被认为是一种由国内公民共同产生一个统治者的协议，统治者的唯一作用是服务于公民利益。因此，必须确保法律和其他规则的有效。除此之外，因为国家拥有更多的责任来保护公民的权利、生命及财产，又因为我们不得不承认，一些人类社会觉得有必要去破坏其他人类社会，这就必须建立军事力量。卢梭认为，个体有时候可能通过服兵役来分担公共职责，以维护公共意志和保护公民生活[71]。卢梭的这种观点更加准确地反映了现代社会的情况，公民报名参军或者应召入伍，以维护他们持有的价值观。

从苏格拉底（Socrates）到以约翰·罗尔斯（John Rawls）为代表的现代哲学家形成了众多的社会契约理论，对其进行特别关注非常重要，正是这些理论构筑了描述国家为什么会存在、国家存在的目的意义是什么等最有影响力的思想体系[72]。尽管有很多不同的流派，彼此之间差别很大，但他们所有人都认为，国家存在的首要合理性在于扮演好保护生活在其领土范围内的人民安全的角色。对于所有的意义和作用，国家通过宣称是最强大（most capable）的代理人，垄断了开展军事行动的权利，来成功地保护他们所统治人民的基本利益[73]。这本质上是一个关于确保公民安全的讨论。正如塞西尔·法布尔（Cécile Fabre）为支持国家合理性提出了一个世界性解释："和个体通过致命武力保护他们基本的人权相比，国家发动战争是一个更佳的选择。"[74]这种保护者角色正是一个国家应用武力保护他们的公民及其社会公共生活，在正义战争理论（下文将展开讨论）和国际法中能找到正面的道德支撑。这并不是说所有宣称保护集体利益的行动都是无可争议的[75]。但是，在接下来的论述中，我们预先假定这种权利是实际存在的，并且认为其源自人民意志的考虑并代表他们的利益。

3.4 军队与国家的契约：有责任使用无人系统的基础

正如上文中详细说明的，社会契约理论为国家及其军队的存在提供了坚实的理论基础，并阐述了社会契约理论如何定义并规范人民与国家之间的关系。然而，这种契约理论还没有明确扩展到军事方面，只能用来解释实际益处，以及第一节中谨慎提出的问题是如何转换成一种道德契约的。因此我们必须假定存在第二种契约来解释使用无人系统的责任体系。尽管比较含糊，这个契约作为隐形契约是非常有用的，它经常被国家及其军队用来判别他们为什么以及如何在特定的领域（经常是有争议的）投入有限的资源。为了避免混淆前面讨论的社会契约和一般的公民-军队契约（主要关心的是个体层面的相互关系，尤其是国家与退伍军人的关系），我们将其命名为“军队-国家契约”[76]。军队-国家契约规范了国家和军队之间的关系。

正如彼得·D. 费维（Peter D. Feaver）曾经说过的，在任何自由民主社会，这种关系是一种授权关系[77]。国家将其大部分保护职责委托或签约授权给军队及其武装力量，就如同民众将其部分职责托付给国家[78]。在这个将危险的保护职责让渡给军队的过程中，国家本质上将其视作一个代理机构，（国家与军队）共同承担保护民众的责任。为了确保社会在这种制度下足够安全，军队-国家契约将责任与义务分配给了各方。国家在这个契约中的主要职责是为军队提供足够的资金支持，并制定法律，允许军队履行保护职责。作为回报，在确保不违背人民重大利益的前提下，军队有责任为国家及其人民提供高效有力的安全保障[79]。换句话说，出于道德考虑，军队必须谨慎以确保军事行动的高效有力。正如前文所述，特别是法布尔的观点，国家合法性的基础来源于高效的、装备精良的实体，抵御来自国内外的暴力伤害以确保安全。如果军队没有很好地处理与国家之间的关系，或者军队在应对潜在威胁保护社会方面表现的既不有力又不高效，那么军队就威胁或损害到了国家和人民之间的社会契约。在这种情况下，尤其是在需要行使惩治权的时候，国家和它的军队之间将会变得互不信任[80]。

因为在越南战争中“毫无意义的浪费”[81]，所以美国开始尝试选择一种更加可控的武力使用方式，可能有很多关于确保军队高效有力的契约责任文献，但在查阅相关资料时发现，关于这个话题公开发表的文献很少。在诸如《孙子兵法》[82]，以及卡尔·冯·克劳塞维兹（Carl von Clausewitz）的《战争原理》[83]和《战争论》[84]等重要历史著作中，涉及了高效性的若干细节，并对上述军队-国家契约的观点提供了一些支撑，但是他们只是间接地提到了这些内容。事实上，与军队-国家之间的关系相比，他们更加关心的是战略、战术以及战争的本质。即使是在致力于解释公民社会与军队组织或其他起到保护作用的组织之间的阶层性互动关系的现代广义军民关系理论中，也缺乏对效率（efficiency）和效力（effectiveness）的足够分析。萨缪尔·P. 亨廷顿（Samuel P. Huntington）的《士兵与国家：军民关系的理论和策略》[85]——军民关系理论的代表性著作——仅对效力进行了简单的描述，而没有涉及效率[86]。尽管军民关系非常复杂，但是大量的关于军民关系的文献仅仅关注了如何控制军队，防止他们在履行保护职责时自作主张[87]。

托马斯·布鲁诺（Thomas Bruneau）在他的最新著作《爱国者的利益》（*Patriots for Profit*）中注意到了这种现状。他在书中将军民关系拓展到了包含效力与效率的内容，以解释为什么30多年①来西方国家军队（主要指美国和英国）[88]将他们的很多职能进行了外包，而不是雇佣政府职员去执行这些职能[89]。特别值得一提的是，布鲁诺关注于为什么私人军队承包商承担了许多战斗角色及任务，而在此之前这都是正规军队的职责[90]。尽管布鲁诺研究的问题不同，他认为效力和效率是理解当今正在进行中的军队变革的决定性因素，或者是技术性因素，或者称为其他因素[91]。他还指出，美国已经建立了强有力的机制以确保效力与效率，但是仍然缺乏一种普遍背景（正如契约论倡导者所给出的），这导致需要跨部门协作的职责完成效果很差[92]。因此，布鲁诺的观点看起来是对刚才我们提到的军队-国家契约的一种深度支持，出于道德必要性考虑，也是对军队与国家之间的契约关系尝试建立或规范效力与效率观点的支持。在归纳总结军队-国家契约中一些关键责任义务之前，我们有必要简单说明一下布鲁诺对效力与效率的定义，因为在公众言论里，这两个术语的使用经常前后矛盾、互相混淆。

非常正确的是，布鲁诺认为军队的效力取决于"执行由民主选举产生的文官分配给他的角色和任务"的能力，而效率则是关于"以尽可能少的人力及资源代价"完成这些"角色和任务……"的问题[93]。从这些定义中，我们可以得出一些关键的条件，军队必须满足于根据军队-国家契约分配给他的军事需求。现在，我们开始讨论确保效率的各种义务。根据前述斯乔瑟的观点，军队必须寻求最大程度降低士兵面临的风险。这是因为，对军队、国家、代理人、社会大众来说，士兵的生命具有重要价值。在扮演保卫国家安全或完成其他国家级任务的角色中，是他们在履行重要的公共职能。在他们服役期间，士兵是国家（或者更准确地说是军队）的工具[94]。从这点看，士兵可以被看作一种珍贵的资源，不应浪费，这主要是因为他们很难获得，同时又是保卫国家及公众生活的必不可少的一部分。因此，不管是在敌方国土上作战，还是待在家中显示器前监控，降低士兵受伤害风险的部分价值，源于保证他们具备参与未来军事行动的能力。这就是为什么现役或者退役的军人，能够享受免费的健康保障，而且保障与普通市民生活水平相当甚至更好，这是国家为未来的士兵提供保障政策的一部分[95]。与此同时，士兵不仅仅是资产或者是军队机器中可以替换的零件，还需要考虑他们固有的精神价值[96]。我们必须认识到，军队服务于国家，国家服务于人民，而每个士兵实际上是"穿着军装的平民"[97]。在西方国家，公民一般无须强制服兵役，参军服役是

① 自1980年算起。——译者注

出于包括他们所生活的社会共同价值观在内的个人责任[98]。正如马丁·库克（Martin Cook）所指出的，他们服兵役是在通过这种方式分担公众负担，保护他们所有人民的正常生活，这也解释了为什么服兵役经常被描述为“更高级的召唤”[99]。因此，蓄意地或没必要地让一名士兵冒风险，不仅是在浪费宝贵的资源，而且将导致公民负担分配不成比例，这也是为什么合法的军事力量应该始终保持处于最低风险中的另一个原因[100]。

在军队-国家契约中，军队还必须确保尽可能充分地利用他们的财政资源。军队的领导人除了确保公众安全之外，还应该是公共资产的托管人和受信托者。一些军事力量，尤其是那些富裕的西方国家，通常看起来似乎并不关心他们自己行动的财政支出。正如德鲁·J. 巴塞维奇（Andrew J. Bacevich）所写道，在装备采购过程中，有一条基本规则：“只要是军队的项目，钱就不是问题。”[101]他还继续写道，军队有着强烈的意愿掌握主动权，并且对过度花费和金钱浪费有着更大的容忍度[102]。美军花 300 美元来购买锤子，花 600 美元购买马桶[103]，并且最近花费数百万美元购买防弹内衣[104]，似乎更加印证了这种观点，至少最近的情况是如此。最近，迫于政治压力，这种自由花费的乱象开始有所缓解。政治家们最近经常提醒他们的军队，注意战争中的经济消耗。奥巴马总统在美国西点军校发表的一次演讲中提到（参见《万亿美元代价的反恐战争》）[105]：“紧接着经济危机而来的是，我们的邻居和朋友中有太多人失业，他们负债累累……所以我们无法承担无视这些战争代价的行为。”[106]

类似地，前述契约的观点让我们清楚，维持一支具有一定备战水平的常备军队，必需采购大量的保卫国家及人民所必要的装备，当一个国家无法承受供养一支军队的费用时，将不得不考虑经济效率的问题。为了继续享受由国家直接或间接提供的服务，作为社会契约中一方的人民有义务缴税。正如前文所述，国家将这笔公共资金拿出一定的份额用于军队建设，以达到保卫国家安全免遭武力侵犯的目的。军队-国家契约保证了分配给军队用于保护国家安全的那部分份额，纳税人缴纳的税金必须得到正确使用。当财政资源不足时，纳税人的钱如果不用于军队，那么可以转而用于其他的民生领域，或者有益于社会的领域，以保障国家及其人民的权益[107]。军队-国家契约因而支撑了这样一种观点：武装力量的部分责任是确保将军费用到有价值的地方，他们尤其有责任使用最合理、最高效的手段。

重要的是，军队履行其职责时应当敬畏自然。尽管保护自然环境显然不是军队的主要职责，除非自然环境受到敌对国家作为一种战争手段加以破坏的威胁，军队-国家契约要求军队在条件允许的情况下要尽各种努力减少其对环境的冲击影响。这是因为军队是国家的代表，最重要的是，军队有保护人民基本需求的义务，并且公众利益应优先获得保障。同时，尽管人类与环境之间的关系是复杂的，但是我们必须竭尽所能保护环境，因为自然环境是关乎我们福祉的物质基础[108]。

除了干净的空气、水和食物，如果在过去的几个世纪中我们不去开采许多自然资源——尤其是石油，那么我们的社会及其军工复合体将不可能如此繁荣并且发展得如此成功。的确，可能有人会说，我们与石油之间的关系是可变化的，但是迄今石油仍然是必需品。自然环境拥有丰富的资源和潜在的内在价值（很多人认为有），因此自然环境不仅仅是我们的经济核心、社会以及个人的福祉所在，还对社会契约有着基础性道德意义。因此，有充分的理由认为，国家及其军队应该保护环境，这是一条放之四海而皆准的真理。军队有严重破坏另一个国家环境的潜在能力，这种环境危害如此巨大以至于影响范围波及全球，这终将伤害这支军队保护下的人民。举例来说，核武器会向大气中释放放射性尘埃，这些尘埃能够飘落在地球上的任何地方[109]。此外，考虑到在全球军事行动中，燃烧了大量的石化燃料，这被认为会破坏臭氧层并加速全球变暖，尽管全球变暖对某些国家的影响更加显著，但是会影响到所有人[110]。虽说未来伤害是一个充满争议的话题，并且社会契约为了子孙后代需要进行修订，但是现在对环境造成了不可修复的破坏，国家必须认真考虑对子孙后代会造成怎样的伤害。

上述讨论表明，基于军队-国家契约，一个国家的军队有很多基本的责任。它必须：尽可能降低军人受到伤害的风险；精打细算地使用国家为军队提供的经济资源；尽可能地减少对我们共同的自然环境的影响。所有这些职责可以归结为效率问题，高效率地使用军队经常会收获最好的结果，一支军队可以不具备高效力而具备高效率[111]。出于这种理由，一支军队的首要责任应该是确保自己时刻具备完成基本的组织性和行动性任务的能力，这些任务包括通过国家服务社会，在国家授权的情况下作战[112]。换句话说，判断一支军队是否履行职责的终极标准是其能否履行社会契约（契约调适了军队、国家及其人民之间的关系），能否在需要的时间和地点投送战力，或者更准确地说，能否在伦理道德许可范围内发起战争并赢得战争。虽然我们很难判断一支军队这方面能力的强弱，但是这通常取决于他们所拥有的武器。因此，我们可以认为，为了确保在应对各种潜在的敌人时有最大的胜算，并且能应对不同的战争环境，军队有责任持续地寻求设计或拥有具备技术优势的武器，用于执行他们最核心的国防任务。约翰·O. 布伦南（John O. Brennan）是奥巴马总统的反恐顾问，他首次公开承认美国无人机计划时暗示了这些内容，他说："人们希望我们使用先进技术来避免受到攻击并保护生命。"[113,114]

正是由军队-国家契约衍生出来的职责，推论出使用无人系统的义务。也就是说，当考虑到一支军队的唯一责任是提供高效力和高效率的安全保护时，会更加清楚地认识到为什么使用无人系统是基本的道德义务。这并非如斯乔瑟多次表明的那样，不仅关乎士兵生命的内在道德价值，而更多地是为了确保军队具备保卫国家和人民的能力，这一点具有个体和集体的道德价值。显然，所有这一切都基于对军队-国家契约的正确理解，这种契约关注效力与效率，说明了使用无人系统的益处具有道德重要性。正如本章开篇介绍的，这种无人系统有望降低战争中人力、经济以及环境的消耗，确保军队利用这些资源（人力、经济和环境）能够更好地应对现在以及未来在保卫国家、人民及其公众生活过程中出现的各种挑战。这些就是一支军队应当探寻使用新技术的全部益处，并构成了使用无人系统的基本义务。

3.5 小结

本章的目的是在继续探讨限制使用无人系统之前，找出使用无人系统的道德理由。3.1 节介绍了伴随着无人系统的应用会出现的益处。确实，当对一项技术进行道德评估时，必须了解我们可以从中获得什么益处。据说，这些无人系统有潜力在提高战斗力的同时，减少战争中人力、经济以及环境的消耗。3.2 节讨论了使用这些无人系统的益处和伦理正当之间的关系。我们以考察斯乔瑟的有义务使用这些无人系统的观点作为开端。他认为，当使用这些无人系统无损战斗力并能最大限度降低士兵受伤害的风险时，军队有伦理义务去使用无人系统。但我们证明了：斯乔瑟关于有义务使用无人系统的观点，忽略了一些军事领域的技术复杂性，他对为什么尝试采用优势技术的重要性仅给出了部分解释，对为何使用无人系统是一种道德义务给出更加全面的解释。3.3 节探讨了国家保护职责的契约论基础。接下来，3.4 节讨论了在国家和军队之间契约关系的存在性，也就是军队-国家契约。对一支正规军队来说，契约确立了作为道德需求的谨慎行动原则。所有的一切都需要遵循最高职责的约束，即为国家及其人民提供最有效力、最高效率的安全保护。正是这种职责，外加无人系统带来的众多益处，奠定了使用无人系统的基础。当我们讨论相关问题时，这是必须放在突出位置的责任，此外，我们还必须记住的是这受制于严格的条件，而这也正是下文将要探讨的内容。

注　释

1 例如, United States Department of Defense, "Unmanned Systems Integrated Roadmap FY2011-2036" (Washington, DC: Department of Defense, 2011), 3; United States Department of Defense, "Unmanned Systems Integrated Roadmap FY2-13-2038" (Washington, DC: Department of Defense, 2013), v.

2 United States National Research Council, *Star 21: Strategic Technologies for the Army of the Twenty-First Century* (Washington, DC: National Academy Press, 1993), 27.

3 Susi V. Vassallo and Lewis S. Nelon, "Thermoregulatory Principles", in *Goldfrank's Toxicologic Emergencies*, ed. Martin J. Wonsiewicz, Karen G. Edmonson, and Peter J. Boyle (New York: McGraw Hill, 2006), 265.

4 Lee Davis, *Natural Disasters* (New York: Facts on File, Inc., 2008), 7.

5 Christopher Coker, *The Warrior Ethos: Military Culture and the War on Terror* (New York: Routledge, 2007).

6 其他有毒武器影响的例子，可参考 Institute of Medicine, *Gulf War and Health: Depleted Uranium, Sarin, Pyridostigmine* (Washington, DC: National Academy Press, 2000).

7 James A. Tyner, *Military Legacies: A World Made by War* (New York: Routledge, 2010), 151.

8 Krishnan, *Killer Robots: Legality and Ethicality of Autonomous Weapons*, 123.

9 John Weckert, "Risks and Scientific Responsibilities in Nanotechnology", in *Handbook of Risk Theory: Epistemology, Decision Theory, Ethics, and Social Implications of Risk*, ed. Sabine Roeser, et al. (Dordrecht: Springer, 2011), 161-162.

10 Paul D. Walker, *Battle Fatigue: Understanding PTSD and Finding a Cure* (Bloomington: iUniverse, 2008). 73.

11 Coker, *The Warrior Ethos: Military Culture and the War on Terror*, 100.

12 Lisa Daniel, "Military Leads Mental Health Care Transformation", *American Forces Press Service*, 24 February 2010, 346.

13 Robert S. Rush, *Enlisted Soldier's Guide* (Mechanicsburg: Stackpole Books, 2006), 138.

14 Ethan Bronner, "Israel Plans New Rules on Exchange of Prisoners", *The New York Times* (2012), http://www.nytimes.com/2012/01/06/world/middleeast/after-shalit-israel-changing-prisoner-exchange-rules.html.

15 Markus D. Dubber, *Victims in the War on Crime: The Use and Abuse of Victims" Rights* (New York: New York University Press, 2002), 284.

16 Andrew Hoskins, *Televising War: From Vietnam to Iraq* (London: Continuum International Publishing Group, 2004), 67.

17 Bronner, "Israel Plans New Rules on Exchange of Prisoners".

18 United Kingdom Ministry of Defence, "Joint Doctrine Note 2/11: The UK Approach to Unmanned Aircraft Systems", 3-7.

19 United States National Research Council, *Autonomous Vehicles in Support of Naval Operations*, 97.

20 对于航空器，操作有人系统和无人系统所需支持人员的数量是相当的，都需要燃料补充、设备维护和大量的数据分析。

21 Rui Goncalves et al., "Authority Sharing in Mixed Initiative Control of Multiple Uninhabited Aerial Vehicles" (paper presented at the Engineering Psychology and Cognitive Ergonomics, Orlando, Florida, 2011), 535.

22 将一名士兵投入战场的费用大概是一百万美元。

23 United States National Research Council, *Autonomous Vehicles in Support of Naval Operations*, 97.

24 同上。

25 Steven Graham, "The New Military Urbanism", in *The New Blackwell Companion to the City*, ed. Gary Bridge and Sophie Watson (Malden: Wiley-Blackwell, 2011), 131.

26 D. Belin and Gary Chapman, *Computers in Battle: Will They Work?* (New York: Harcourt Brace Jovanovich Publishers, 1987), 76.

27 Bill Yenne, *Attack of the Drones: A History of Unmanned Aerial Combat* (Minneapolis: Zenith Press, 2004), 12.

28 Medea Benjamin, *Drone Warfare: Killing by Remote Control* (New York: OR Books, 2012), 20.

29 N. Turse, *The Complex: How the Military Invades Our Everyday Lives* (London: Faber & Faber, 2008), 41.

30 Geoff Martin and Erin Steuter, *Pop Culture Goes to War: Enlisting and Resisting Militarism in the War on Terror* (Plymouth: Lexington Books, 2010), 28.

31 W. G. R. Vieira et al., "Structural Dynamics and Renewable Energy" (paper presented at the 28th IMAC, A Conference on Structural Dynamics, 2010), 248.

32 David Hay-Edie, "The Military's Impact on the Environment: A Neglected Aspect of the Sustainable Development

Debate" (Geneva: International Peace Bureau, 2002), 4.

33 Associated Press, "US Military Damaged Ancient Babylon Site", *Sydney Morning Herald*, http://www.smh.com.au/world/us-military-damaged-ancient-babylon-site-20090710-deuh.html.

34 Arkin, *Governing Lethal Behavior in Autonomous Robots*, 29-30.

35 T. Weiner, "GI Robot Rolls toward the Battlefield", *Herald Tribune*, 17 February 2005.

36 Christopher Coker, *Waging War without Warriors? The Changing Culture of Military Conflict* (Boulder, CO: Lynne Rienner Publishers, 2002), 59.

37 一般认为，女人不具备参战条件，所谓的原因包括：缺乏身体力量、女性卫生和健康要求、影响团队团结等。随着与战场的距离越来越远，这些因素越来越不重要，很容易就能解决。例如，一些荒凉的航空器操作员岗位，慢慢变得和普通的办公环境并无二致。认为妇女和残疾人在这类角色中不能发挥同等功效是没有道理的。还需要注意的是，澳大利亚只有在最近才对女性开放所有的战斗岗位，参考 Mark Dodd, "Combat Roles Offered to Women", *The Australian*, 12 April 2011.

38 Bradley Jay Strawser, "Moral Predators: The Duty to Employ Uninhabited Aerial Vehicles", *Journal of Military Ethics* 9, no. 4 (2010). 斯乔瑟说仅限于无人航空器，但这些说法对很多其他类型的无人系统也适用。这里对他的说法进行了推广。

39 发布命令是重要的，至于是否为了获得某些好的目标而让一个人去承担不必要的风险则是另外一个问题(尽管这个问题的任何答案都需要考虑上面例子中的个体是否在为国家担当使命)。

40 Strawer, "Moral Predators: The Duty to Employ Uninhabited Aerial Vehicles", 344.

41 同上, 345。

42 如果是为了帮助实现目标，这个问题会变得复杂化，因为这会抵消掉避免引起致命风险的义务。

43 Strawer, "Moral Predators: The Duty to Employ Uninhabited Aerial Vehicles", 345.

44 同上, 346。

45 同上, 347-348。

46 同上。

47 对于用于支持他关于无人系统强烈建议的类比，有些人可能会提出异议。轰炸小组使用无人系统去平息或阻断爆炸性指令，以阻止生命损失；而军队在很多情况下试图使用无人系统置人于死地，即使是出于自卫。因此，这种复杂性看起来源于从平民到军队的转移。然而，斯乔瑟合乎情理地指出，二者之间的不同之处并不明显。因为，尽管军队使用这些系统夺取他人的生命，这也是(也应该是)具有道德正义性战争的一部分。主要原因在于，它们是为了实现某些好的目标。而且，这样做以后，移除代理在执行行动时可能面对的风险和平民使用远程系统平息爆炸是相同的。参考同上, 348。

48 同上。

49 同上, 349。

50 Francis C. Gideon, *Air Force Instruction 90-901* (Washington, DC: United States Department of Defense, 2000).

51 Strawser, "Moral Predators: The Duty to Employ Uninhabited Aerial Vehicles", 347.

52 同上, 344。

53 按照我的理解，斯乔瑟(Strawser)也在逐步完善他关于这个问题的观点。

54 Michael Bryce, "The Unique Nature of Military Service", in *Defence Force Welfare Association Forum* (Canberra: Defence Force Welfare Association, 2009).

55 George Klosko, "Contemporary Anglo-American Political Philosophy", in *The Oxford Handbook of the History of Political Philosophy*, ed. George Klosko (Oxford: Oxford University Press, 2011), 459.

56 John Locke, *The Two Treatises of Government* (Indianapolis: Hackett Publishing Company, 1980), 8.

57 同上。

58 同上, 9。参考第 2 章, Locke 关于自然属性的讨论。

59 Thomas Hobbes, *Leviathan* (Sioux Falls: Nuvision Publishers, 2004).

60 同上,74。

61 同上, 更多的细节请参考第 13 章。

62 同上, 99。

63 E. Krahmann, State, *Citizens and the Privatization of Security* (Cambridge: Cambridge University Press, 2010), 23.

64 Hobbes, *Leviathan*: 84.

65 D. Baumgold, "Subjects and Soldiers: Hobbes on Military Service", *History of Political Thought* 4, no. 1 (1983): 43.

66 Jean-Jacques Rousseau, *On the Social Contract*, trans. G. D. H. Cole (Mineola: Courier Dover Publications, 2003).

67 同上, 12。

68 同上, 17。

69 同上, 12。

70 同上, 67。

71 Krahmann, *State, Citizens and the Privatization of Security*, 26.

72 Deane-Peter Baker, *Just Warriors Inc: The Ethics of Privatised Force* (New York: Continuum, 2011), 67.

73 Patricia Owens, "Distinctions, Distinctions: 'Public' and 'Private' Force?", *Intenational Affairs* 84, no. 5 (2008): 980-981.

74 Cécile Fabre, "Cosmopolitanism, Just War Theory and Legitimate Authority", *Journal of International Affairs* 84, no. 5 (2008): 972.

75 对于一些问题的详细介绍, 请参考 David Rodin, *War and Self-Defense* (Oxford: Clarendon, 2002), 64-84; 关于回应, 请参考 Baker, *just Warriors Inc*: *The Ethics of Privatised Force*.

76 请注意, 这里的范围是非常有限的, 而且这并不是试图将所有的公民、军队关系以书面的形式形成契约。

77 Peter D. Feaver, *Armed Servants: Agency, Oversight, and Civil-Military Relations* (Cambridge: Harvard University Press, 2003), 57.

78 Deane-Peter Baker, "To Whom Does a Private Military Commmander Owe Allegiance?", in *New Wars and New Soldiers: Military Ethics in the Contemporary World,* ed. Paolo Tripodi and Jessica Wolfendale (Farnham: Ashgate, 2011), 186.

79 必须承认, 国家安全和个人安全是不一样的。为人民的广大利益服务, 几乎所有事情都是有道理的, 包括暴力行为等。但是, 这个说法和代表性的民主有关, 在参考广大利益时考虑的是生命的基本需要, 如居住环境。

80 尽管存在很多关键的差异, 和企业的角色还是存在很多基本的共性。例如, 企业的主要目的是为股东创造利润。如果一个企业无法分红, 股东就能合法地解雇那些管理者, 因为他们没有完成企业的核心任务。

81 Charles Dunlap, "Organizational Change and the New Technologies of War", in *Joint Services Conference on Professional Ethics* (Washington, DC, 1998), 11.

82 Sun Tzu, *The Art of War* (London: Wordsworth Editions, 1990).

83 Carl von Clausewitz, *Principles of War*, trans. Hans W. Gatzke (Harrisburg: The Military Service Publishing Company, 1942).

84 Carl von Clausewitz, *On War*, trans. O. J. Matthijis Jolles (New York: The Modern Library, 1943).

85 Samuel P. Huntington, *The Soldier and the State: The Theory and Politics of Civil-Military Relations* (Cambridge: Belknap Press, 1981).

86 同上, 3。

87 Peter D. Feaver, “Civil-Military Relations”, *Annual Review of Political Science* 2, no. 1 (1991): 211; Dale R. Herspring, *The Pentagon and the Presidency: Civil-Military Relations from FDR to George W. Bush* (Lawrence: University of Kansas Press, 2005), xii.

88 有趣的是，总部位于英国的信佳(Serco)集团是世界上最大的政府服务契约方，承担的角色包括：为消防员提供清洗和餐饮、为全球的军队(包括澳大利亚)提供远程操作。

89 Thomas C. Bruneau, *Patriots for Profit: Contractors and the Military in the U.S. National Security* (Stanford: Stanford University Press, 2011).

90 同上, 3，也可参考第 5 章的原因和法律基础。

91 同上，第 3 章。

92 同上, 73-74。

93 Thomas C. Bruneau, “Civil-Military Relations in Latin America: The Hedgehog and the Fox Revisited”, *Revista Fuerzas Armadas y Sociedad* 19, no. 1 (2005): 123.

94 Huntington, *The Soldier and the State: The Theory and Politics of Civil-Military Relations*, 73.

95 由于健康护理可以作为一种利益和报答提供给军人，在这个很多国家允许军人在服役 20 年后就退休的年代(意味着有些人如果很早就入伍的话，退伍的时候可能只有 38 岁)，我们可以直观地认为，再也不需要其他激励措施了。

96 David J. Garren, “Soldiers, Slaves and the Liberal State”, *Philosophy & Public Policy Quarterly* 27, no. 1/2 (2007): 9.

97 二战后，德国用这个标签去缓和军国主义忧虑，并说服世界相信他们的士兵。参考 Harald Muller, “No Need to Fear United Germany”, *Bulletin of the Atomic Scientists* 46, no. 3 (1990): 15; Harald Muller et al., “Demokratie, Streitkrafte Und Militarische Einsaze: Der ‘Zweite Gesellschaftsvertrag’ Steht Auf Dem Spiel” (Frankfurt: Hessische Stiftung Friedens- und Konfliktforschung, 2010).

98 Bryce, “The Unique Nature of Military Service”, 3. 一个明显的例外就是征兵，但是也可以说，即使是被征召来的士兵也承担某种由共享价值所带来的义务，只是这种义务被其他利己主义的关切所掩盖了。

99 Martin Cook, *The Moral Warrior: Ethics and Service in the U.S. Military* (Albany: State University of New York Press, 2004), 51.

100 关于这个问题的更多思考，可参考 Ned Dobos, “Are Our Soldiers Assets or Workers?”, *Sydney Morning Herald*, 4 June 2012.

101 Andrew J. Bacevich, *The New American Militarism: How Americans Are Seduced by War* (Oxford: Oxford University Press, 2005), 217.

102 同上。

103 Stephen Moore, “The Federal Budget 10 Year Later: The Triumph of Big Government”, in *The Republican Revolution 10 Years Later: Small Government or Business as Usual?*, ed. Chris R. Edwards and John C. Samples (Washington, DC: CATO Institute, 2005), 68.

104 Nic Halverson, “Marine Corps Orders Bulletproof Underwear”, Discovery News (2011), http://news.discovery.com/tech/marine-corps-orders-bulletproof-underwear-110418.html.

105 很多人表示，事实上的花费远不止如此，参考 Joseph Stiglitz and Linda Bilmes, *The Three Trillion Dollar War* (New York: W. W. Norton & Company, 2008).

106 Office of the Press Secretary, “Remarks by the President in Address to the Nation on the Way Forward in Afghanistan and Pakistan”, The White House, http://www.whitehouse.gov/the-press-office/remarks-president-address-nation-way-forward-afghanistan-and-pakistan.

107 Andrew Samuel and John Weir, *Introduction to Engineering Design: Modelling, Synthesis and Problem Solving*

Strategies (Burlington: Elsevier Butterworth-Heinemann, 2005), 347.

108 请注意，这不一定是否认我们应该考虑到环境的内在或非工具价值而保护环境。

109 National Research Council (US). Committee on the Effects of Nuclear Earth-Penetrator and Other Weapons, *Effects of Nuclear Earth-Penetrator and Other Weapons* (Washington, DC: National Academies Press, 2005).

110 Stephen Anderson, K. Madhava Sarma and Kristen Taddonio, *Technology Transfer for the Ozone Layer: Lessons for Climate Change* (London: Earthscan, 2007). 第 5 章"Military and Space Agency Leadership to Protect the Ozone Layer"可能具有特别的兴趣; Krishnan, *Killer Robots: Legality and Ethicality of Autonomous Weapons*: 121.

111 Thomas C. Bruneau and Florina C. Matei, "Towards a New Conceptualization of Democratization and Civil-Military Relations", *Democratization* 15, no. 5 (2008): 923.

112 Don Snider, John Nagl and Tony Pfaff, *Army Professionalism, the Military Ethic, and Officership in the 21st Century* (Carlisle: The Strategic Studies Institute, 1999), 21.

113 John O. Brennan, "The Efficacy and Ethics of U.S. Counterterrorism Strategy", *International Security Studies* (Woodrow Wilson International Center for Scholars, 2012).

114 很重要的一点是，责任可以被过度延长(也就是说，走得太远)。存在这样一个临界点，越过临界点以后，开发新式武器将不再具有任何优势。这可能是出于战略上的考虑：如果甲国开发了一款新式武器，乙国可能也会跟着开发一款可能更令人烦恼的实用武器。这就意味着在当初就最好别开发这样的武器。也可能是出于和操作有关的谨慎原因，如果一款现成的核武器只会比正处于谋划中的武器获得稍好的效果，设计这样的武器就显得不令人信服。因此，看起来有可能建立一类自己强加的、从义务到有效性和效率的武器管制规则。

4 正义的无人战争：新战争旧规则？

第 3 章指出，出于保护国民的义务，很多国家和它们的军事机构有义务采用无人系统。本章将探讨为履行这种义务而使用无人系统时所应遵循的道德约束。4.1 节介绍正义战争理论[1]（just war theory），这将作为道德框架评判使用无人系统时产生的问题。在阐述正义战争理论的同时，通过引述伊曼努尔·康德（Imannuel Kant）、弗兰西斯科·苏亚雷斯（Francisco Suárez）和约翰·罗尔斯等哲学家的观点，认为正义战争理论也可以植根于契约论。4.2 节和 4.3 节将向读者介绍传统的正义战争的两部曲，即开战正义（jus ad bellum）与交战正义（jus in bello）。前者适用于开战决策，包括正当理由、正当动机（right intention）、正当权威（right authority）、成功可能性、相称性（与伤亡的意义有关）和最后手段等标准[2]。后者被认为是控制战时行动，包括相称性（与实现可行的目标所需的兵力有关）和辨识性标准[3]。4.4 节着重讨论正义战争理论的现实意义，并将这个理论界定为评价使用无人系统道德合理性的最实用工具。本书将利用这个论述简单地分析杰夫·麦克马汉（Jeff McMahan）修正主义观点所提出的挑战。特别是，他对经典正义战争理论的两个传统分支之间逻辑独立性所持有的反对立场。

4.1 正义战争理论：背景和基础

当我们试图对无人系统进行道德判断时，很多基本的道德名词都能派上用场。但是，有一个概念工具对这个任务特别适用，将用于对无人系统的这项分析，这就是正义战争的理论框架。尽管不如它的原型那样宽容，它依然有着强烈的希腊罗马式、犹太教与基督教式的基础，并在现代西方思想中广泛存在。杜安·卡迪（Duane Cady）解释说，正义战争理论主张，战争的道德性不仅在原理上是正当的，在事实上也是合理的[4]。也就是说，正义战争框架的基本观点是，战争在一定程度上是能被道德所接受的。当然，如果认可这个观点，我们需要一些解释，战争什么时候是被许可的、什么时候又是不被许可的？在战争中什么是允许的、什么又是不允许的？正义战争理论的原理对此做出了一些解释，可以将正义战争和非正义战争区别开来，也可以将正义的作战手段与不正义的作战手段区别开来。本质上，正如卡迪所说，这些理论的功能是在战事开启后，抑制对参战和战争手段“过于渴望的和过于活跃的兴趣”[5]。在更广义的概念上，正义战争理论在和平主义和现实主义这两种对立的战争观点之间，为我们提供了一个中间地带。对这些理论的完整描述，已经超出了本书的范围，但在进一步讨论正义战争理论的哲学基础之前，有必要简单解释一个问题：为什么不能用两种理论中的任何一种来分析使用无人系统所引发的后果。

安德鲁·费亚拉（Andrew Fiala）说，就其标准和绝对形式而言，和平主义者对武装冲突持有最高的和广泛的拒绝[6]。对和平主义者而言，战争无论是从原理上还是在事实上都是错误的。他们对战争在道德上的反对态度，来源于众多的理由和基础。原因可能包含深层次的宗教属性：一个结果注意论者会声称，参战总会慢慢变得和理想的最好结果相违背；道义论者会声称，战争总是不道德的，因为战争会侵犯人类或环境所拥有的神圣不可侵犯的权利。绝对和平主义者的无条件特性值得商榷。诚然，为避免战争所付出的曲折努力，有时候也能和诉诸武力一样带来积极的改变（如圣雄甘地和马丁·路德·金）。考虑到效率和损失最小，而且切实可行，非暴力应该成为一个选项。正如道格拉斯·P. 拉基（Douglas P. Lackey）所说，许多人都愿意赞同，历史上战争带来的伤害总是多于利益[7]。但是，有必要认识历史上发生过什么，当可恶的侵略者威胁到无辜百姓的幸福与和平时，保卫战绝对是合理的。这种理想主义本性说明，为了分析无人系统的正当性，必须先将和平主义者的论调放在一边。如果同意了他们的观点，分析将无从谈起。因为，同一个坚定的和平主义者来讨论新式武器没有任何意义，在他们看来，战争就是错误的。这不是在反对和平主义者，只是说对无人系统的判断没有任何用处。

对战争现实主义而言同样如此。与和平主义者总是声称战争是非正义的刚好相反，他们则声称战争无所谓正义性[8]。胡戈·格罗修斯（Hugo Grotius）说，这种理论背后的主要观点是，社会中人与人之间可能存在的道德关系，在国际社会的国与国之间并不明显[9]。也就是说，国家之间有点像一种彼此关联的自然状态，但是人与人之间并不会。当战争不可避免地发生时，国家完全出于自身利益需要，开展单纯而又恰当的行动。这并不意味着可以抛开所有的约束，而是只有在未涉及国家的利益时这些约束才有效。但是，和现实主义及其逐渐萎缩的学术拥趸的观点相反的是，我们能发现很多例子支持这样一种观点：超出可预见的自身利益的极限，武器应该得到限制[10]。越南战争中大面积的破坏和持续的人员伤亡就是典型的例子。另外，卡迪找到了反对现实主义的证据，那就是理论和现实并不吻合，而且大多数人长期以来坚信战争是进行道德评价的合适对象[11]。为了扩展这个观点，卡迪指出，对现实主义观点的一种更具毁灭性的指控是，即使是士兵和政治家（和平民相反）也发现他们的决策应该受到道德的审查。也许有人会对此提出质疑，但是却被媒体和政治家所证实，因为关于道德的讨论遍及全球政坛。换句话说，为了“彰显”[12]正义战争规则的重要性，虽然他们经常做出一些违反正义战争规则的事情来，很多国家和它们的代言人看起来也承认，战争是受到道德约束的活动。但是，即使一个人被现实主义观点所左右，他也必须认识到现实主义观点对无人系统论战毫无意义，因为它们只是国家为了追求利益所开发的工具而已。

前面分析了为什么和平主义和现实主义的观点在分析无人系统时不会被采纳，现在我们可以审视正义战争理论的哲学基础，即接受本书绪论中的先决条件：战争是一个道德问题，在适当的条件下战争是合理的。正义战争理论拥有丰富的哲学基础，植根于很多伦理框架[13]，主要基于实用主义原则。理查德·布兰德（Richard Brandt）和 R. M. 哈瑞（R. M. Hare）为正义战争理论辩护[14]，在一定程度上，他们主要通过最大化和最优化理想的结果，评判战争的道德性，但这种结果主义的立场有很大问题。比如，考迪（Coady）指出，有些道德紧要的事情，如禁止使用无人系统杀死非参战人员，在他们所谓有利结果的基础上，就变得不是很合理[15]。而且，在纯粹实用主义理论中，为了达到战争的结果，并不存在上限约束，任何恐怖行为都可以辩称是为了避免糟糕的战争结果。但是，一个国家当然不能为了打赢一场战争而采取一切行为[16]。这倒不是说结果是无关紧要的，只是我们不能把结果当成唯一的考虑因素。除了结果之外，还有很多其他与道德相关的要素。对于正义战争理论，这方面也有很多非结果主义论者的哲学版本。诉诸特定的宗教传统，很多机构和个体都支持这种理论[17]。例如，美国天主教主教协会就对正义战争理论提出了自己的辩护意见[18]。一些人根据初步证据（prima facie）逻辑和中级直观（mid-level intuitive）原理构建正义战争原则，如不伤害和仁慈等[19]。而像瓦尔泽（Walzer）等著名作家，则根据“权利对话”发展正义战争原则[20,21]。

最有趣的是，正义战争理论在概念上也可以植根于契约论，这符合前面章节中所讨论的军队-国家契约的观点。最基本形态的战争契约论实际可以简单表述为：它拒绝很多主流的战争模式，它将战争看成两个或多个独立国家达成的通过武力解决争端的一种契约或协议[22]。也就是说，它提供了这样一种战争模式，在一定层面上像是一种冲突文书。从历史上看，对战争契约论的解释并没有得到多少关注。虽然在法律和哲学领域中曾经出现，但其零碎的描述形式多少有点令人失望。战争契约的观点看起来有点类似于 16 世纪哲学家、西班牙耶稣会士、神学家和正义战争理论家弗兰西斯科·苏亚雷斯[23]所提出的论述。他在《战争》一书中，描述了两个不愿通过战争以外形式解决分歧的国王，“双方签订协议，战胜者将得到战败者所有的财产”[24]。在17世纪后期，德国法理学家和政治哲学家塞缪尔·冯·普芬道夫（Samuel von Pufendorf）也谈到了战争契约。他解释道：“交战双方一开始就形成约定，将他们的争议寄托于战争的前途。”[25]他的观点是，“事实上，几乎所有正式的战争看起来都形成约定，寄托于战争的一方可以将他的全部意愿强加给被征服者”[26]。在后面我们将看到，这不是传统战争理论的观点。从更加中立的立场来看，我们需要追溯到伊曼努尔·康德的理论，他也将战争看作契约。

在《道德形而上学》一书中，康德声称“如果一方希望在战争中获得一些权利，他必须假定存在一个类似契约的东西；换句话说，一方必须假定另一方接受战争宣言，而且双方因此愿意以这样的方式彻底执行”[27]。但是，彼得·S. 特密斯（Peter S. Temes）写道，为了理解康德关于战争的观点，我们必须从他的道德哲学和“绝对命令”[28]入手。这是个体从自由思想和思考的观点出发愿意支持和采纳道德原则。之所以是绝对命令，是因为其无条件地适用于任何合理的事物。这一点可以通过合理地使用一个人的理性呈现，一个人不能在没有矛盾的情况下不支持绝对命令。绝对命令用约定平衡个体主义，即什么对所有人都是有利的；因为个体都是同样理性的，可以从一系列对所有人都合理的选项中进行抉择。当康德详细地考虑战争问题时，他认为我们可以使用绝对命令所包含的合理性标准，去派生一套在战争中和战后所必须坚持的通用规则或原则，因为一个理性的人会认可战争应该是受到规则约束的活动，这样才能确保无辜的人不受到伤害[29,30]。这些规则和原则必须和已有的名言兼容，以确保如果其他国家也愿意作为契约方遵守的话，最终会废除现役部队、实现国家之间的永久和平。这些原则不仅会鼓励限制，尊重敌人；根据康德的思想，还会消除战争，和平休战，对战争和战后行动方式施加严格的标准[31]。

然而，对契约论和战争关系的论断中，或许最有影响和最系统的是约翰·罗尔斯的《万民法》[32]，其大大扩展了瓦尔泽的《正义与非正义战争》[33]。罗尔斯的论述和他自由价值的观点相关，他在其他著作中对这些观点进行了阐述和辩护，包括《正义论》[34]和《政治自由主义》[35]。不像苏亚雷斯和普芬道夫，罗尔斯描述的不是隐形战争契约，而是假设的社会契约。罗尔斯采用两步法分析战争中的国际关系：首先是国内社会契约，然后将同样的契约结构放置到国际层面。本章为了叙述方便，我们首先描述第二种（国际）原始形态，它和国内原始形态是并行的[36]。对于第二种原始形态，每个国家的代表们认同一种基本的国际结构以及驾驭这个结构的准则，而这些都处在无知的面纱后面。笼罩在无知的面纱下，就意味着剥夺一个人的基本需求方面的信息，包括领土、人口，以及相关的社会、政治、经济力量等[37]。但是，我们承认代表们知道有利于立宪民主的条件，而且这些条件代表自由社会[38]。第二种原始形态和第二层无知的面纱是启发式手段，是用来确保各个契约方的公正。在国际契约中，罗尔斯表示，基于契约方在无知的条件下最大化自身利益的努力，可以合理地认为国家会同意正义战争的规则[39]。罗尔斯假定的社会契约，不仅具有很强大的解释能力，而且其多元论特点会被很多人接受。罗尔斯式的方法将具有不同玄学和伦理世界观的人团结在一起，用不同的理由支持正义战争理论[40,41]。

这倒不是说罗尔斯引向正义战争理论的假定社会契约是无可挑剔的。中国香港学者邱于芳（Yvonne Chiu）注意到，霍布斯（Hobbes）、洛克（Locke）、卢梭（Rousseau）和罗尔斯等提出的传统契约论，如成员间协作共存、共守健康并促进发展的单一社会内就存在着某种形式的契约，可能在国内层面上发挥功能，但是当放到国际社会时就没有任何意义[42]。也就是说，邱于芳反对将国内社会契约延续到国际领域，并对罗尔斯的国内模型提出了质疑。她说，罗尔斯没有充分解释为什么契约是人民之间的，而不是个体之间的[43]。在她的观点中，具有代表性的个体也应该成为契约方，即使这种情况一般发生在秩序良好的社会中，且这些社会个体能代表其所包含的人民。邱于芳彻底抛弃了世界政府的想法，因为这不仅不存在，而且在可以预见的未来也根本不可能。随后，她也提出了自己的模型——斗争契约论（combat contractualism）。尽管吸收了罗尔斯模型的很多原则，但是在将社会契约推广到国际社会时她却提出了不同见解。邱于芳的斗争契约论只是一个条约，而不是契约。条约是个体之间的，协议由国家来调节；契约则是个体和较大的政治团体之间的[44]。也就是说，和罗尔斯的观点不同，斗争契约论中的个体不是国家的附庸，而保有较大的自主权。在罗尔斯的契约中，人们对其他社会的存在保持警惕态度，因此，邱于芳的契约方并非和罗尔斯完全不同。然而，邱于芳表示，在无知的面纱下，这种形式的契约方将达成一个能在正义战争条目中声明的间接的平等合作协定[45]。最后，不管社会契约传统如何，也不管军队和国家之间特定的职权如何划分，我们得到了一种正义战争理论。现在我们分析这种理论的核心要素。

4.2 传统正义战争的两部曲：开战正义

不管正义战争理论到底是如何形成的，但其已经演化出很多相对独立的原则。传统正义战争理论的拥护者将战争的道德现实性分成两个同等重要的维度。瓦尔泽说，战争也因此被评价两次：“第一次是评价这些国家诉诸战争的原因，第二次是评价他们在战争中采取的手段。”[46]第一次的特点是形容词，我们会说一个战争是正义的或者是非正义的；第二次是副词，我们会说战争是以正义的或非正义的方式进行的[47]。另外，使用拉丁文的中世纪哲学家、神学家和法理学家将这个问题变成了一个英语介词——开战正义（或称战争正义）和交战正义（或称战时正义），两者交织在一起构成了正义战争的两部曲。但是，在近代出现了大量的声音，将战争的道德现实性划分成三个部分，也就是再加上一个英语介词：战后正义。这个维度将在第 8 章中进行详细讲解。现在，我们讨论六个开战正义原则和两个交战正义原则，然后分析它们与当代使用无人机问题的关系。

正当理由是开战正义的首要原则。一个国家使用军队是否正当，必须有合法的理由。有人说，对于很多现代战争形式，我们有足够说服力的理由时才能选择暴力，因为现代武器能给人类带来非常可怕的后果。当然，布鲁诺·考皮托斯（Bruno Coppieters）说，我们需要鉴别卷入战争的正当、正义理由和不怎么正当、明显不正义的理由[48]。做到这一点很不容易，对于什么才能使得战争合理，已经出现了很多激烈的争论。经典著作对正义战争提出了很多独立的和有些不同的“正当理由”，但是这些观点在当今不再被接受。比如，亚里士多德认为，只要帝国有利于所有人（包括被征服的人），并且只要不会变得异常庞大和富有进而导致更多的战争，国家就有权通过战争建立帝国。即使与今天的标准相比充满更多的争议性，亚里士多德还认为只要奴隶已经是“天生的仆人”，通过战争获得奴隶也是正义的[49]。西塞罗（Cicero）反对这个理由，但是认为军队为了维护（罗马帝国的）尊严和荣耀参战是正当的[50]。

但是，保卫国家总能构成正当理由，很多人对此深信不疑。这是在当代正义战争理论框架内，至少被广泛接受的、可以诉诸战争的唯一合法理由[51,52]。这里在广义上诠释“保卫”一词。在瓦尔泽的论述中，保卫被解释成任何为反对无正当理由（经常是不受支配的）入侵而采取的行动。但是，斯蒂芬·考尔曼（Stephen Coleman）描述了可以构成正义战争理由的三种特定情况的保卫：争议最少的是保卫自己的国家免遭侵略袭击；有些争议的是保卫另外一个国家免受侵略；争议最大的是保卫无辜平民避免遭受他们自己政府的打击[53]。第一种情况是自卫，在标准看来相当直观。但是也许并不是最理想的[54]。在当前的国际事务中，有很多独立的国家，每个国家拥有领土完整性和主权独立性，都有责任保护人民[55]。至少，每个国家有义务保护政府的自身利益和人民的利益。因此，当一个国家遭受另外一个国家的武力威胁时，这个国家可以根据国家与军队之间权利和义务的契约做出反应，只要这样做不会违反其他的正义战争理由即可[56]。

既然自卫被认可为正当的参战理由，很多人认为这种情况也能扩展到保卫其他的国家。例如，在缺乏有效的国际警察力量时，避免国际社会卷入全面暴政状态的唯一途径就是将治安力量分散于国际社会中[57]。在军事伦理文化中时常有这样一种说法，当一个国家确信另外一个国家正面临无正当理由的入侵而且需要协助时，这个国家就有权甚至有义务（因为主要义务是保卫自己的人民），去帮助正在遭受入侵的国家。而且，这样的行为代表了一种正当理由。其逻辑是，如果国际社会体系崩塌了，每个国家的福祉都会遭到威胁。更复杂的问题是，国家对那些正在遭受自己政府压迫的百姓（这些被压迫的人往往是分离主义者）承担什么样的义务呢？这个问题需要在其他地方给予更加全面地分析。国际社会中那些习惯于从稳定国际秩序中受益的利己会员，似乎对一个具有侵略性的国家的百姓应尽到某种义务，但是对这个侵略国家的机构却无须任何义务。从社会契约的角度，一旦一个国家以系统和鲁莽的方式伤害它的人民，没有满足它和它的人民之间的契约，它就不应该再被看作是合法的主权国家[58]。因此，我们可以说，一个国家不应该通过干预侵犯另一个国家的主权，而保卫受压迫的人民是另一个适用于战争的正当理由。

除了试图确定正当理由的要素之外，另一个与防卫和无人机攻击相关的极端重要的问题是，是否一个国家在伦理上可以使用武器进行预先打击，包括先发制人的打击和预防性的打击。很多文献对二者的关系存在大量的混淆，特别是一种打击比另一种打击更容易被证明是公正的时候，所以我们必须仔细地区分二者的关系。根据戴维·罗丹（David Rodin）和麦克马汉的观点，本书所讨论的先发制人打击，适用于经过判断敌人入侵即将发生时的情况；而预防性打击，则适用于敌人入侵有可能在不远的将来发生时的情况[59]。这里的主要问题和定点清除相关，就是一个国家为了阻止另一个国家的入侵，率先进行打击的行为在伦理上是否被允许。根据正义战争理论，这是有条件的。瓦尔泽提出，一个国家在面临战争威胁时可以实施军事手段，如果不如此将把自身的领土完整性、政治独立性和国家的人民置于危险之中[60]。这个观点过于宽容，因为执行先发制人打击的代价常常超过不作为。然而，建议一个国家不要在采取行动前给予敌人军队伤害人民的机会则是合理的。很多人都会认为，杀死一个对他人构成生命威胁的带枪的疯子是公正的，因此，一个国家通过先发制人保护其国民也是一项道德权利。但是，这个权利依赖于对即将发生的袭击的确信程度。这就是为什么预防性打击一般比先发制人打击更难判断其公正性：很多时候不可能知道另一个国家计划采取什么行动，而应等到危险清晰出现的时候。

开战正义的第二个标准是正当动机[61]。正当动机标准经常被解读为国家及其军队不应该“满腹仇恨地步入战场”[62]。这有点儿简单化，但是这个解读表明，该标准的确将大部分注意力指向使用武装力量的主观维度[63]。考迪认为，主要目的是确保战争目的满足正当理由的基本条件[64]。这很重要，因为国家可能有非常正当的理由，但是却有很多互相冲突的利益。走向战争的动机，有时甚至可能和正当理由的出现没有任何关系。作为最后两点的证据，鉴于考皮托斯和卡斯尼科夫（Kashnikov）所说的战争经常被大量动机所发动：保卫国家和其他，寻求荣耀或报复，鼓励殖民扩张，提升特定宗教，阻止敌方军队强大，等等[65]。站在道德的角度，有些动机明显比其他动机更加令人忧虑，究竟这些动机在多大程度上可以认定为正当动机，有赖于对该标准本身理解的准确性。应该鼓励对国家动机进行更仔细的审视，正确地理解并找到主要的正当理由动机。但是，只要主要的正当理由占主导地位，也应该允许某些并不“单纯”（尽管并不一定可恶）的动机将军事行动合法化[66]。当然，一个国家的动机并不容易被外部所接受。不可避免地存在认识论问题：没人能准确地把握另一个人的动机[67]。然而，动机在一定程度上能从结果或行动中推断出来。例如，肆无忌惮的杀戮、毁灭和羞辱性统治，提示着正当动机的缺失；而纯粹寻求报复[68]，对发动战争来说在道德上是不可接受的理由。

第三个标准，具有正义道德的开战决定，不仅必须有正当理由和正当动机支持，而且要求有正当（或适当、合法）权威的个体（称为正当掌权者）去执行或领导。正当权威标准是为了调控和合法化对武力的使用，确保授权使用武力和部署武器的权利只取决于特定的机构或个人。正如在上文中所说的那样，国家在社会契约下的主要义务是针对外国敌军，能够对本国提供有效和可行的保护，防止自身社会可能出现的无政府状态的暴力。社会成员将天生所拥有的使用武力的权利，留给集体领导的国家机构。丹尼尔·S. 祖潘（Daniel S. Zupan）解释说，他们这样做是为了获得更加文明的社会回报，也就是远离暴力和伤害[69]。除了少数情况，这意味着契约方实质上认同抑制发动私人战争，认可诉诸暴力的权利或义务仅仅是为国家保留的集体工具[70]。

下一个任务是鉴别谁或什么机构才是正当权威呢？历史上，国王、君主、教皇和皇帝都声称有权发动战争。例如，一个君主会声称自己对土地拥有某些神圣的权威，并且拥有发动战争的权力（尽管可能会和教皇发生冲突）[71]。但是，在过去的几百年间，这种想当然的权威已经从独裁的君主变成了那些坚持自己被战争相关的好处和伤害所影响的人们的集体意志[72]。大多数理论家现在认为，美国正当权威取决于民选的国会代表，他们在宪法上拥有宣战或授权开战的权力[73]。其他人认为，战争对任何国家都是不正义的，除非开战时遵守了联合体的章程或许可，如联合国。但是，依照悠久的传统，关于战争的决定不是随意做出的，而是基于社会的利益[74]。

一场被认为是正义的战争，还必须满足开战正义的第四个标准：成功可能性（likelihood of success）标准[75]。这个原则是通过对做出决策的官方施加压力，以确定计划中的战争是否有取胜机会。这个原则用以确保战争不是在无法预测的情况下开始的，如考迪所说的“无视结果”[76,77]。尽管这是一个非常直观的原则，避免浪费人的生命和经济资源。但是由于成功一词具有很大的模糊性，意味着使用这个原则时存在一定的复杂性。成功可以设想为一个可操作的、可聚焦的方式，可以定义为既定的军事任务，如是否轰炸了关键的建筑，是否阻止了敌人跨越地图上某条特定界线等[78]。但是，即使没有实现更重要的战略目标，也可以获得可操作性成功。因此，在理解正义战争的时候，这个问题被克服了，因为成功包括实现开启军事冲突的主要理由——正当理由，任何其他的结果（如仅仅可操作性的成功）都是失败。然而，另一个问题是合理和可能的模糊性[79]，因为预测成功的标准，关系到国家军事机器在军队-国家契约下提供保卫时如何有效、高效地履行他们的义务。因此，比较谨慎的国家或者公民参与度高的国家，更有可能要求更加可预见的成功。但是，也许最严重的问题是，即使一个国家能辨别合理的成功可能和不合理的成功可能，并且认识到真正的成功所包含的要素，也有可能高估自己的能力或者低估敌人的实力。多米尼克·D. P. 约翰逊（Dominic D. P. Johnson）的研究发现，国家和公民经常夸大自己控制冲突结果的能力，而且对于他们获胜的机会抱有自欺欺人的幻想，这是因为技术而放大的问题[80]。

开战正义的第五个标准和成功可能性标准密切相关，即相称性标准（principle of proportionality）。作为抑制战争的道德原则，相称性具有两面性。在开战正义层面，这个标准的目的是确保战争对生命、财产和价值所造成的全部伤害至少与所保护的生命、财产和其他值钱的东西保持平衡[81]。它与成功可能性标准的不同之处在于，在自然中相称性标准广泛存在[82]。如果适度使用，不仅会减少所有交战方的损失，而且会考虑到对平民和环境的影响。鲍尔·拉姆塞（Paul Ramsay）解释道，“交战后得到了更多利益或者制止了大量的罪孽”，就做到了相称性[83]。威廉·V. 奥布莱恩（William V. O’Brien）持有相似的观点，“为追求正当理由而成功诉诸的武装压制，必须好于战争将导致的罪恶”[84]。这些观点给我们带来有益的启示，在所有其他标准都满足的条件下，如果预期中的整体收益超过损失和罪恶的 50%，发动战争就是正义的。也就是说，在实际使用相称性标准时，我们面临着几个问题，最突出的问题是困扰战争的度量问题。“战争迷雾”和现代信息过载阴霾（haze of information overload）使我们很难把握准确的胜算概率。但是，也有很多实际的或假设的战争案例出现了明显相称或不相称的情况。尼克·佛杏（Nick Fotion）认为，一个强国以压倒性的优势，防卫打击一个弱国，这夸大了相称性[85]；但是考迪说，对某个国家持续侵占渔场的行为，采用原子弹进行报复，这夸大了不相称性[86]。当然，一个标准的实际价值主要由其鉴别和处理少量复杂案例的能力决定，而不在于简单的案例。在这个意义上，相称性标准得到了满足。这表明，当运用正义战争理论时，如果收益和损失之间的平衡性十分精准，而对战争的公正性评价还要能站住脚的话，对其他正义战争标准的使用和坚持就必须十分谨慎。

开战正义的最后一个标准要求战争是最后手段。这个标准背后的假设是，如果有其他伤害较小的选择，就应该尽量避免战争，因为战争本身是罪恶的。这个观点明显地可以追溯到西塞罗。他写道，罗马法律要求赔偿命令和开启武装冲突之间必须间隔一定的时间 [87]。事实上，罗马人在走向战争的问题上制定了非常严格的规则，为相关问题预留了 33 天的和平解决期 [88]。尽管其非常原始，而且目前战争节奏也变化了，但是最后手段标准在很多当代问题中依然成立。这是为了确保优先以不采取战争方式解决争议和冲突，避免总是导向暴力的不稳定力量 [89]。换句话说，这个标准使得政治领导人之间有责任使用非暴力的方法维持关系，而且仍然能够达到政治目的 [90]。考迪表示，这可能包括强制外交，包括一定形式的剥夺或威胁、拒绝继续进行经济政治援助、对人才和文化交流进行限制等 [91]。有趣的是，作为一种人才交流形式，在国家之间共享军事技术将缓解紧张局势（但是有时候也能导致其他的紧张）。但关键问题是，战争必须确确实实是最后的方案，所有其他合理的步骤都应该先期展开 [92]。一方面，最后手段标准鼓励小心和谨慎，提醒我们有道德上的责任不去无缘无故地伤害他人，使用军队可能导致敌人使用报复性的武力；另一方面，这个标准也提醒我们，迅速使用武力在某些情况下可能是合理的。例如，当面临明显的危险而且没有其他更好的选择时，延迟发起战争可能并不是好的选择，因为这可能只会增加受害的程度 [93]。

总之，这六项开战正义标准在道德上对什么情况下发动战争是可接受的作出了限制。任何打算将国家拖入战争的政治决策者都必须对此进行认真的思考。要想发动的战争被认为是正义的，无论理由看起来多么正当，他们都必须讨论这些切实可行的程序步骤，在开战之前满足相关道德标准要求。在快速展开的冲突环境下，理解和运用所有这些标准看来是有些棘手，甚至是不可能的，然而这些标准必须坚持，以满足正义战争的标准要求 [94]。关键是领导者必须面对这些令人生畏的约束条件，这不仅是为了敌人和国家社会的利益，也是为了他们所代表的人民的利益。

4.3 传统正义战争的两部曲：交战正义

一旦国家认定卷入战争是正当和必要的，在如何打仗上所面临的最棘手问题是：他们使用武器对付的人是谁？这些武器是否具有辨识能力？相应地，国家和其军事部门应该参考辨识性标准加以指导。卡迪说，这些标准在广义上表明，除了少数和极端环境下，参战方有义务辨识合适和不合适的军事摧毁与打击目标 [95]。我们马上就会看到，这个区别基于目标本身的属性、他们参与的活动以及他们支持军事的广义角色。从历史上看，大多数交战方都以契约的方式同意，对参战人员以外的平民和财产所造成的伤害和损失尽可能最小化。因此，在任何战争中，不应蓄意将无辜百姓的生命和财产以及某些集体财产设为打击目标。瓦尔泽很快注意到，这一对战争范围的原则性限制，是唯一能将战争同普通谋杀或大屠杀区别开来的因素[96]。

虽然在战时保护无辜平民具有现实和道德重要性这一点上达成了一定的共识，但是平民伤亡几乎是20世纪每一次重大战争的显著特征。即使运用了无人系统和最新技术，这个特征在21世纪仍有可能长期存在。在高技术战争这样一个很大程度上与世隔绝的世界里，平民死亡经常被看作并行伤害。最小化平民死亡人数是豁免非参战人员的次要但基本的规则[97]。这个规则保护了真正无辜的平民，但难题是如何识别参战人员和非参战人员。托马斯·纳格尔（Thomas Nagel）写道，我们可以基于直接威胁或伤害将他们区分开来，但是他也注意到这个分界线并不清晰[98]。然而道德要求是，士兵要有某种识别哪些人具有威胁性的方法。标准的方法是将所有穿军服的人都看作是可以作为目标的参战人员。但是，在已有的法律和道德约束下，受伤的士兵不应该再被看作参战人员，不再是打击目标。相反，安东尼·哈特尔（Anthony Hartle）指出，游击队员和叛乱分子并不穿军服，但是明显是参战人员[99]，这对私人武装也成立。因此，军装是参战人员的标识，但是不应该看作是唯一的标识。

有人将参战人员扩展到所有处在代理链条上的人。也就是说，任何参与了和战争相关活动的人，包括生产补给的人员[100,101]。实际上，这使得士兵在辨别参战人员与非参战人员时变得更加困难。但看起来并不总是那么困难，也有某些明显清楚的案例。以侵略的方式追逐你的武装人员明显是合适的目标，但卡迪注意到儿童（也许童子军例外）和体弱者明显不是合适的目标[102]。然而在现代，豁免非参战人员也存在其他问题。战场的界限不再像阿让库尔（Agincourt）战役或克雷西战役那样清晰。詹姆斯·特纳·约翰松（James Turner Johnson）也警告我们，有更多的人参与了战争[103]。部分原因是武器技术变得越来越复杂，战场缓慢地过渡到了人口稠密的区域（本身存在的一个问题），还有一部分原因是发展中国家也在增强军事实力。总之，即使曾经确立过可靠的标准，士兵越来越难以区分参战人员和非参战人员。

这个难点看起来印证了瓦尔泽的观点，非参战人员的生命经常处于危险中，因为他们非常靠近战场[104]。鉴别原则不是要求必须小心伤害到非参战人员，而是我们应该多么小心？这是士兵需要承担什么级别风险的问题。这个问题在随后的章节中将会再次讨论，但是在这个起点上，有一个相关问题必须得到解决。如果摧毁目标的同时可能一定程度上附带伤害或杀死非参战人员，摧毁这个军事目标还正义吗？例如，我们轰炸一个军火库或某个机场的时候，刚好有无辜的人员出现在目标附近而导致伤害或死亡，我们还能轰炸吗？瓦尔泽解释道，为了解决这类问题，中世纪的天主教诡辩家提出了双重效应（double effect）的信条[105]。这些人一方面坚持正义战争传统，然而另一方面坚持捍卫自己国家的利益和为战争所付出的努力。这个信条是调和绝对禁令和合法军事行动的手段，前者反对将敌方的非参战人员当作目标，而后者则是保护自己国家的公民，因为他们中的大多数人都是非参战人员。传统双重效应的要义是只要满足下面四个条件，就允许实施可能造成罪恶后果（主要是非参战人员的死亡）的行动：①行动本身正当；②直接后果在道德上可接受；③军事参与者动机正当；④益处要足以补偿罪恶[106]。这个论述的症结在于动机问题。重要的是，瓦尔泽认为，好的动机不足以评判一次行动的正当性，必须用可行的措施确保最小化任何潜在的恶果[107]。在“军事参与者动机正当”上添加这个额外的条件是有意义的，因为没有造成非参战人员死亡的动机看起来是过于容易满足的条件，我们认为，几乎没有士兵怀着明确伤害无辜百姓的目的走上战场。

双重效应是控制行动的一个条件，和这个效应紧密相关的是相称性标准。在上文中，当将相称性标准作为开战正义的一个标准时，需要所付出的道德代价期望不能超过道德收益。将其应用到交战正义时，相称性用来确定执行特定战争行动时的允许程度。用冯·达姆（van Damme）和佛杏的话说，这个标准的哲学概念并没有改变，改变的只是它使用的背景[108]。在战时环境下，相称性标准一般认为是处于结果论范围内的，因为这是决定是否采取某种特别的行动和判断收益均衡时唯一考虑的因素，更精确地说只考虑福祉后果[109]。毫无疑问该标准的大多数版本是，军事指挥官和前沿士兵在做出可操作性决定时，应该最大化收益、最小化罪恶。但是，罗尔斯用更加微妙的范式提出了同样的观点。他认为，“所采用的方法不能破坏和平的可能，或者鼓励仇视生命，以至于将我们和人类的安全置于危险之中”[110]。无论是哪种说法，在确定相称性标准的范围时，都包含某种程度的推测。狭义上一个人可以判断一次特定的军事行动可能带来的益处和伤害，以及如何影响附近的人；广义上或更加具有策略性的范围内，一个人可以检查一次特定军事行动所造成的伤害，并与战争所要实现的整体利益进行比较[111]。无论哪种角度，该标准都提醒士兵体谅他人的伤害，并号召他们降低战争的伤害程度。

4.4 正义战争理论：当代意义和挑战

我们已经介绍了正义战争理论，并重温了八项标准，从而对无人系统特定问题做出一些观察。我们现在可以暂停一下，并思考这个理论所提供的道德准则。看起来，正义战争理论的主要道德力量取决于以下原则（基本被广泛认可）：保护无辜者、公平、公正和道德约束。除了这些原则，还有些特殊的条件，如阻止过于渴望发起战争的兴趣，以及战争爆发后遏制战争。正义战争理论能够提供历史权重和常识准则。除此之外还有一个问题，当我们利用正义战争理论思考当代战争时，是否最终是可辩护的。

有评论表示，战争已经不是过去的形态，希望正义战争理论为我们在使用无人系统时提供有用的道德指南，这似乎要求过高。例如，劳拉·索约伯格（Laura Sjoberg）说，充满现代武器的世界——如无人系统——是“经典正义战争理论家所不曾预料过的”[112]。因此，正义战争理论很难对这个世界提供直观的答案，特别是“企图鉴别参战人员与非参战人员”所提出的挑战[113]。索约伯格的结论是沿着女权扩展论重新彻底理解正义战争理论。她的战争道德是基于“关系自主、政治边缘、共鸣和呵护”[114]。劳瑞·卡尔霍恩（Laurie Calhoun）更加尖锐地批评道，某些学术已经陷入教条，正义战争理论对于今天的战争毫无意义，进而质疑那些花费大量时间提出正义战争理论要求标准清单的人，是否能够对现代战争（包括无人战争）中更多令人烦恼的问题做出任何有意义或建设性的贡献[115]。尽管没有提供候选方案，卡尔霍恩接着表示，与其花费整个职业生涯为正义战争教条辩护，学术界更应承认正义战争理论已经过时，停止讨论几个世纪前的陈词滥调，最后开始讨论“21 世纪的实际战争形态”[116]。他们不是仅有的两个支持者，伊丽莎白·安斯坎贝（Elizabeth Anscombe）在驳斥和平主义者时也总结道，“旧时正义战争的条件和现代战争的条件无关，所以必须立即被宣判为过时”[117]。

作为这种论调的支持者，索约伯格和卡尔霍恩真诚地提出了方法论上的问题。难道我们仅仅将无人战争看作是另一个使用正义战争理论的地方，或者就像卢西亚诺·弗洛瑞迪（Luciano Floridi）所说的那样，无人战争是一个破坏性的创新，需要发展出新的理论甚至是新的宏大伦理[118]。受到他自己关于信息伦理的影响，弗洛瑞迪倾向认为无须用“越来越多的补丁”[119]更新旧的理论，而应像程序员重写软件程序一样将它们进行重写。然而，本书的剩余部分将指出，尽管一些问题初看起来需要新的理论，而不是适应一些传统观点，这点对正义战争理论和使用无人系统并不成立。那些否认正义战争理论适用性的人，还没有提出无人系统不能用传统理论解决的问题。无人系统可能改变了战争在道德相关方面的模样，但是战争的本质并没有变化到需要建立新的道德框架的地步。其中的问题不是克服以为存在于正义战争框架内的缺陷，而是为使用已有的可行框架解释使用无人系统时遇到的问题，找到合适的解决方式。其中的挑战在于，小心谨慎地理解已有的正义战争原则，应用到无人系统的复杂问题。从历史上看，当其他新生的具有破坏性的军事技术展现出可操作的前景，越来越成为战争与武器扩散伦理方面学者关注的焦点时，都会出现这样的情况。

化学和生物武器刚出现时的争论，现在已经延伸到核武器领域。经常有人说，这些武器的存在使得人们过于乐观地认为，传统界定战争的道德标准如正义战争理论中的那些标准，能够继续为正当付诸武力和正当开展后续战争提供一切实际指导。人们认为，这些武器除了会导致不受限制的使用外，没有任何其他用处，这样会破坏战争的规则，使得正义战争理论过时。但是，这是根本不对的。很多理论家认为，正义战争理论仍然具有关注性、实用性并且能够（至少本质上）解释近来战争和武器的变化，因为正如瓦尔泽所说[120]，它的原理需要我们“谴责即使是威胁使用（不精确的）核武器”。理查德·诺曼（Ricahrd Norman）的《道德、屠杀和战争》（*Killing，Ethics and War*）[121]、布莱恩·奥兰德（Brian Orend）的《战争与国际法》（*War and International Justice*）[122]、威廉·V. 奥布莱恩（Willian V. O'Brien）和约翰·兰刚（John Langan）的《核困境与正义战争传统》（*The Nuclear Dilemma and the Just War Tradition*）[123]、罗伯特·L. 菲利普（Robert L. Phillips）的《战争与法》（*War and Justice*）[124]，以及《伦理》（*Ethics*）和《哲学与公共事务》（*The Journal of Philosophy and Public Affairs*）杂志上的很多文章，都为正义战争理论辩护，声称这些标准可以沿用到核战争，且是唯一合理的思考这些战争道德问题的方法。像广岛遭受原子弹那样的大轰炸永远不会证明是合理的，正义战争理论精确地为我们呈现了什么是错的。尽管很多国家继续拥有大量的核武器，核战争却并未出现，说明正义战争理论原则已经成功地避免了核冬天（nuclear winter）。最近，随着全球恐怖主义的抬头和国际上对信息战（或者更具体的网络战）热度的提升，学术界再次发现正义战争理论的优点。在每个案例中，正义战争原则都能作为指南，很好地适应新形势下的冲突和战争中的策略与行动[125]。

然而，正义战争理论能扩展到这些战争形态的事实，并不能证明它也是我们判断无人系统伦理问题时适当的道德理论。换句话说，充分性问题仍然存在。为了说明正义战争理论是应对当前任务的合适道德理论，我们必须考虑什么是道德指南体系的要求。詹姆斯·特纳·约翰松说，当我们考量一个特定的道德指南系统的充分性时，我们事实上问了三个独立但又有联系的问题：①这个体系正当吗？也就是说，这个体系与诞生这个体系或形成其道德特性的社会和文化中的道德价值是一致的吗？②这个体系为道德分析和评判提供了足够坚实的概念框架了吗？③这个体系弥补了理想和可能之间的鸿沟了吗？也就是说，其产生了可行的道德指引，或识别当前情况下相关的道德价值了吗[126]？为了支持正义战争理论的现实意义，以及它在从道德上评价无人战争时所处核心位置的观点，必须正面回答这三个问题。而且我们也的确能正面回应这三个问题。这里只进行简单的回答，因为主要目的不是对正义战争理论及其对现代科技战争的实用性进行全面的辩护（其他人已经非常令人信服地回答了这个问题[127]），而是将这个理论作为一种实用的工具，判断和分析与无人武器使用相关的复杂问题时，为其提供有限的辩护。

首先考虑第一个问题：正义战争理论和它所服务社会的道德价值一致吗？我们可以确信，正义战争理论支持一套公共的道德标准，或者尤其是支持西方世界的公共道德语言。我们不要忘记，西方世界使用了最多的无人系统。约翰松最近注意到，我们文化中的人无法摆脱用正义战争的范式思考战争道德[128]。这本身提供了使用正义战争框架描述伦理的理由。当然，正如第 2 章中提到的那样，许多非西方国家也在使用或发展无人系统，即使没有类似计划的国家，也一定会受到这些行动的影响。基于这个原因，尽管主要是西方，正义战争理论植根于全世界的知识传统，注意到这一点十分重要。基于契约的原因，这个理论可以被普遍化，并且已经在不同文化间得到应用[129]。这就意味着，在缺乏替代方案的情况下，正义战争理论能够用来指导使用无人系统的行动，也意味着存在内部的相互作用。在一定条件下，西方国家所能合法采取的任何行动，也能为非西方国家所接受，这不仅提高了公平性，也为正义战争理论提供了限制战争创伤的最佳机会。这否定了这样的观点：认为正义战争理论是为了满足西方需要、使无人武器合法化而设计的诱导式方法。

为了回答第二问题，正义战争框架是否为无人系统必要的道德分析和评价提供了足够的概念，我们必须认真地分析哪些因素将取代正义战争概念和正当理由的标准，如正当权威、正当动机、成功可能性、相称性、最后手段和辨识力。正如 4.1 节所说，因为正义战争理论持续的价值，这既不是一个简单地用直观的结果主义的概念取代这些标准的问题，也不是要提供其他替代的理解，如满足同态复仇原则的司法法典。马克·埃文斯（Mark Evans）公正地评价道，评论家面临的挑战是在我们愿意就无人系统的使用进行规范思考时，我们能否设计出一些标准，并将它们置于条理一致的结构中，这样就不用将我们拉回到某种正义战争理论[130]。也许存在正义战争概念以外的其他概念，能形成更加有用的或确定的结果。但是约翰松说，这等于是在说“在第五维空间中也许存在生命，不知道只是因为我们的认识受到了生存环境的限制”[131]。既然这样，正义战争理论所提供的概念性道德框架，是我们当前面对无人系统等新军事技术出现和当代战争挑战时的最佳选择[132]。这倒不是为了给人们留下正义战争理论能处理无人系统带来的所有挑战的印象。但是，卡尔霍恩、索约伯格以及其他批评家对正义战争理论的负面评价，以明确而重要的方式说明，正义战争理论在概念上尚不充分。

最后一个问题是讨论正义战争理论所提供的道德指南程度，很关键的一点是理论和实际共同造就了今天的正义战争理论。一方面，正义战争理论反映了国际社会的国家之间对实际关系需要的承诺；另一方面，它反映了更加理论化的承诺，追求更好的世界事务状态，使诉诸武力变成一件不寻常的事情。总之，正义战争理论为我们呈现了道德指南体系，让我们去判断使用无人系统的决定是否合理，以及无人系统是否可以应用到战争中。但是，需要牢记亚里士多德的警告：一个道德理论只有在其主题允许的范围内才能解释清楚[133]。精确的道德评价经常被战争的混乱所模糊，因此一些正义道德原则没有清晰的（甚至是弹性的）边界，可以用很多不同的方式理解[134]。许多情况下，特定的冲突或行动非常难以理解，觉得双方都不应介入武装冲突。约翰松指出，正义战争理论的弹性在某种意义上非常重要，如当道德理论允许有很多种不同理解时，说明需要进行更多研究[135]。这个观点是说，容许公平的理解是正义战争原理的特点和优点，使得其在诊断现代战争时更加有用。这就是尼古拉斯·埃文斯（Nicholas Evans）所描述的“自我解释、自我归类机制”[136]。或者简单地说，一个鼓励更多思考的工具。

使用正义战争方法，让我们聚焦到使用无人系统时最重要的问题。无人系统会导致先发制人的打击吗？国家会因为测试新的但尚未验证的平台这样的不正当动机而开起战端吗？这些系统会大幅度地混淆参战人员和非参战人员之间的区别吗？这些系统会让我们更容易做出卷入战争的决定吗？这些系统满足识别性要求吗？这些问题将组成本书剩余章节的焦点。在回答这些问题时我们必须记住，正义战争理论容许一定程度的解释，而且无人战争技术总是在进化。因此，我们不能总是假设使用一项满足正义战争原则的新技术就总是道德的，也不能说使用一项不满足正义战争原则的新技术就总是不道德的[137]。然而，正义战争的当代原则尽管不够完美，却能够调整以适应武装冲突的实际和战场的残酷现实，这是其他具有更加抽象道德原则的理论所不具备的。没有其他任何框架能清晰地界定上面提出的问题，而这些是我们透彻地分析使用无人系统的伦理和效率所需要的。

由于正义战争理论旨在填补理想和现实之间的鸿沟，认识到理论的两个核心支柱从结构上看是独立的非常重要。这就意味着，为了开展可靠的讨论，一场无人战争很可能只满足标准中的一个条件，却不能满足另一个条件。换句话说，并不符合开战正义标准的战争仍然以正当的方式展开，即满足了交战正义；反过来，符合开战正义标准的战争却可能以非正当的方式展开，即违背了交战正义。尽管前面没有讨论战后正义，但是其以相似的方式在逻辑上具有独立性。因此，战争可能正当开展，满足开战正义，却在战争结束后违背战后正义。最近关于正义战争理论的工作中最著名的是麦克马汉的研究[138]，他提出这样一个问题：是否有可能在首先就违背了开战正义要求的正当理由标准的前提下，满足所有其他的标准[139]。也就是说，麦克马汉对正义战争理论标准之间的传统独立性提出了异议。在第 7 章中讨论使用无人系统是彻底非对称的战争时，将详细讨论麦克马汉对当前盛行理论的挑战。但是，正义战争理论的现实价值在于，当不可能确定客观正当性时为我们提供道德指引，这也是麦克马汉观点的核心。而现在，我们有足够的理由得出如下的结论：正义战争理论的不同分支之间尽管有些关系紧张，但是其主要分歧仍然和战争实践以及现实世界中无人武器的使用等高度相关。

4.5 小结

第 3 章的结论是使用无人系统时需保持一份谨慎而又克制的义务，我们在本章中进一步讨论了呼吁克制的基础。4.1 节比较了正义战争理论和和平主义与现实主义。至少在应用无人系统时，正义战争理论比这两个替代方案更加有用。在很多伦理理论中都能找到正义战争理论的哲学基础，如康德、苏亚雷斯、普芬道夫、罗尔斯、邱于芳等讨论的契约论。而且，不考虑正义战争理论的基础，我们也可以接受正义战争式的标准。在 4.2 节，我们分析了第一组标准——开战正义标准。在这个标准中，我们必须拥有正当理由、发动战争的正当动机、由正当权威执行、拥有合理的成功可能性、相称性以及最后手段。然后，我们分析了交战正义标准的两大原则，即要求战争以具有辨识性和相称性的方式展开。在 4.4 节提到，尽管存在反对的声音，经典的正义战争框架仍然是分析使用无人系统诸多道德问题时最合适、最稳定的工具。但是，我们必须特别谨慎地思考这样一个问题：即将出现很多讨论，对使用无人系统进行可操作的、心理的和更加哲学的反驳。战争和作战技术的改变，可能需要我们重新考虑如何将这个框架中的一些理论应用到讨论中去。

注　　释

1 正义战争理论经常被看成单一的理论。事实上，很多理论和传统的观点都可以在“正义战争理论”一词下归纳为统一的整体。有时候，“正义战争传统”一词也用来指代这个思想和文化体。

2 James T. Johnson, *Can Modern War Be Just* (New Haven: Yale University Press, 1984), 18.

3 同上。

4 Duane L. Cady, *From Warism to Pacifism: A Moral Continuum* (Philadelphia: Temple University Press, 2010), 17.

5 同上。

6 Andrew Fiala, *The Just War Myth* (Lanham: Lexington Books, 2008), 163.

7 Douglas P. Lackey, *Moral Principles and Nuclear Weapons* (New Jersey: Rowman & Allanheld Publishers, 1984), 11.

8 Nick Fotion, Bruno Coppieters and Ruben Apressyan, “Introduction”, in *Moral Constraints on War: Principles and Cases*, ed. Bruno Coppieters and Nick Fotion (Lanham: Lexington Books, 2008), 10.

9 Hugo Grotius, *The Rights of War and Peace*, trans. A. C. Campbell, vol. 2, 24 (Washington, DC: M. Walter Dunn, 1901), 18.

10 如果施加限制符合国家的利益，正义战争理论可能被用作决策指南。但是搜寻和坚持这些理论和原则的唯一理由就是，这对国家是最有利的。

11 Cady, *From Warism to Pacifism: A Moral Continuum*, 32.

12 Laura Sjoberg, “Why Just War Needs Feminism Now More Than Ever”, *International Politics* 45, no.1 (2008): 2.

13 Fotion, Coppieters, and Apressyan, “Introduction”, 20.

14 出于实用主义的考虑，参考 Richard Brandt, “Utilitarianism and the Rules of War”, in *War, Morality, and the Military Profession*, ed. Malhan Wakin (Westview Press: Boulder, 1981); R. M. Hare, “Rules of War and Moral Reasoning”, in *Essays on Political Morality*, ed. R. M. Hare (Oxford: Clarendon Press, 1989); Nick Fotion, “A Utilitarian Defense of Just War Theory”, *Synthesis Philosophica* 12, no. 1 (1997).

15 C. A. J. Coady, *Morality and Political Violence* (Cambridge: Cambridge University Press, 2008), 16.

16 Michael Walzer, *Just and Unjust Wars: A Moral Argument with Historical Illustrations* (New York: Basic Books, 2006), 131.

17 Nick Allen, "Just War in the Mahabharata", in *Ethics of War: Shared Problems in Different Traditions*, ed. Richard Sorabji and David Rodin (Aldershot: Ashgate, 2006); Norman Solomon, "The Ethics of War: Judaism", in *The Ethics of War: Shared Problems in Different Traditions*, ed. Richard Sorabji and David Rodin (Aldershot: Ashgate, 2006).

18 美国天主教主教协会, "The Just War nd Non-Violent Positions", in *War, Morality, and the Military Profession*, ed. M. Wakin (Boulder, CO: Westview Press, 1989).

19 James F. Childress, "Just-War Theories: The Bases, Interrelations, Priorities, and Functions of Their Criteria", *Theological Studies* 39, no.1 (1978).

20 Walzer, *Just and Unjust Wars: A moral Argument with Historical Illustrations*.

21 有时候，瓦尔泽看起来从共产主义契约的角度提出观点，这表示他的讨论也可能落入下面的讨论中。同上, 53-54。

22 Stephen C. Neff, *War and the Law of Nations: A General History* (Cambridge: Cambridge University Press, 2005), 137.

23 Francisco Suarez, "On War", in *Francisco Suarez, Selections from Three Works*, ed. Gladys L. Williams, Ammi Brown, and John Waldron (Oxford: Clarendon Press, 1944).

24 同上, 851-852。

25 Samuel von Pufendorf, *On the Law of Nature and Nations*, trans. C. H. Oldfather (Oxford: Clarendon Press, 1934), 1294.

26 同上, 1325。

27 Immanuel Kant, "Metaphysics of Morals", in *Kant: Political Writings*, ed. H. S. Reiss (Cambridge University Press, 1991), 167.

28 Peter S. Temes, *The Just War* (Chicago: Ivan R. Dee, 2003), 49.

29 Kant, "Metaphysics of Morals", 168.

30 一些政治理论家提出，将康德的理论归于正义战争传统范围内是一种错误的做法。但是这只是少数人的观点，而且对本书的整体观点没有多大的意义。作为一个例子，请参考 Howard Williams, *Kant and the End of War: A Critique of Just War Theory* (New York: Palgrave Macmillan, 2012).

31 Kant, "Metaphysics of Morals".

32 John Rawls, *The Law of Peoples* (Cambridge: Harvard University Press, 2001).

33 Walzer, *Just and Unjust Wars: A Moral Argument with Historical Illustrations*.

34 John Rawls, *A Theory of Justice* (New York: Oxford University Press, 1999).

35 John Rawls, *Political Liberalism* (New York: Columbia University Press, 2005).

36 Rawls, *The Law of Peoples*, 30-34.

37 同上, 32-33。

38 同上, 33。

39 同上, 59-88, 89-120。

40 Andrew Fiala, *Practical Pacifism* (New York: Algora Publishing, 2004), 79.

41 这和前面提到的军队-国家契约是相容的，在第一层无知的面纱下的人会同意订立这样一个契约。

42 Yvonne Chiu, "Combat Contractualism: A Secular Theory of Just War" (University of California, 2007), 40-41.

43 同上, 39。

44 同上, 51。

45 同上，第 70 页及以下。

46 Walzer, *Just and Unjust Wars: A Moral Argument with Historical Illustrations*, 21.

47 同上。

48 Bruno Coppieters, Carl Ceulemans and Anthony E. Hartle, "Just Cause", in *Moral Constraints on War: Principles and Cases*, Ed. Bruno Coppieters and Nick Fotion (Lanham: Lexington Books, 2008), 27.

49 Brian Orend, *The Morality of War* (Peterborough: Boradview Press, 2006), 10-11.

50 同上, 11。

51 Johnson, *Can Modern War Be Just*, 19.

52 值得注意的是，罗丹表示，自卫的权利最终取决于个体的权利，当社会中的大多数人处于危险的境地时，将自卫作为开战的正当理由是合法的。这遵循了前面提出的契约解释，对标准观点也非常关键。这也许赋予主权太多的价值，过于频繁地允许在边界上发生战争。尽管这里的目的不是为哪个模型进行辩护，而是以基本的形式勾勒出正义战争的原则。更多信息请参考 Rodin, *War and Self-Defense*, 139-140.

53 Stephen Coleman, *Military Ethics: An Introduction with Case Studies* (Oxford: Oxford University Press, 2012), 72.

54 对于这个世界是否处于理想状态，仍然充满着大量争议。

55 Cady, *From Warism to Pacifism: A Moral Continuum*, 34.

56 对于双方是否有正义的开战理由，存在很多历史争议。作者不想在这里花费太多的时间。但是，就像苏亚雷斯和维多利亚等倡导的那样，一般回答是双方不可能同时拥有客观正义的理由。这也是麦克马汉对传统正义战争理论提出质疑的地方。在下文讨论彻底的技术非对称性时，作者将继续探讨这个问题。现在注意，有可能双方同时拥有客观上非正义(objectively unjust)或主观上非正义(subjectively unjust)的原因。在这两种情况下，正义战争理论在降低战争创伤方面符合共同的利益。

57 Coppieters, Ceulemans, and Hartle, "Just Cause", 44; Walzer, *Just and Unjust Wars: A Moral Argumetn with Historical Illustrations*, 59.

58 Coppieters, Ceulemans, and Hartle, "Just Cause".

59 Rodin, *War and Self-Defense*, 113; Jeff McMahan, "Preventative War and the Killing of the Innocent", in *The Ethics of War: Shared Problems in Different Traditions*, ed. Richard Sorabji and David Rodin (Aldershot: Ashgate, 2006), 170.

60 Walzer, *Just and Unjust Wars: A Moral Argument with Historical Illustrations*, 85.

61 正当动机标准可以归结到正当理由标准中。但是为清晰起见，这里分开讨论。在这类讨论中经常这样处理。

62 Fotion, Coppieters and Apressyan, "Introduction", 12.

63 Coppieters and Kashnikov, "Right Intention", 73.

64 Coady, *Morality and Political Violence*, 99.

65 Coppieters and Kashnikov, "Right Intention", 73.

66 Jeff McMahan、Robert McKim 和 Tomas Hurka 似乎同意区分充分的和有贡献的正当理由，或者类似的做法。请参考 Jeff McMahan，Robert McKim, "The Just War and the Gulf War", *Canadian Journal of Philosophy* 23, no. 4 (1993): 512; Thomas Hurka, "Proportionality in the Morality of War", *Philosophy & Public Affairs* 33, no. 1 (2004): 41.

67 Cady, *From Warism to Pacifism: A Moral Continuum*, 35.

68 同上。

69 Daniel S. Zupan, "A Presumption of the Moral Equality of Combatants: A Citizen-Soldier's Perspective", in *Just and Unjust Warriors: The Moral and Legal Status of Soldiers*, ed. David Rodin and Henry Shue (Oxford: Oxford University Press, 2008), 216.

70 同上。

71 Laura Sjoberg, *Gender, Justice, and the Wars in Iraq: A Feminist Reformulation of Just War Theory* (Lanham: Lexington Books, 2006), 64.

72 Cady, *From Warism to Pacifism: A Moral Continuum*, 34.

73 美国总统作为武装部队总司令，可以紧急部署军队和开始军事接触，但是不能正式宣战。

74 Cady, *From Warism to Pacifism: A Moral Continuum*, 35.

75 Childress, "Just-War Theories: The Bases, Interrelations, Priorities, and Functions of Their Criteria", 437.

76 Coady, *Morality and Political Violence*, 94.

77 对奥古斯丁来说，上帝"根据个人喜好"控制战争的结果。因此，战争的结果不仅仅是死亡的问题。基于这个观点，他说这个原则本身就站不住脚。Augustin, *City of God* (London: Penguin Books, 1984), 216. 出于自身的考虑，我们站在胡戈·格罗修斯一边。尽管这个标准和相称性标准密切相关，作者仍然将其视为是面向自身的。Grotius, *The Rights of War and Peace*, 2, 24: 280-284.

78 Albert C. Pierce, "War, Strategy, and Ethics", in *Ethics and the Future of Conflict: Lessons from the 1990s*, ed. Anthony Lang, Albert C. Pierce, and Joel H. Rosenthal (Upper Saddle River: Prentice Hall, 2004).

79 Fotion and Coppieters, "The Likelihood of Success", 101.

80 Dominic D. P. Johnson, *Overconfidence and War: The Havoc and Glory of Positive Illusions* (Cambridge: Harvard University Press, 2004).

81 Johnson, *Can Modern War Be Just*, 25.

82 值得注意的是，成功可能性标准和相称性标准对于参战是否是正义的可能给出不同的答案。不难想象这样一个场景，一个国家能够赢得一场战争，但是极其高昂的成本会破坏军队-国家之间的契约。相似的案例可见：Coleman, *Military Ethics: An Introduction with Case Studies*, 82.

83 Paul Ramsey, *The Just War: Force and Political Responsibility* (New York: Charles Scribner's Sons, 1968), 195.

84 William V. O'Brien, *The Conduct of a Just and Limited War* (New York: Praeger, 1981), 27.

85 Nick Fotion, "Proportionality", in *Moral Constraints on War: Principles and Cases*, ed. Bruno Coppieters and Nick Fotion (Lanham: Lexington Books, 2008), 125.

86 Coady, *Morality and Political Violence*, 96.

87 Paul Christopher, *The Ethics of War and Peace* (Upper Saddle River, NJ: Prentice Hall, 994), 13.

88 同上, 13-14。

89 Johnson, *Can Modern War Be Just*, 24.

90 Pierce, "War, Strategy, and Ethics",15.

91 Coady, *Morality and Political Violence*, 91.

92 大多数情况下，作者使用了"真正的"和"合理的"，因为也存在国家能使用但没有使用的其他选择。这倒不是说国家应该使用所有的选择，而是说只需要考虑案例的特殊性所合理容许的那些选择。

93 Coppierters, Apressyan and Ceulemans, "Last Resort", 140.

94 Pierce, "War, Strategy, and Ethics", 15.

95 Cady, *From Warism to Pacifism: A Moral Continuum*, 37.

96 Walzer, *Just and Unjust Wars: A Moral Argument with Historical Illustrations*, 42.

97 Anthony E. Hartle, "Discrimination", in *Moral Constraints on War: Principles and Cases*, ed. Bruno Coppieters and Nick Fotion (Lanham: Lexington Books, 2008), 171-172.

98 Thomas Nagel, "War and Massacre", in *War, Morality, and the Minitary Profession*, ed. Malham M. Wakin (Westview Press: Boulder, 1986).

99 Hartle, "Discrimination", 172.

100 Jeffrie Murphy, "The Killing of the Innocent", in *War, Morality, and the Military Profession*, ed. Malham M.Wakin (Boulder, Colorado: Westview, 1986), 346; Coady, *Morality and Political Violence*, 111.

101 在后面的章节中将继续扩展战争责任的问题，这应该提醒读者拓展参战人员的身份。如果不是为了战争，有些活动就不会存在。那些参加了这些活动的人，需要为这些活动所能引起的冲突负责，但不是所有的人都应该划分为参战人员而受到攻击。

102 Cady, *From Warism to Pacifism: A Moral Continuum*, 37.

103 Johnson, *Can Modern War Be Just*, 72-73.

104 Walzer, *Just and Unjust Wars: A Moral Argument with Historical Illustrations*, 152.

105 同上。

106 同上, 153。

107 同上, 155。

108 Guy van Damme and Nick Fotion, “Proportionality”, in *Moral Constraints on War: Principles and Cases*, ed. Bruo Coppieters and Nick Fotion (Lanham Lexington, 2008), 159.

109 同上。

110 Rawls, *A Theory of Justice*, 379.

111 van Damme and Fotion, “Proportionality”, 160-164.

112 这和第 2 章中“起源：最初的想象及神话”一节中的证据是直接矛盾的。原始形式的无人系统是经典正义战争理论家能想象的，其中很多人已经熟知了自动机这样的神话，尽管这最终和这里没有任何关系。

113 Sjoberg, “Why Just War Needs Feminism Now More Than Ever”, 2.

114 同上,1。

115 Laurie Calhoun, “Political Philosophers on War: Arguments inside the ‘Just War’ Box”, *The Independent Review* 15, no. 3 (2011): 447.

116 同上, 461。

117 Elizabeth Anscombe, “War and Murder”, in *War, Morality, and the Military Profession*, ed. Malham W. Wakin (Boulder, CO: Westview Press, 1986), 294.

118 Luciano Floridi, “Children of the Fourth Revolution”, *Journal of Philosophy and Technology* 24, no. 3 (2011): 230.

119 同上。

120 Walzer, *Just and Unjust Wars: A Moral Argument with Historical Illusions*. 特别是他在第 276 页写道，他反对传统(正义战争理论)限制不可能，也不应该适用于新的战争技术的观点。

121 Richard Norman, *Killing, Ethics, and War* (Cambridge: Cambridge University Press, 1995).

122 Brian Orend, *War and International Justice: A Kantian Perspective* (Waterloo: Wilfrid Laurier University Press, 2000).

123 Willian V. O’Brien and John Langan, eds, *The Nuclear Dilemma and the Just War Tradition* (Lexington: Lexington Books, 1986).

124 Robert L. Philips, *War and Justice* (Norman: University of Oklahoma Press, 1984).

125 一些关于恐怖主义的有趣论文，可以参考 W. Smit, ed. *Just War and Terrorism: The End of the Just War Concept?* (leuven: Peeters Publishers, 2005)；网络战争可以参考 Dipert, “The Ethics of Cyberware”.

126 Johnson, *Can Modern War Be Just*, 16.

127 Willian E. Murnion, “A Postmodern View of Just War”, in *Intervention, Terrorism, and Torture: Contemporary Challenges to Just War Theory*, ed. Steven P. Lee (Dordrecht: Springer, 2007).

128 James T. Johnson, *Ethics and the Use of Force: Just War in Historical Perspective* (Farnham: Ashgate, 2011), 76.

129 Coleman, *Military Ethics: An Introduction with Case Studies*, 66.

130 Mark Evans, “In Defence of Just War Theory”, in *Just War Theory: A Reappraisal*, ed. Mark Evans (Edinburgh: Edinburgh University Press, 2005), 220.

131 Johnson, *Can Modern War Be Just*, 17.

132 John P. Sullins, "Aspects of Telerobotic Systems", in *Ethical and Legal Aspects of Unmanned Systems: Interviews*, ed. Gerhard Dabringer (Vienna: Institute for Religion and Peace, 2010), 164.

133 Cady, *From Warism to Pacifism: A Moral Continuum*, 40.

134 同上。

135 James T. Johnson, *Just War Tradition and the Restraint of War* (Princeton: Princeton University Press, 1981), 24.

136 Evans, "In Defence of Just War Theory".

137 William V. O'Brien, "The Conduct of Just and Limited War", in *Contemporary Moral Problems*, ed. James E. White (Albany: Thomson-Wadsworth, 2009), 9.

138 Jeff McMahan, *Killing in War* (Oxford: Oxford University Press, 2009).

139 Coady, *Morality and Political Violence*, 64.

5 无人战争：技术维度和操作维度

在分析了选择和使用无人装备时所必须遵守的原则标准后，本章将焦点放在无人战争的技术维度和操作维度。特别是在最小化战争风险时，过分强调纯粹由技术所能引起的灾难风险。一些与无人系统有关的神话和谬误，掩盖了这些系统将我们引向一种包含少量毁灭性战争势态的可能，这里的任务就是澄清这些思想。具体而言，本章会阐述如下的观点：尽管无人系统被认为有助于人类远离伤害并能限制战争的破坏性，但这些系统同时实现这两个目标的能力却是有限的。的确，在一定程度上，这些想当然的好处源于错误的神话，即西方具有发动低伤害或无伤亡战争的技术优势和能力。事实上，只有当危险能被军方重新分配和定向，或被转移到其他当事方，如私人军队承包者和非参战人员时，才能避免或降低伤害的风险。本章将使用瓦尔泽对正义战争的解读，进一步反思与技术战争参与方之间微妙妥协有关的道德问题。

5.1 走出伤害之路

现有与无人系统有关的文献大多倡导这样的理念，即机器人挽救生命，无人武器让士兵远离伤害之路和累积风险[1]。换句话说，无论是参战人员还是非参战人员，文献中常见的主题就是让人们远离战火。毫不奇怪的是，考虑到军方出于宣传的目的长期操纵媒体，这些论调不仅在新闻稿、政府报道和采纳这些消息源的新闻媒体中司空见惯，而且经常出现在学术圈中：①具有人工智能的军事机器人比人类（或者盲目杀伤的炸弹）能挽救更多的生命……[2]。②引入机器人系统的主要原因……最重要的是……挽救生命[3]。③……机器人不仅能让士兵远离伤害之路并执行最烦恼的工作，而且能在士兵精疲力竭后长期工作[4]。④在战争中使用机器人的热情很大程度上源于这样的事实，即使用机器人能让人类远离伤害之路[5]。

正是挽救生命的潜能，使这些系统受到军方和公众的关注。正如第 3 章中所阐述的那样，使用无人系统的义务根源于军队-国家契约。根据这个契约，国家运用先进技术保护士兵、维持他的设备和非设备价值具有道德紧迫性。发动战争并控制战争对参与方的伤害，毫无疑问是非常诱人的愿景。虽然很多像阿尔金这样的机器人专家和准技术专家声称，完全自主的无人系统代表武装冲突的未来，但并不清楚这能否变成现实。的确，当前的技术仍然要求人类在战场上持续存在，这可能表明无人系统尚不足以消除战争对人们造成身体伤害的风险。但是，罗伯特·斯巴鲁认为，这里有一个诡异的问题，随着生产成本的降低和操作的简化，无人系统很可能在战争中扮演越来越核心的角色。或许会出现如下的境况：人机之间任何已有的生命挽救关系将会被逆转[6]。也就是说，存在这样一种可能，使人们远离战场的无人战争，有可能退化到更加传统的战争，人们不得不走进战区、靠近敌人、暴露于伤害之中，以至于抵消任何可能的道德增益。本节和下文中部分内容将探讨什么时候会出现这样的情况，以及当思考无人系统的道德价值时应注意些什么？在探讨之前，需要澄清的是，这里不考虑机器人失效时，某个特定的物理部件可能会造成伤害或将一个无辜者直接置于风险中[7]之类问题，而只关注让人们远离伤害之路的人机关系是如何被逆转的。

在勾勒挽救生命的人机关系被逆转的境况之前，需要说明：使用无人系统总是包括比设想中更多的人群。例如，尽管很多无人飞行器具有监控级的自主，但大多属于遥控操作。第 1 章中对自主程度的描述，遥控操作系统是直接被人类控制的，具有监控级自主的系统可以自行执行某些操作[8]。这表明，通过一条短的视线链路（line-of-sight date link）操作无人飞行器时，几百公里之内至少需要一名操作员。但是，大多数西方国家倾向通过卫星上行链路从更远的海外发动战争。这就意味着，无人机操作员经常可能是在邻国甚至是另一个半球的地面工作站工作。坦白地说，这些操作员并没有很大的危险。但是，正如第 7 章中将要阐述的那样，操作员并不能免于被攻击，在彻底非对称战争中使用无人系统，可能会导致他们所藏身的区域遭到敌人的仇视。另外，每个无人飞行器需要传感器操作员[9]、一群监控分析人员和一个维护队。据报道，当前维持一架捕食者无人机在空中正常运行，一共需要超过 150 人的团队，而更大的死神无人机[10]甚至需要 180 人提供保障。如果无人机的主要飞行角色是自主的，对人力资源的需求将会得到改善，操作员将会承担其他的角色和功能。但是当前，有人系统和无人系统所需的支撑人员的比例几乎是相等的。

使用无人系统，即使是卫星指令和控制链路，也需要人员在区域内的基站中提供支持。很多人认为，美国空军的无人机从美国本土发射然后飞向伊拉克或阿富汗，但事实并非如此。这将包含一个非常艰难的任务，得到很多主权国家的安全默许，因为它们的领土将被覆盖。由于这个原因，加之操作员输入指令到地面控制站与飞行器的响应之间存在 2 秒延时，还有空军希望通过减少飞行时间、最大化操作时间以提高飞行器的执行紧急任务的效率，大多数无人飞行器都是从靠近战区的地方起飞。马特·J. 马丁（Matt J. Martin）上校在《捕食者：伊拉克和阿富汗的远程控制空间战——一个飞行员的故事》一书中披露，一个中队规模的专门的发射和回收人员负责从危险的地方，如伊拉克的巴拉德（Balad）空军基地，执行瞄准线发射和回收任务。巴拉德空军基地经常遭受迫击炮的攻击，以至于被当地人员戏称为“迫击炮村”[11]。前线[12]发射和回收人员主要是发射飞行器，在彼此认可的节点将控制权转给一群位于美国基地的人，继续执行飞行任务。由于任务的特殊性，发射和回收人员总是和飞行器一样待在具有潜在危险的前线环境中。马丁也指出，这些人员不仅要走进战场为身在美国的无人机操作员执行起飞和着陆操作，而且还要为使用视线系统却缺乏训练的盟军培训驾驶员[13]。而且，有效的无人战争需要敌人移动和动机的可靠情报，这都需要在战场中使用特工。

斯巴鲁的另一个问题是，是否有必要保护和回收在敌方区域变得不可操控的遥控无人系统[14]。由于无人系统在机械上并不如有人系统那样稳定或可控，并且一般缺少对抗照明弹和雷达干扰的设备，当系统受到敌方火力破坏时，这种情况就出现了。还有很多无人系统是因为操作员的错误、恶劣的天气或元件失效而丢失的。既然回收意味着将回收小组的人员置于巨大的危险中，为什么还要回收一个无生命的机器呢？[15]正如第 3 章所说，捕获无人系统的敌人并不能获得系统本身以外的任何东西，系统无法被打开而造成泄密。对于无人侦察机，尽管存储的任何敏感情报有可能被敌人所搜集，不需要任何欺骗，只需要一点点技术诀窍就可以。第二，交战双方在技术上总是存在着很大差距，技术本身对希望从事逆向开发的国家来说是有价值的。从这个过程中获取的信息具备更有战略性的价值，如评判敌人对于某种特定类型攻击的响应能力。经济成本是另外一个因素，马丁表示，每当一架捕食者无人机被摧毁时，“美国就损失了 400 万美元”[16]。2011 年 12 月，当美国的哨兵（Sentinel）RQ-170 飞行器在伊朗坠毁后，伊朗人随后将具有最高机密的无人机片段公布在了主流媒体上[17]。于是，前面提到的所有问题就出现了。这种案例的处理措施多半是使用特种部队乘坐直升机进入战区，而敌人往往已经准备了致命的埋伏[18]。所以事与愿违，因为使用这些武器的初衷是为了减少伤亡[19]。

虽然到第 7 章才讨论无人战争的社会心理和政治问题，同样值得关注的是，一些非自主或遥控无人系统的操作员为了拯救受损的机器人，经常将自己置身于危险之中。有趣的是，有些士兵觉得自己和操作的系统完全不相干，而有些人则和系统建立了难以言表的友谊。在《为战争而生：21 世纪的机器人革命与冲突》一书的开篇，辛格（Singer）详述了一个小分队的无人系统被路边炸弹摧毁的故事[20]。用辛格的话说，该系统给小分队带来深层道德困惑，以至于分队长给厂家写信，好像厂家就是士兵的遗孀[21]。在该书的后面，辛格还讲述了一个地面无人车爆炸的故事。在得到一个替代系统后，士兵哭泣着说：“我不需要其他机器人，我就要这个机器人。我希望史酷比（Scooby Doo）回来。”[22]似乎出乎意料，士兵看来和机器建立起一种友谊。例如，凯特·达林（Kate Darling）认为，人们有将机器拟人化的倾向。也就是说，将我们自身的某些特质赋予机器，使机器看起来更像人[23]。有很多原因使得我们喜欢拟人机器人，在拯救这些机器人时会将我们的生命置于风险之中[24]。但是巴特内克（Bartneck）和秀（Hue）说过，机器人的感知智能和对机器人毁灭的忧虑之间存在一定的关系。在这种情况下，系统的价值来源于机器作为人类实体。另外，伊恩·罗德里克（Ian Roderick）的观点可能更加合理，这实际上是机器人恋物癖（robot fetishism），前面的案例需要结合背景加以考察，这代表了一种社会评价和沟通的方式[25]。在这种解释中，系统的价值源于机器本身，因为机器能够从事人类在技术时代极其危险的工作。士兵时常竭尽全力拯救无人系统，因为他们将机器人看得非常重要。因为机器人能作为代理，这本质上是危险转移过程（危险从一方转移到另一方）。但是，人类拯救机器看起来还是有些诡异。

无人系统到底是因为人机感情，还是因为意识到它们在增加或降低有可能影响人类战士的风险方面的特殊价值而被拯救。一旦这些机器人恢复后，更重要的道德问题是与人类的风险有关。无人系统遇到的问题非常宽泛。从历史角度看，大多数被广泛使用的军事技术非常耐用，或者设计的部件很容易被普通人现场替换或修复，只需要很少的时间就能恢复服务[26]。很多无人系统，如基本的地面交通工具，也是出于这种考虑而设计[27]。但是，引入带有复杂的武器、传感器和通信设备的先进系统，意味着军方不得不建立机器人战地医院，相关人员冒着风险为机器人服务。在最近的伊拉克冲突中，位于巴格达国际机场的美国军方主要基地中，联合机器人修配所每周修理 400 套机器人系统[28]。由于军方努力吸引和维持有资质的人员，也因为节约成本的初衷，军方将很多军事岗位尽可能转换成廉价的平民岗位，很多这种机构的员工全部或部分是不穿军装的人员[29]。这些不穿军装的人，很多都是大型机器人企业和航空企业的签约员工，他们被风险报酬或危险工资吸引而服务于这些危险的岗位。随着战争技术的成熟，包括无人系统技术，我们很有可能看到军方越来越多地发挥平民的专业技能。因为这些平民是出于经济压力而工作，所以他们并不需要军方人员那样的法律或道德标准，这显示了这种由规则主导的活动中的一些显著问题。还需要注意的是，将平民推上火线本身就是混乱的，而且士兵由于需要保护他们的安全而增添了额外的负担。因此严格地说，无人系统并不会使人们免于伤害，这也代表了那些利用这个说辞，为使用无人系统正名的人的现实挑战。

5.2 无人机的自满、依赖性和奴役性

使用无人系统的道德合理性也被很多其他情形大大削弱。本节关注三个认知

现象：自满、依赖性和奴役性。这些现象会降低无人系统的效率，呈现很多关于道德重要性的战略性问题，需要学术界比以往予以更多关注。

首先在个体层面讨论自满问题。斯巴鲁说，士兵一旦意识到无人系统在军事行动中能扮演有效的角色，他们即开始依赖[30]这些系统执行通常需要他们自己去执行的常规任务[31]。莱·豪克（Les Hauck）也评价道，当初怀特（Wright）兄弟饱含热情地执行他们的第一次飞行任务，然而今天，技术创新允许飞行器在没有任何输入的情况下飞行很长的时间，飞行员更容易信任他们的系统[32]。似乎每次人们采用一种新技术时，包括那些在战争中使用的部分自主设备，当每次都能成功地使用这些设备时，他们慢慢开始遗忘失败的风险[33]。当然，人们过分依赖或不依赖无人系统的程度，也取决于无人机需要执行的任务量[34]。为了阐明这个问题，以炸弹清理小组为例，他们的任务是每天清理一条已经走过多次的道路。这个小组使用一台无人地面交通工具检查道路，士兵跟在后面执行预防性的二次清除。机器人总是能有效地工作，在同一条道路上执行两个月的清除作业后，排长觉得二次清除是多余的，于是决定每隔一天取消一次。在某个“隔天”，由于机器人很小的失误，一个改进的爆炸装置被遗漏，摧毁了一支路过的车队。如果道路是人工清除的，就能检测到这个炸弹。这个假想的案例提示我们，使用无人系统所带来的自满，也能将人的生命置于危险之中，而且伤害的能力和使用机器人竭力避免的一样大。不幸的是，当同样的行动重复发生时，自满对战争是危险的，这在其他军事行动中也很常见[35]。许多军队试图引入新型武器系统，但是却不改变教条或本本化的最佳行为准则[36]，情况将变得更糟糕。

与技术导致的自满同样有趣且重要的是军队和国家层面的技术依赖。和个体一样，某些军队也倾向依赖无人系统，在很多方面这都是危险的想法。首先，很多无人技术都是用来检测大型传统武器的，这并不一定能反映现代战争的特性[37]。其次，非传统目标经过改良后难以用成熟的武器对付，即便是能感知和检测地面个体的无人机。就像一位加拿大特遣部队司令官指出的那样，“所有愚蠢的塔利班都已经死了”[38]。聪明的恐怖分子开发的很多“战争剧场”中，都能发现覆盖物和掩体。例如，洞穴系统、壕沟和城区提供了头顶的遮盖和一些地下掩体；树叶也让传感器大打折扣，即便是如捕食者无人机这样有红外传感器的现代无人飞行器也是如此[39]。最后，一些无人系统只装备了应对某种特定类型的敌方技术的武器，而这只有在敌人使用了这种特定技术的时候才有效。这倒不是说无人系统和现代传感器毫无用处。即使是训练有素的军队有时候也会发现如果不进入敌人的传感器检测范围内就很难占据阵地。这个观点是说，国家或军队过于依赖无人系统打败敌人的想法是鲁莽和道德轻率的，因为敌人已经学会了利用环境，并掌握了对方的缺陷。

斯巴鲁进一步评价道，对无人系统的能力感到自满并过于依赖它们的国家和军队，对很多战争有着十分危险的错误认识。的确，他们会因为认为无须将战士置于伤害之地就能赢得战争而发动战争[40]，但是只有到后期才发现，只有使用更加传统的武力才能获得胜利或者放弃军事行动，如需要人在敌方作战区作战[41]。斯巴鲁说，这种情况之所以发生，要么是因为系统失效，要么是因为环境改变超出了系统的能力和范围，或者是因为行动计划本身就有问题，根本就不可能开展[42]。历史上的很多例子都表明，出于战争的道德成本，很多国家不愿意为了胜利付出必要的资源，美国人的经历更是如此。很多人认为越南战争就证明了技术导致的自满和依赖，使得后方产生不满情绪并最终导致失败。评论家写道，“当美国试图打一场远程的、一尘不染的战争时，充满着盲目的技术迷信、自大和自负情绪”[43]。对越南的策略是空中威慑主导，但在覆盖着丛林和树叶的地方着陆时，美国低估了技术成熟的喷气式飞机是如何失效的[44]，以及这些失效在民众中激起的反感程度。而没有民众的政治支持，胜利是不可能的。伊拉克和阿富汗战争是技术自满和技术依赖显著效应的最新例子。用劳伦斯·J. 科比（Lawrence J. Korb）的话来说，靠三个人和一部卫星电话就能赢得战争的想法被证明是非常危险的[45]。简单地说，成功原则的概率在使用中被蒙上了阴影。没有更加强大的军队，这些原则也是行不通的。

和技术依赖有关的另一个问题是，它可能削弱军队对国内外暴力伤害坚守防卫的能力。如第 4 章所述，在军队与国家和人民的契约下，防卫才是其主要职能和义务。首要原因也是最可怕的，如果无人系统被认为能比人类更好地执行任务或者能降低成本而被持续广泛地运用，军队就会逐渐丧失技能和知识[46]。也就是说，依靠技术可以发动远距离战争，让士兵远离战场。但是，军队会逐渐丧失传统的战争技能，而这些技能却是单纯靠技术无法战胜敌人时所不可缺少的。毕竟，无人系统操作员并不具有强壮的身体或格斗经验，他们也不具备英勇的特质[47]。以无人机操作员为例，根据俄亥俄航空医学院的一份综合调查显示，当前主要职位来源是那些来自有人飞行器的飞行员，他们曾经接受过服务于无人系统的“轮岗锻炼”[48]。这些驾驶员一般都是机长甚至更高的级别，拥有非常丰富的飞行经验。他们从事 3～4 年的无人机作业[49]。在这几年中，这些有经验的飞行员被剥夺了任何实际驾驶经历或训练。依照类似的逻辑，士兵和海员的技能也会下降。这里关心的问题是，如果无人系统操作员和敌人短兵相接，我们怀疑他们会很容易受伤，不能有效地承担他们对国家和人民的义务。在这种情况下，伤害的风险被轮回式地转移了，从人转移到机器人，最后又回到了人。这当然不是我们最开始打算使用无人系统时所希望得到的结果。

帕特里克·林（Patrick Lin）、乔治·拜柯（George Bekey）和基思·阿布尼（Keith Abney）表示，这些关于技能退化的观点不足以成为反对使用无人武器的一般理由，因为使用无人技术的好处似乎超过了任何潜在的代价[50]。他们指出，如同在计算器、计算机和电子表格发明后，大脑进行心算的能力可能会受到影响。但是我们仍然选择这些工具，即便付出省去使用大脑执行复杂数学运算（而逐步退化）的代价[51]。作为回应，我们认为，在将这个问题变成一个简单的成本-收益分析时，需要十分谨慎，因为这种分析过于片面。单就这件事而言，即便是技能退化，我们也可能愿意使用技术。但是，风险转移过程中会出现很多问题，而这个问题只是其中之一。可能的结果是，如果我们依赖机器人发动大多数战争，最终经过传统训练并拥有实战经验的士兵将变得寥寥无几。这样，我们几乎不可能成功实现发动战争的目的。事实上，2008 年，美国空军开始招收没有任何实际驾驶经验的无人机操作员[52]。我们很可能正在见证传统格斗训练战士的逐渐消失，这留给军队一个现实的问题，将对国家和武装力量所负责保护的人民造成巨大的损失。当战争出现的时候，使用私人军队进行短期作战，可能就成了在有限的时间内填补军队结构空白的唯一选择。这是有问题的，一方面是因为私人契约方并不具有同样的道德标准，另一方面是因为他们并不像传统的永久武装力量那样接受过良好的训练。

此外，必须在替代军事人员的背景下，反思我们的道德责任和风险转移。正如阿尔金所说，使用军事机器人的大多数潜在假设是改善工作条件和消除以往由人来做的三个 D 字母开头的工作，即枯燥的（dull）、肮脏的（dirty）和危险的（dangerous）[53]。标准的说法是，这些被替换的工作人员会继续找到更加有意义的工作[54]。但这种假设对士兵并不一定成立，他们可能会耗费毕生的精力（社会、身体和心理），时刻准备保卫国家和人民。对服务人员而言，除了在战场上使用军事装备保卫祖国外，没有其他“更高级”的工作。所以，在更加无聊的岗位中找到其他有意义的工作的保证，对被替换的士兵而言毫无慰藉。给很多军事人员提供的工作是和取代他们的机器人一起工作[55]。有些人明确地拒绝这些岗位（他们大多是职业的战斗机驾驶员，通过训练和服务已经在技能上登峰造极，他们看重战争中人的要素）。操作或修复无人系统的生活，毕竟意味着完全不同的军事服务（很多人声称令人非常不悦）。因此，当角色再一次反转后，无人系统可能挽救了某些人的生命，但无人系统也可能创造了悲惨的生活，并为他人提供令人不悦的服务。

5.3 新武器、新试验、新目标

使用无人系统剩下的一个问题是，它们可能会导致冲突或造成伤害。这个问题不同于第 7 章将要讨论的由于使用无人系统而引发的社会心理问题和政治问题。需要明确指出的是，虽然无人系统有很长的演化史，但仍然是第一代或早期武器，只有到最近才在军事行动中广泛运用。自从 2003 年的伊拉克自由行动以来，大多数系统都被紧急投入使用[56]。当技术投入使用后，就会不可避免地发生错误，需要在后续设计阶段逐渐纠正。通过正常的软件和技术，很容易添加补丁或更新部件。帕特里克・林解释说，军事系统的问题是道德代价非常高昂，因为无人系统的角色是通过剥夺他人的生命挽救另外一些生命[57]。因此，无人系统的程序问题或其他错误往往是致命的。例如，南非国防军使用的半自动火炮就存在故障[58]，在一次实弹射击训练中，防空武器失控朝观众人群扫射。因为瑞士生产的这款火炮能自动锁定目标，并在弹药用罄时自动装填。尽管有个女炮兵军官冒着生命危险进行挽救，这次事故仍然造成了 9 名士兵和其他 14 人受伤[59]。众所周知，只要有无人系统技术的应用，制造商就会继续生产，毫无疑问技术也会不断提升。但是，帕特里克・林和他的同事评论道，"轻信军事机器人再也不会造成其他事故的想法是天真的"[60]。因此，无论是出于道德还是谨慎的目的，无人系统在定型前都要经过更认真的测试，在投入任何大规模行动之前，还需经过更严格的测试，否则会危及人的生命。

现在的无人系统都在受控实验室中测试过，但是没有哪个厂商敢保证某个系统是完全没有错误的、会按照设计纲要执行。科林・S. 格雷（Colin S. Gray）认为，在和平年代，明显很难确定一种新式武器在战争中的效率[61]。无人系统的生成过程经常是一个协作任务，包括很多不同的部件，很可能包含数百万行的代码[62]。这就意味着没人能证明系统的每个部件在战争中都会毫无差错地运行。即使是现场试验，一些潜在的问题也会被疏忽。就像不可能让每个可能的终端用户运行一套复杂的商业计算机软件，也不可能将军事机器人置于战场中所能遇到的所有可能场景[63]。因此，国家采用尚未证明过的技术将面临这样的挑战，要向国民说明在新式军用武器系统上的军费开销是正当的。弗拉基米尔・斯利普琴科（Vladimir Slipchenko）是一名有影响力的首席军事科学家，竟然说过去的战争都只是证明武器可用性的测试[64]。需要注意的是，他认为，五角大楼只从军工联合体购买那些在实战条件下经过检验，并获得战场资质的武器。经过一系列现场试验，如伊拉克战争、南斯拉夫和阿富汗战争，军工联合体中的很多公司被授权向五角大楼出售他们的精良武器[65]。

尽管存在一些争议，斯利普琴科委婉地警告了军工联合体和战争买卖方式的危险性。这和德怀特・D. 艾森豪威尔（Dwight D. Eisenhower）在 1961 年的总统告别演讲中的说法是一致的[66]。艾森豪威尔提醒他的听众，大量的军事机构和美国知名的大型军工企业都是最近才成立的。美国制造商长期有能力生产农具和基本武器，但是直到最近的世界大战，美国才感觉有必要发展和维持一个如此庞大的军火工业[67]。梅地亚・本杰明（Medea Benjamin）评论道，尽管美国处于衰退的中期，曾经繁荣的制造业城市（如密歇根的弗林特和底特律）正在为军事征募者征收土地，这些人雇佣失业人员、大型公司和防卫合同方，生产相对无伤害的现代化战争武器[68]。他们甚至准备像医药巨头出售疾病一样出售战争[69]。梅地亚继续说，在今后的8年中，五角大楼对无人机的战争预算超过50亿美元，无人系统总计支出有望超过900亿美元，美国企业比其他任何国家的企业都受益更丰[70]。美国通用原子能公司是一家位于圣地亚哥的私人无人机（如捕食者无人机和死神无人机）制造商，在过去的10年中向军方出售了价值30亿美元的装备[71]。为军方提供软件让无人系统获得实时信息的雷神公司（Raytheon）和两家对无人系统和军火有着巨大热情的著名公司——波音和洛克希德·马丁，每年花费1500万美元用于游说，获得1000亿美元的收入[72]。2011年年初，国会成立了一个国会无人系统决策团，鼓励以工业填满政治"战争预算"[73]。这种军工企业总是生产经过测试的新式系统，而且如斯利普琴科所说的那样，"当美国军工联合体向国家政治领袖要求战争测试平台（执行大规模实验的平台）时，就会爆发战争"[74]。上述提到的公司，都参与了过去的战争，如1991年的海湾战争测试了"爱国者"导弹，这部分验证了斯利普琴科的说法。

在伊拉克战争开始前，斯利普琴科对战争做了详细的预测，美国的首要目标是测试最新式精密武器，并且最初阶段不会包含经典意义上的地面战争[75]。当然，他对非经典地面战争的预测，后来也被证明是正确的。2003年3月21日晚，美国开始执行震慑与威吓（Shock and Awe）行动，在没有大量地面部队的情况下，快速取得了军事优势。仅仅两天时间内，盟军发射了3000枚激光制导炸弹和巡航导弹，全部命中伊拉克核心目标[76]。对伊拉克地面部队展开了超过700次精确空中打击，迫使他们无法保卫巴格达[77]。所谓的"意愿联盟"也实现了"最大原则"[78]：用最小的武力实现最大的结果。尽管在最初的入侵中使用了少量的无人机作业，这些系统在随后的战争中被广泛使用，以期实现盟军的最大目标。即便如此，把测试武器说成美国诉诸战争的主要目标，毫无疑问这种言辞过于激烈。但是，说这些测试符合开战正义逻辑的说法看起来是完全有道理的[79]。下面的说法是合理的，即发展无人武器可能为发动战争提供次要或不正义的理由，引发对正当动机原则的忧虑。记住，正义战争原则是用来限制战争的，是确保为了一个正当理由开战，或者在"单纯"（尽管不是令人厌恶的）动机没有主宰正当理由的条件下，尽量避免开战。问题是武器测试的重要性慢慢上升，变得更加占据主导地位。这意味着许多国家应用无人系统的结果很可能走向它们根本就不想卷入的战争。其道德后果是，这将使每个人都处于比想象、合理条件下还要大的伤害风险中。

另外一种可能，主权是为更高的战争发生概率负责的政治-技术因素，或者具体地说，在不以传统方式入侵主权的情况下，无人系统是如何发动战争的。往往，无人机袭击后，被说成或写成对主权国家的入侵，如在阿富汗、巴基斯坦、也门和索马里等无人机被广泛使用的地区。例如，巴基斯坦总统阿西夫·阿里·扎尔达里（Asif Ali Zardari）曾公开宣称他不能容忍即使是由盟友和朋友侵犯（巴基斯坦）主权的行为。（他）更愿意美国……让（巴基斯坦）自行处理这些问题[80]。出于对国际法的严格理解，特别是依据联合国宪章第二条第四款（各会员国在其国际关系上不得使用威胁或武力，或以与联合国宗旨不符之任何其他方法，侵害任何会员国或国家之领土完整或政治独立），无人飞行器也应该看作侵犯了这些国家的主权。毕竟，这些系统经常跨越国界线、使用致命的武力清除目标。但是，可以做出反诉，无人系统平息了主权上的关切，方便了主权国家领土上的军事行动。例如，一篇关于无人系统的英国政策文件就指出，如果没有无人系统，美国及其盟友近期在巴基斯坦和也门执行的扩大行动是不可能实现的[81]。无论是巴基斯坦还是也门，都不会允许有人系统进入他们的领空，就像他们也不会允许大量的军队跨过边境线去执行他们并不同意的行动。有人说无人系统并不比轨道上的卫星更具侵略性[82]，这就使得主权国家可以说服其他国家，无人系统并不会像其他军事活动一样对他们的主权构成威胁。在这些情况下，武力的使用及其成功的概率，完全取决于发动无人战争的技术能力。但有一点与卫星不同，这些系统经常携带武器。当入侵一个主权国家执行任务时，潜在的失败会将主权国家的人民置于风险之中。

重要的是，无人系统的发展不仅给国家和军队带来新的领土和战争，也会在这些领土和战争中增添新的可攻击目标[83]。用斯巴鲁的话说，使用更加具有辨识性和相称性的致命武力时，一个风险是会导致操作员攻击在正义战争理论中根本就不可能攻击的目标，对周边区域造成大量的破坏，并造成大量人员伤亡[84]。萨拉·克雷普斯（Sarah Kreps）和约翰·喀戈（John Kaag）在他们有关当代无人机冲突的论文中，引述了空军中尉巴斯特·C. 葛罗松（Buster C. Glosson）的话，他证实这些武器能导致新的目标被攻击[85]。葛罗松写道，为了摧毁二战中的企业，由于武器不精确，就必须瞄准整个复合体[86]。这往往需要投放大量的炸弹，希望其中有一枚能命中目标，视野经常被云雾和烟尘遮盖。葛罗松继续说，但今天我们有可能在策略上选择打击几座核心建筑[87]。理由是在无人系统等武器的协助下，原先只能靠数量完成的任务，现在可以靠精度实现。当然，这也意味着军方有可能攻击更多的目标，就是说以往由于武器不精确只能打击那些繁华地区的目标。明显的回应是，如果这些目标在正义战争中是合法的目标，打击应该不是问题。但是，正义战争理论的现实是，军事冲突导致平民伤亡，如果冲突升级，整体伤亡数也会上升。尽管平民伤亡发生在寻求正当理由的过程中，这依然是一件可怕的事情。当然，如果无人系统最小化双边损失和伤亡，并且表现得越来越好，伤亡数将下降，或和早期的情形相比仍然相对稳定。但是，出于技术的原因，军队在使用无人系统时，可能只能以牺牲平民的代价获得更大的效用，从而进一步挑战使用无人系统的正当性。技术部分将在下文深入分析。

5.4 城市战争和技术限制

前面的讨论表明，如果无人系统提高精度，就能够攻击以前无法到达的目标。在本节中，我们带着下面的问题思考这个观点的含义：很多无人系统可能已经将瞄准精度提高至攻击建筑复合体中某一栋特定建筑，而不是整个小区；但是很多这样的目标都位于城市中心区，这些社会-技术系统还不能胜任城市战争和镇压叛乱行动中更加精确的伦理需要。另外，尽管无人系统技术在一定程度上提高了精度，但是它们却加重了将非参战人员暴露在潜在致命危险中的问题，抵消了使用这些系统的合理性。

上文指出，随着无人系统精度的提升，我们正在远离二战典型军事行动中采用的不精确轰炸战役，代之使用更加有效的、可行的、有辨识性和均衡的武力，这些都是为了克服过去战争中的侵略行为和双边损失。美国空军高等制空研究院的菲利普・S. 梅林格尔（Philip S. Meilinger）上校相信，我们已经看到了技术引导的空间精度效应[88]。他认为，当前“已经无法为将子弹或炸弹浪费在空气或泥土中找到合乎逻辑的理由。理想情况是，每一次攻击都应该找到靶标”[89]。当今的目标不再是大片的工业复合体或者不规则的军事设施，今天的武器也无须像B-52 轰炸机那样大，像过去那样轰炸如此大的目标。无论是武器，还是目标都在缩小。这就产生了如下的问题：政治和军事决策者们对使用无人系统攻击大城市、城镇和村庄腹地变得过于自信。除了突显增加伤害的危险，这也会构成另外一种自满的例子。迈克尔・依格纳蒂夫（Michael Ignatieff）在《虚拟战争：科索沃及其他》一书中说，这可能已经是一种事实[90]。北大西洋公约组织（北约）于 1999 年轰炸贝尔格莱德，他在参观塞尔维亚电视转播中心遗址时写道：

> 摧毁是令人生畏的，因为轰炸是如此令人不可思议的精确：不是隔壁的管理房间，也不是另一侧蓝色反光玻璃下仍然保持完整的演播大厅，而正好是这个单独的演播区域；有条不紊的消灭，就好像天上有一只手挨楼层地往下按，抓住人类、椅子、桌子、设备、监视器，并将他们压成底下的碎片[91]。

军队不需要再冒早期战争大片中轰炸的风险，这当然是有利的。但是，这个引文说明，精度使军队可以比以往任何时候更加自由地在靠近非作战区域（无论是敌人的领土还是敌占区）执行袭击。这是有问题的，因为依格纳蒂夫在报告单次精确轰炸的同时，没有说明在同一次袭击中导致的另一场破坏。另一次攻击更能说明“精确打击”的有效性。这次攻击在两个房屋之间留下了一个巨大的爆炸弹坑，炸伤了平民、破坏了道路和供水设施[92]。无人系统和它们所承诺的提升精度，将战争带入了我们城市的街道、城镇和村庄。这对城市环境提出了很多独特的挑战，直到最近使用无人机时才受到关注。为了理解为什么城市行动需要特别的关注、哪些因素使城市行动面临操作和道德上的挑战，我们有必要思考这种人造环境的特点。其中有三种重要因素：①物理特征；②基础设施；③人口。所有这些因素交织在一起，在某些方面是不可分的。首先，我们考虑一个典型大城市的物理特征。爱丽丝·希尔斯（Alice Hills）认为，城市空间拥有高大的建筑、高塔、不规则延伸的民居，代表了自然场所之上的一个复杂的“具有水平、垂直、内外形式的多维复合体”[93]。如果准备在城市、部分城镇和村庄中使用武器，他们必须能够绕着建筑进行多维操作，并且通过庞大的地下管网系统。此外，希尔斯注意到，城市地形为敌人提供了遮盖和掩体，限制了观察距离和战斗范围[94]。这就限制了无人系统的有效性，产生很多微妙的伦理权衡。例如，一个捕食者无人机领航员必须在一定的射程内发射导弹才能有效。如果受到城市环境的局限，飞行员被迫在不发射和继续发射之间做出选择。武器在特定的环境下可能不具备正义战争理论所要求的辨识性。当然，如果操作员做出后一种选择，由于通信干扰，城市地带不仅会限制视线，而且会限制操作员放弃发射的任何努力。这样，操作员服从正义战争理论的能力事实上就被限制了。另一个问题是，虽然正义战争理论要求军队在进攻城市之前要尽可能提前警告平民，但是值得占领的城市区域很少被抛弃。因此，保护一座城市，或者简单地在这种环境中打仗，都包含着绑架或控制平民。尽管伤及无辜是个普遍存在的问题，但是历史上的城市战争都导致了大量的伤亡，甚至到了野蛮的程度[95]。美国、英国和其他使用无人机的盟国，都强调他们在观察和瞄准的过程中十分谨慎，使对平民造成的伤亡最小化，但是仅仅谨慎并不能克服在城市环境中行动时的人为因素。传感器和瞄准技术可能会以不可思议的精度精确摧毁静态建筑，但是让操作员将合法的人类目标和对象从周围不合法的目标和对象中鉴别开来是非常困难的。参战人员也开始意识到，战场越来越和人口中心区域形成重叠，并且有意和非参战人员混在一起[96]。慎重的国家不愿袭击这样的目标，他们不愿意将靠近红十字医院的军火库作为目标。此外，很多战斗小组不穿军服（武装叛乱团伙也是），或者有意不穿军服。这个问题值得关切，因为军服不仅能避免向友军开火，而且能将敌人的火力吸引到穿军服的人身上，远离没有参与敌对行动的人。

如前所述，私人军队契约方会进一步模糊参战人员与非参战人员之间的区别。这里的问题不是私人军队契约方是否应该为参战状态付出代价（这个分类已经在其他地方得到详细的讨论[97]，也不是在此能够评定的），而是他们在战场上的出现加剧了使用无人机分辨参战人员与非参战人员的困难。现在，中东的私人武装不会提供直接的、战术上的援助，而这些一般都会从训练有素的军事人员那里得到。相反，这些平民契约方主要负责后勤支助，训练新的伊拉克军队、警察和安保人员[98]。尽管他们不会显式参与战争，但仍然是危险的角色，提供军事安全服务的契约方（如保护设施、护航等）总是被迫直接和敌人作战。例如，安哥拉和塞拉利昂政府就曾雇佣私人军队，直接阻击他们自己无法阻击的武装[99]。未来可能还会看见他们使用无人机。由于鉴别参战人员和非参战人员是非常困难的事情，这不仅会间接影响对平民的保护，而且还会由于混淆战场边界将平民置于巨大的危险之中。结果是使用私人武装的情况越来越多。新的非国家参与者，只会对无人系统必须遵守的道德准则制造混淆。瑞贝卡·J. 约翰松（Rebecca J. Johnson）认为，新的非国家参与者由于和平民混在一起，对参与现代战争的方式形成挑战，实质参与测试（用来决定一个人是否参与了战斗）越来越将重心放在理解什么时候、什么条件下允许从远程攻击个体的问题[100]。也就是说，更多强调监督个体在战争中的行动，以及这些行动是否具有敌对性，而不是做出致命打击的决定。

从这个角度，支持者认为无人系统扮演了重要角色。例如，约翰松表示，通过提高实质参与的辨别能力，无人系统在鉴别武装人员时扮演越来越重要的角色[101]。无人系统的智能、监控和侦察能力可以运行很长时间，这可以方便操作员连续几天监视个体的行动，以确定一个人是否实质参与了战争或属于某个特定的武装分队。另外，她认为，当前技术可以让无人机跟踪个体，直到个体远离处于危险中的非参战人员[102]。但是，我们已经说过，参战人员会选择一直停留在城市区域直到监控停止。随着传感技术的进步，有人可能会期望，操作员做出的攻击命令（直到完全自动化的攻击决定）的质量也会上升，促成更具鉴别性和相称性的战争。我们的回答是，必须承认传感器技术会提高，基于这些传感器收集的数据而做出的某些决定也会更加可靠，但是并不确定，我们鉴别合法目标和非法目标的能力在近期是否也会得到显著的提升。迈克尔·奥翰龙（Michael O'Hanlon）在《战争的技术改变与未来》一书中写道，随着技术的进步，可能会出现更小、更廉价的传感器，可以在更多的无人系统上安放更多的传感器[103]，这样会增加可获得的信息量。例如，美国军方正在发展一种名为戈耳戈监视（Gorgon Stare）的新型视频捕获技术，将单架捕食者无人机的视频流①数，从 12 个提高到超过 60 个。收集到的数据增加后，鉴别能力可能会进一步提高，会进一步支持道德上的提升[104]。

但是，却很难快速提升信息的质量和操作员处理信息的能力。克雷普斯和喀戈质疑所有信息的有用性，并表示这些武器仍然不能确保选定目标是一个合法的目标。他们说，这些决定“是合法的、合乎伦理的，而不是技术的，自然……即

① 视频流是指视频数据的传输，例如，它能够作为一个稳定的和连续的流通过网络处理。——译者注

使是成熟的和精确的技术，也不能确定打击的相称性……，简单地说，技术不会提供一条简单的途径去遵守……辨识性和相称性标准”[105]。约翰松反对说，这是一个明显在道德上毫无意义的问题，因为围绕战争的更大问题是有关人的问题。她认为，只要在决策链中存在人类操作员，捕食者无人机和攻击鹰（Strike Eagle）有人喷气式飞机两者的攻击之间，就没有显著的道德差异[106]。但是，约翰松看起来误解了这个观点。克雷普斯和喀戈承认，与战斗有关的更大道德问题不是源于无人系统。他们只是想说，无人系统淡化了道德问题，而且其中可能还有其他的问题。如果正确理解他们的观点，就是说无人系统技术使得辨识性和相称性标准更加模糊，战绩也更加有问题。正如约翰松所说，支持者经常将那些对于无人机凝视至关重要的技术界定为一个在道德上无瑕疵的能力。这种能力能够洞察某种特殊情况的本质，或者获得一个不太确定的目标的全方位视角后做出是否打击的决定[107]。但现实情况是，无人平台的传感器系统是否能将现场的道德实况真实传递给远在地球另一端的操作员确实不得而知。例如，斯巴鲁认为，虽然传感器允许操作员从视觉上分辨坦克和敞篷小型载货卡车、格斗人员和非格斗人员、医院和军事设施，也有可能在某些时候需要在伦理上做出打击决定，但是目标非常微妙，即使是最好的传感器也不能简单地进行传达[108]。例如，这些要素可能是特定的行动、经验或价值。

实际上，没有办法判断这个问题的意义。厄勒马克写道，这是因为无人系统和精确打击无人机导致的参战和非参战人员死亡问题，还缺乏切实可靠的实验数据[109]。美国官方声称，尽管无人机攻击的频率在上升，平民伤亡事实上已经下降。例如，《外交事务》杂志 2011 年中期刊登的一篇论文引述政府官员的话说，在过去的两年中，巴基斯坦因为美国无人机导致的“平民伤亡数低于 30 人”[110]。在《外交政策》稍早的一篇论文中，同一作者引述另一名官员的话说，只有 20 名平民在过去的两年中被杀死，但消灭了超过 400 名武装分子[111]。2011 年英国广播公司（BBC）也有类似报道，超过 650 名士兵被杀死，而平民只有 20 人死亡，参战人员和非参战人员的死亡比例大约是 30∶1[112]。但很多人说，无人系统技术确实阻碍了他们执行辨识性和相称性攻击时的操作能力，误判和死亡在非参战人员中明显下降。艾弗里·普劳（Avery Plaw）对 3 个独立的无人机精度数据库信息进行汇编后得出结论，尽管情况在改善，但死亡比例可能低于 2∶1。这个数据表明危险负担的上升，不可能在道德上被容忍[113]。

5.5 无人战争和风险经济

在正义战争理论原则下何种程度的风险转移可以被接受，在考虑这一问题前，我们有必要考虑风险转移经济（或系统）是怎样或为什么变成西方式战争核心的。降低风险变得如此重要的部分原因，可以归结到乌尔里希·贝克（Ulrich Beck）所称的技术道德主义（technological moralisation），士兵和政治家不用再苛刻地或抽象地思考伦理和道德紧迫性。贝克说这种风险计算方法例证了某种“没有道德的伦理”[114]。在技术年代，这种观点的不幸结果是有人将降低道德看成一个数学方程。正如克里斯托弗·考克所说，我们经常发现伦理需要死亡率等技术数据检验，将人类躯体置于危险之中被看成不符合伦理的事情[115]。他认为，当援引风险语言的时候，我们援引的是包含内在技术偏见的道德或不道德语言[116]。然而考克低估了战争危险的操作力量和道德的重要性。在契约的基础上，战争归根结底是一种通过诉诸武器解决冲突的协议，即使是最基本的武器也是技术制品。根据考克的观点，本章后面也会继续讨论，在现代战争中我们量化了危险，将它们转化为风险，然后试图比以往更大的幅度降低或消除风险[117]。

除了对风险进行识别、记录和响应的现代困扰，潜在的不确定性并不总能被消除或补偿。因此，有些国家试图通过向他人转移风险负担解决这个大问题，降低风险的负面效应或概率。马丁·肖（Martin Shaw）在《战争的新西方形式：风险转移战争及其在伊拉克的危机》一书中写道，现代战争包含将风险从西方国家完全转移出去[118]。经常包含很多转移：有些包含将一种特定的风险从西方参战人员转移到敌方的参战人员和非参战人员，其他的则是更加系统的转移。对于第一种情况，马丁·肖认为，战争对西方国家的物理风险，是从政府转移到了他们自己的军队[119]。这倒没有什么奇特的或不正常的。就像我们在第 3 章中看到的那样，是民选的政府将保护职责外包给了军队，形成军队-国家契约。这就确立了他们在道德上有义务确保他们在执行保护职责时的有效性和可行性。前面已经解释过，这些努力和使用无人机存在密切的联系，也会影响到风险从军事人员转移到无人系统的方式。在战争中使用这些系统，西方试图将大多数生命风险抛给敌方的参战人员，尽可能最小化平民的风险。用马丁·肖的话说，为了这些目标，他们试图“将风险负担从平民转移到武装的敌人”[120]。但是，实际并未发生。正如前文提到的那样，西方有效地将参战人员的风险重新分配给私人武装和非参战人员。

关于这是否是被允许的，以及应该怎样使用无人系统，我们需要反省，这些小组需要承担多大程度的风险；当某个小组参与风险管理过程时，我们是否能优先考虑这个小组。其他条件不变：为了降低其他小组的风险增加一个或多个小组（或小组中的几个成员）的风险，在道德上是否正义呢？首先，军队参战人员之间的风险转移会产生一些问题。我们在第 3 章中看到，士兵一般被社会契约下的爱国义务所诱导而参军，而且在服役之前宣誓保卫国家、领袖和百姓。他们愿意冒着生命危险去保卫自己的家庭和生活方式[121]。从事军事服务的人员因此接受常规的格斗训练，这样在发生全面战争时，所有军事人员都拥有基本的战斗素养。也就是说，当一个人自愿加入民主国家的军队时，他们可以根据喜好从事他们希望的专业，能够从很多具有或多或少冒险性质的选项中进行选择。因此可以说，如果无人系统最后要求士兵冒着生命危险保卫或完成一项他们没有完成的使命，而这些士兵并不从事无人系统使用方面的工作，那么士兵和国家之间的契约关系将被改变，风险转移也变得不合伦理[122]。这也是交战双方之间转移风险时所面临的问题，这个讨论将留给第 7 章，评论彻底非对称的无人战争。

如果这类具有风险转移性质的战争会产生使用无人系统攻击参战人员的道德问题，那么攻击非参战人员的问题则直接触及正义战争理论的核心，特别是交战正义。我们从辨识性要求得知，任何冲突的交战双方，必须共同努力区分参战人员和平民非参战人员，而且军事行动只能针对前者。武力应该只能慎重地朝向军事目标，几乎不朝向平民目标。但是，在第 4 章中我们看到，很多理论家规定辨识性标准包含一个更加需要道德的义务，即依据行为准则（due care）行动。特别是瓦尔泽说，主观上没有故意造成平民死亡是不够的，士兵还必须采取“积极的行动去拯救平民的生命”[123]，这应该也包括无人系统操作人员。他和阿维夏伊·玛格利特（Avishai Margalit）进一步解释道：

> 一旦穿上军服，你就将自己置于某种风险之中，而这种风险是只有受过伤害他人（保护自己）训练的人才具有的风险。你不应该将这种风险继续传递给没有经过训练的人，他们缺乏抵抗伤害的能力；无论他们是兄弟还是其他人。这个要求的道德合理性在于，暴力是罪恶的，只要现实可行，我们就应该限制暴力的范围。作为一个士兵，你必须为了限制战争的危险而承担额外的风险。参战人员是他们社会中的大卫（Davids）和歌利亚（Goliaths）①。你就是我们的大卫[124]。

他们实质上是在说，如果有必要，士兵必须自愿冒着生命危险去拯救平民的生命。普劳指出，如果在任何时候参战人员和非参战人员之间都存在折中，任何增加的风险都应该由参战人员承担[125]。在和普劳的交流中，阿萨·卡舍（Asa Kasher）反对将风险负担加给参战人员[126]。他让我们想象这样一种场景，军队和政治领导人计划一次特别的行动，面临着达到同样合法目标的两种可能途径：一种是不威胁平民而让很多士兵冒险；另一种是只让一个士兵冒险但是会威胁一个平民[127]。如果我们采用积极的方法认真保护平民的生命，他认为这需要计划者选择第一个方案，因为尽管让很多士兵冒险，却完全消除了平民的危险[128]。但是，普劳还认为，要求参战人员在行为准则的要求下冒这样的风险，和敌人的平民非

① 大卫战胜歌利亚的故事，取材于圣经，歌颂弱小的大卫如何战胜巨人歌利亚的挑战，一般借此比喻以弱胜强。——译者注

参战人员相比则贬低了士兵的生命，这是十分不公正的。这种反对意见当然有一些道理，这是因为，如果士兵受过杀人训练且经常给无辜者造成危险，就说士兵的生命比那些没有保卫国家和普通生命的平民的价值低的说法很成问题。例如，如果一个国家可以使用无人系统且这会对敌人的非参战人员造成很小的危险，在保护了很多士兵的生命后，很难替不使用无人系统的观点进行辩护。但是，正如本章多次提到的那样，和传统战争相比，战场上的平民和其他人所冒的风险将会加重。从这个角度，风险转移和无人战争的核心，即行为准则问题，将会随着西方对无人系统的依赖而更加严重或复杂化。

尽管我们承认卡舍的观点有一定的合理性，而且有些人可能仍然坚持我们必须采取行动保护平民的生命，但是瓦尔泽表示，国家、军队和军事人员需要承担的风险是有限的[129]。对他来说，我们必须简单地认为这些死亡是附带损失，不能完全消除。因此，国家、军队和军事人员没有义务耗费更大的代价去消除它们。我们不能绝对禁止让平民冒险，因为战争本身就会让人类处于危险之中。瓦尔泽认为，这只是战争“讨厌之处”的一部分[130]。因此，瓦尔泽希望士兵承担一些风险，但不是全部风险。究竟士兵应该在何种程度上保护平民是一个很难说清的事情。如此，这个问题实质上是一个决定风险能够被转移程度的问题。对我们来说，将太多的战争风险转移给平民，显然存在道德问题，但是只要有机会，军事策划者就会倾向这么做。在下文会谈到，这也意味着他们会受诱惑执行更多的行动，让更多的平民受到伤害。瓦尔泽继续发问：是否给平民施加 1/10 的死亡概率在伦理上是被允许的，而 3/10 却是不合理的？[131] 蒂姆·克莱门特（Tim Clement）试图确定是否有我们可以画一条线的数字。他用过去战争的死亡数字，试图确定在行动中对本方军队的风险容忍极限，但由于战争形态的变化，从曾经被认为是可以容忍的数字到现在被认为是可以容忍的数字，所得出的推断结果，不大可能是最佳的策略[132]。风险的程度，肯定和目标的属性、他们施加的威胁、可用的技术等因素密切相关。出于这个原因，对于无人系统，很难说只要合理可行，军队就有义务不顾一切降低风险。

再一次，只要合理和切实可行（as far as is reasonably practicable）的表达得到了广泛的理解。瓦尔泽提供了两个著名的例子去缩小可接受风险的范围。第一个例子源于一战老兵富兰克林·理查兹（Franklin Richards）的回忆录[133]。在法国战场上，理查兹的任务是清理地下室和防空洞。在调查黑暗空间之前，他会先扔手榴弹以杀死任何可能隐藏的德军。但是，理查兹非常担心出现平民。他采用的策略是向地下室大声呼喊。否则，理查兹认为他可能会伤害无辜。当然，如果德国士兵隐藏在地下室，他们肯定会冲出来朝理查兹和他的同伴扫射，这就意味着他和他的战友们在大声警告的时候是冒着额外风险的。瓦尔泽给出的另一个例子是二战期间对被占领的法国的空中轰炸。法国自由空军对军事目标进行轰炸袭击，但他们知道这样做也会杀死那些被迫支持德国军事行动的法国人，以及住在附近的其他人。飞行员不是通过停止轰炸，而是冒更大的风险解决了这个难题。他们冒着更大的风险拉低飞行高度，这样就具有了更高的精度[134]。瓦尔泽认为，风险的容忍极限是固定的，“几乎是这样一个临界点，任何进一步的冒险将几乎肯定会导致军事冒险的厄运或花费不能重复的高昂代价（士兵的生命）”[135]。战士必须承担风险以保护平民直到他们再也不能打赢战争，这个观点是很有道理的。

尽管在很多情况下，无人战争看起来并不满足瓦尔泽的风险分析，因为在这种特定的战争形态下，最紧迫的事是优先采取自我保护，而不是严格遵守战争的法则。除了多次转移战争风险，技术领先的西方应该承担更多的风险，努力发展技术以清除可以消除的风险，而不仅仅是转移风险。也就是说，他们应该付出更大的努力以确保他们拥有更加安全、稳定的无人系统技术和其他武器，确保设计的机器系统在整个服务周期中，让人民远离伤害。这只是因为西方和其他国家之间的风险差异不像早期那样，现在已经非常之大。在一定程度上，西方及其技术优势能够花费更多的时间保卫不必要的伤害。但是，正如我们已经看到的，战争中的确存在少量可以消除的风险，即使是无人系统。所以正在承担更多风险的西方（作为整体），总是让士兵为了保护他人承担一些额外的风险。还值得注意的是，下面两类士兵之间存在重要的差异：一类士兵承担的是因为前面提到的糟糕的决策、缺乏远见和技术操作距离而引发的风险，另一类承担的是由于正义性引入的风险。

有人可能会说，无论额外的风险负担大小，对使用新式武器的人提出承担额外负担的要求是没有任何意义的，因此必须解除；而且希望士兵为了正当理由战斗却又希望他们不在乎自身伤亡的想法也是不现实的。但是，必须指出的是，这种观点不需要基于没收理论。也就是说，士兵没有必要必须放弃他们的权利或者类似的东西。很多职业都有同样的伦理义务，冒着自己的生命危险挽救他人，但是我们不会说他们放弃了他们的权利。约翰·苏林斯（John Sullins）指出，士兵、警察、船员等有时都会这样做，看起来没有理由要求军人免除这种要求[136]。此外，如果我们从正义战争理论中去掉这条原则，允许国家和军队为了保留武力通过转移风险而不顾他人安危，我们就不得不允许使用平民和平民建筑作为掩体。这是一个能通向所有结果的深渊滑坡，每个人将变成军队的合法目标。这只会导致更大程度的暴力和毁灭，与正义战争理论和大多数无人系统规划的长期目标背道而驰。

5.6 小结

本章的前面提到，早期的战争是盲目的轰炸战役，造成大量参战人员和非参战人员死亡。无人系统作为一种相对新兴和主要的西方战争手段，尽管改善或超越了早期战争形式的道德缺陷，却又带来了新的问题、新的紧张、新的矛盾和新的抵消趋势。正如本章所叙述的那样，这种问题有很多。许多人认为，无人系统会使人们免于伤害，事实上却会让比构想中多得多的人卷入其中，很多人都处于危险的前线环境中。在被传感器充斥的信息社会里，这些系统也助长了自满和依赖心理。这是有问题的，因为这将使国家陷入它们并没有完全投入的战争，而且由于军事人员的替换，国家会逐渐不能形成稳定的军事防御，这是无人战争的关键特征。新式武器的另一个后果是，由于道德和谨慎需要“安全”的武器，军工联合体会越来越有可能向提供财政支持的国家提请“测试战争”。因为无人平台并不需要有人踏入他国的领土、侵犯他国的主权，所以可能会频繁地发动战争。但是，也许最大的问题是，一些无人系统技术的感知精度会将战争引入城市环境，形成军事和道德上的挑战。部分挑战源于技术的限制或参战人员与非参战人员和私人武装的混杂，很难辨别合法和非法目标。这些问题可以根据降低或管理风险的过程得到很好的理解，因为每一个问题都意味着对生命的威胁；风险被转移给其他人，最大的问题是转移给非参战平民。战争中转移风险的道德性是值得思考的。在第 6 章中，作者将会继续考察无人战争的伦理和效率，更详细地剖析无人战争的社会心理和政治含义，找出一些更深远的问题和可能的答案。但是，潜在的问题本质上是一样的：尽管无人系统拥有某些明显的优势，却存在很多由于粗心导致的技术和操作陷阱，这将有损使用无人系统时的道德义务，需要进一步控制。

注　释

1 请注意在一定程度上机器人代替人类积累风险的说法具有积极的价值。

2 Gert-Jan Lokhorst and Jeroen van den Hoven, “Responsibility for Military Robots”, in *Robot Ethics: The Ethical and Social Implications of Robotics*, ed. Patrick Lin, Keith Abney, and George Beckey (Cambridge: MIT Press, 2012), 148 [着重强调].

3 Keryl Cosenzo, “Automation Strategies for Facilitating Human Interaction with Military Unmanned Vehicles”, in *Human-Robot Interactions in Future Military Operations*, ed. Michael Barnes and Florian Jentsch (Farnham: Ashgate, 2011), 103 [着重强调].

4 Benjamin Buley, *The New American Way of War: Military Culture and the Political Utility of Force* (New York: Routledge, 2008), 110 [着重强调].

5 Robert Sparrow, “Can Machines Be People: Reflection on the Turing Triage Test”, in *Robot Ethics: The Ethical and Social Implications of Robotics*, ed. Patrick Lin, Keith Abney, and George Beckey (Cambridge: MIT Press, 2012), 305 [着重强调].

6 Robert Sparrow, “Building a Better Warbot: Ethical Issues in the Design of Unmanned Systems for Military Applications”, *Science and Engineering Ethics* 15, no.2 (2009):173.

7 任何机器都存在因为某个特定的部件失效而导致旁观者受伤的风险。例如，无人飞行器的螺旋桨可能失效，导致坠毁而伤及地面人员。这不是此处主要考虑的问题。

8 John P. Sullins, "Robowarefare: Can Robots Be More Ethical Than Humans on the Battlefield?", *Ethics and Information Technology* 12, no.3 (2010):264.

9 在美国，这些人可能是接受过正义战争理论或武装冲突法规培训的政府官员，或没有接受过培训的较低级别的人员。

10 Micah Zenko, "10 Things You Didn't Know About Drones", *Foreign Policy* March/April(2012), http://www.foreignpolicy.com/articles/2012/02/27/10_things_you_didnt_know_about_drones?page=full.

11 Matt J. Martin and Charles W. Sasser, *Predator: The Remote-Control Air War over Iraq and Afghanistan: A Pilot's Story* (Minneapolis: Zenith Press, 2010), 30; 192.

12 部署在安全区域之外。

13 马丁上校的很多书详细叙述了他进入伊拉克参战训练意大利人的经验，他们只是获得了无人飞行器，并在参与伊拉克的盟军行动之前得到了必要的战争训练。Martin and Sasser, *Predator: The Remote-Control Air War over Iraq and Afghanistan: A Pilot's Story*, 147-170.

14 Sparrow, "Building a Better WarBot: Ethical Issues in the Design of Unmanned Systems for Military Applications", 173.

15 其他机器也可以预想用来拯救无人系统，但这种能力还没有被开发或使用过。

16 Martin and Sasser, *Predator: The Remote-Control Air War over Iraq and Afghanistan: A Pilot's Story*, 139.

17 Benjamin, *Drone Warfare: Killing by Remote Control*, 53.

18 Fred J. Pushies, *Night Stalkers: 160th Special Operation Aviation Regiment (Airbone)* (Minnesota: Zenith, 2005), 54.

19 在一份注释中，斯巴鲁对约翰·康宁(John Canning)的补充解释表示感谢时写道，在无人系统中设计适当的防篡改措施，能够降低这里提到的风险。但是，需要进一步引起注意的是，完全放弃拯救坠落的无人系统需要一些措施，如将整个系统爆炸或摧毁以防止逆向开发。这个问题主要是，按照一定的方式设计这些系统，以反映道德意义的实际需要。Sparrow, "Building a Better Warbot: Ethical Issues in the Design of Unmanned System for Military Applications", 脚注 7。

20 Singer, *Wired for War: The Robotics Revolution and Conflict in the 21st Century*, 19-21.

21 Peter W. Singer, "The Future of War", in *Ethical and Legal Aspects of Unmanned Systems: Interviews*, ed. Gerhard Dabringer (Vienna: Institute for Religion and Peace, 2010), 82.

22 Singer, *Wired for War: The Robotics Revolution and Conflict in the 21st Century*, 337.

23 Kate Darling, "Extending Legal Rights to Social Robots", in *We Robot* (Coral Gables: University of Miami School of Law, 2012), 2.

24 Lori Thompson and Douglas J. Gillan, "Social Factors in Human-Robot Interaction", in *Human-Robot Interactions in Future Military Operations*, ed. Michael Barnes and Florian Jentsch (Farnham: Ashgate, 2011).

25 Ian Roderick, "Considering the Fetish Value of Eod Robots: How Robots Save Lives and Sell War", *International Journal of Cultural Studies* 14, no. 3 (2010): 245.

26 美国的悍马(Humvee)吉普和俄罗斯的 AK-47 突击步枪就是很好的例子。

27 D. Axe, *War Bots: How U.S. Military Robots Are Transforming War in Iraq, Afghanistan, and the Future* (Ann Arbor: Nimble Books, 2008), 1.

28 Noah Shactman, "Robot Sick Bay", *Popular Mechanics* 183, no.7 (2006): 18-19.

29 Dunlap, "Technology and the 21st Century Battlefield: Recomplicating Moral Life for the Statesman and the Soldier", 13.

30 回想前面的讨论中，无人系统操作员会尽全力拯救他们的无人系统，很容易就能推断出他们对这些系统的信任度是多么高。

31 Sparrow, "Building a Better Warbot: Ethical Issues in the Design of Unmanned System for Military Applications", 173.

32 Les Hauck, "Have We Become … Complacent?" *Combat Edge* 11, no. 11 (2003): 10.

33 Edward Story, “Complacency = Mishap”, *Combat Edge* 15, no. 4 (2006): 11.

34 Michael Barnes and Arthur W. Evans, “Soldier-Robot Teams in Future Battlefields: An Overview”, in *Human-Robot Interactions in Future Military Operations* ed. Michael Barnes and Florian Jentsch (Farnham: Ashgate, 2011), 18; Story, “Complacency = Mishap”.

35 L. Booher and J. Appezzato, “What Could Happen? No Room for Complacency in OIF”, *Combat Edge* 13, no. 10 (2005): 6.

36 S. Miller, “Technology and War”, *Bulletin of the Atomic Scientists* 41, no. 11(1985):47.

37 Roy van den Berg, “The 21st Century Battlespace: The Danger of Technological Ethnocentrism”, *Canadian Military Journal* 10, no. 4(2010): 14.

38 同上。

39 Stephen Biddle, *Afghanistan and the Future of Warfare: Implications for Army and Defense Policy* (Carlisle: Strategic Studies Institute, 2002), 32.

40 请注意，这和下文中将要深入讨论的问题具有一定的相关性，但却是不同的话题。下文将讨论进入战争的低廉政治门槛。

41 Sparrow, “Building a Better Warbot: Ethical Issues in the Design of Unmanned System for Military Applications”, 173.

42 同上。

43 Kenneth P. Werrell, “Did USAF Technology Fail in Vietnam?”, *Airpower Journal* 12, no. 1(1998): 87.

44 一个证据是，他们后来不得不设计有毒的落叶剂去除枝叶。这样，参战人员才能穿过丛林覆盖物，空战行动才能有效。

45 Singer, *Wired for War: The Robotics Revolution and Conflict in the 21st Century*, 316.

46 Lin, Bekey and Abney, “Autonomous Military Robotics: Risk, Ethics and Design”, 83.

47 Krishman, *Killer Robots: Legality and Thicality of Autonomous Weapons*, 136.

48 Wayne Chappelle, Kent McDonald and Katharine McMillan, “Important and Critical Psychological Attributes of USAF MQ-1 Predator and MQ-9 Reaper Pilots According to Subject Matter Experts”, ed. Department of the Airforce (Ohio: School of Aerospace Medicine, 2011), 5-7.

49 同上。

50 Lin, Bekey and Abney, “Autonomous Military Robotics: Risk, Ethics and Design”, 83.

51 同上。

52 Chappelle, McDonald and McMillan, “Important and Critical Psychological Attributes of USAF MQ-1 Predator and MQ-9 Reaper Pilots According to Subject Matter Experts”, 6.

53 Ronald Arkin, “On the Ethical Quandries of a Practicing Roboticists: A First-Hand Look”, in *Current Issues in Computing and Philosophy*, ed. A. Briggle, K. Waelbers and P. Brey (Amsterdam: IOS Press, 2008), 47-48.

54 Lin, Abney and Bekey “Robot Ethics: Mapping the Issues for a Mechanized World”, 947.

55 关于技术工人的前景和一些血汗工厂道德问题的比较，请参考 Rick Bookstaber, “Will the Unemployed Really Find Jobs Making Robots?”, http://www.businessinsider.com/will-the-unemployed-really-find-jobs-making-robots-2012-8.

56 J. M. Sullivan, “Defense Acquisitions: DOD Could Achieve Greater Commonality and Efficiencies among Its Unmanned Aircraft Systems”, ed. Subcommittee on National Security and Foreign Affairs and Committee on Oversight and Government Reform (Washington, DC: Government Accountability Office, 2010), 6.

57 Patrick Lin, “Introduction to Robot Ethics”, in *Robot Ethics: The Ethical and Social Implications of Robotics*, ed. Patrick Lin, Keith Abney and George Bekey (Massachusetts: MIT Press, 2012), 7.

58 Noah Shactman, “Robot Canon Kills 9, Wounds 14”, http://www.wired.com/dangerroom/2007/10/robot-cannon-ki/.

59 同上。

60 Lin, Bekey and Abney, "Autonomous Military Robotics: Risk, Ethics and Design", 77.

61 Colin S. Gray, *Another Bloody Century: Future Warfare* (London: Weidenfeld & Nicolson, 2005), 231.

62 如果军事机器人软件像很多民用软件一样是开源的，系统可能会更加安全。当然，得制定一些标准(这可能会产生其他问题)，而且得确保潜在的敌人不会输入恶意代码。

63 Lin, Bekey and Abney, "Autonomous Military Robotics: Risk, Ethics and Design", 78.

64 Vladimir Slipchenko and Aleksandr Khokhlov, "Shock andAwe: Russian Expert Predicts 500,000 Iraqi Dead in War Designed to Test Weapons", http://globalresearch.ca/articles/SLI303A.html.

65 同上。

66 Dwight D. Eisenhower, *Dwight D. Eisenhower: 1960-61: Containing the Public Message, Speeches, and Statements of the President*, January 1, 1960, to January 20, 1961 (Washington, DC: United States Government Printing Office, 1961), 1035-1040.

67 同上。

68 Benjamin, *Drone Warfare: Killing by Remote Control*, 32.

69 关于后者，请参考 Ray Moynihan, "Selling Sickness: The Pharmaceutical Industry and Disease Mongering", *British Midical Journal* 324, no. 7242(2002).

70 Benjamin, *Drone Warfare: Killing by Remote Control*, 32.

71 同上, 31-36。

72 同上, 44。

73 国会中还存在着一个倡导使用无人机的无人系统小组。参考 Jill Replogic, "The Drone Makers and Their Friends in Washington", http://www.fronterasdesk.org/news/2012/jul/05/drone-makes-friends-washington/#.UBfn8FEWH0c. 国会无人系统小组, http://unmannnedsystemscaucus.mckeon.house.gov/about/purpose-mission-goals.shtml.

74 Slipchenko and Khokhlov, "Shock and Awe: Russian Expert Predicts 500,000 Iraqi Dead in War Designed to Test Weapons".

75 同上,153-4；Roy Allison, "Russia, Regional Conflict, and the Use of Military Power", in *The Russian Military: Power and Policy*, ed. Steven E. Miller and Dmitri Trenin (Massachusetts: MIT Press, 2004).

76 Jan Egeland, *A Billion Lives: An Eyewitness Report from the Frontlines of Humanity* (New York: Simon & Schuster, 2008), 18.

77 Cordesman, *The Iraq War: Strategy, Tactics, and Military Lessons*, 297.

78 不要和罗尔斯的同名道德原理相混淆。

79 将测试新型军事技术作为开战正义的理由，考皮托斯和卡斯尼科夫在正当动机(第 57 页)中也表达过这种观点。

80 Zardari 2009, 白宫公共事务外交委员会援引,"Global Security: Afghanism and Pakistan, Eigtth Report of Session 2008-09, Report, Together with Formal Minutes, Oral and Written Evidence"(London: Parliament: House of Commons: Foreign Affairs Committee, 2009), 75.

81 英国国防部, "Joint Doctrine Note 2/11: The UK Approach to Unmanned Aircraft Systems", Section 5-9.

82 Gregory F. Treverton, *Reshaping National Intelligence for an Age of Information* (Cambridge University Press, 2003), 85.

83 Robert Sparrow, "Robotic Weapons and the Future of War", in *New War and New Soldiers*, ed. Jessica Wolfendale and Paolo Tripodi (Farnham: Ashgate, 2011).

84 同上。

85 Sarah Kreps and John Kaag, "The Use of Unmanned Vehicles in Contemporary Conflict: A Legal and Ethical Analysis", *Polity* 44, no.2 (2012): 270.

86 Buster C. Glosson, “Impact of Precision Weapons on Air Combat Operations”, *Airpower Journal* 7, no. 2 (1993): 4.

87 同上。

88 Phillip S. Meilinger, ”10 Propositions Regarding Air Power” (Washington, DC: Air Force History and Museums Program, 1995).

89 同上, 41。

90 Michael Ignatieff, *Virtual War: Kosovo and Beyond* (New York: Metropolitan Books, 2000), 148-149.

91 同上, 149。

92 英国广播公司, “Belgrade Hit by Nato Blitz”, http://news.bbc.co.uk/2/hi/europe/332328.stm.

93 Alice Hills, *Future War in Cities: Rethinking a Liberal Dilemma* (Portland: Frank Cass, 2004), 9.

94 同上。

95 Ralph Peters, *Fighting for the Future: Will American Triumph?* (Pennsylvania: Stackpole Books, 2001), 74.

96 Markus Wagner, “The Dehumanization of International Humanitarian Law: Independently Operating Weapon System and Modern Armed Conflict”, in *We Robot* (Coral Gables: University of Miami School of Law, 2012), 24.

97 参考如下讨论: Baker, *Just Warriors Inc.: The Ethics of Privatised Force;* Armin Krishnan, *War as Business: Technological Change and Military Service Contracting* (Farnham: Ashgate, 2008).

98 Lindsey Cameron, “Private Military Companies: Their Status under International Law and Its Impact on Their Regulation”, *International Review of the Red Cross* 88, no. 863 (2006): 576.

99 同上。

100 Rebecca J. Johnson, “the Wizard of Oz Goes to War: Unmanned Systems in Counterinsurgency”, in *Killing by Remote Control: The Ethics of an Unmanned Military*, ed. Bradley Jay Strawser (New York: Oxford, 2013), 163.

101 同上, 166。

102 同上。

103 Michael O’Hanlon, *Technological Change and the Future of Warfare* (Washington DC: Brookings Institution Press, 2000).

104 Tyler Wall and Torin Monahan, “Surveillance and Violence from Afar: The Politics of Drones and Liminal Security-Scapes”, *Theoretical Criminology* 15, no. 3 (2011): 243.

105 Kreps and Kaag, “The Use of Unmanned Vehicles in Contemporary Conflict: A Legal and Ethical Analysis”, 261.

106 Johnson, “the Wizard of Oz Goes to War: Unmanned Systems in Counterinsurgency”, 17.

107 Wall and Monahan, “Surveillance and Violence from Afar: The Politics of Drones and Liminal Security-Scapes”, 246.

108 Sparrow, “Robotic Weapons and the Future of War”, 119.

109 Christian Enemark, “Drones over Pakistan: Secrecy, Ethics and Counterinsurgency”, *Asian Security* 7, no. 3 (2011): 229.

110 Peter Bergen and Katherine Teidmann, “Washington’s Phantom War: The Effects of the U.S. Drone Program in Pakistan”, *Foreign Affairs* 90, no.4 (2011): 13.

111 Peter Bergen and Katherine Teidmann, “The Year of the Drone: An Analysis of U.S. Drone Strikes in Pakistan 2004-2010”, *Foreign Policy* (2010), http://www.foreignpolicy.com/articles/2010/04/26/the_year_of_the_drone.

112 Aleem Maqbook, “Mapping US Drone and Islamic Militant Attacks in Pakistan”, *BBC News South Asia* (2010), http://www.bbc.co.uk/news/world-south-asia-10728844.

113 Avery Plaw, Matthew Fricker and Brian Glyn Williams, “Practice Makes Perfect?: The Changing Civilian Toll of CIA Drone Strikes in Pakistan”, *Perspectives on Terrorism* 5, no. 5-6 (2011): 58-61;其他数据可以参考 Avery Plaw,” Counting the Dead: The Proportionality of Predation in Pakistan”, in *Killing by Remote Control: The Ethics of an Unmanned Military*, ed. Bradley Jay Strawser (New York: Oxford, 2013).

114 Ulrich Beck, *World Risk Society* (Cambridge: Polity, 1999). 51.

115 Coker, *Ethics and War in the 21st Century*, 137.

116 同上。

117 同上, 138。

118 Martin Shaw, *The New Western Way of War: Risk-Transfer War and Its Crisis in Iraq* (Cambridge: Polity Press, 2005).

119 同上, 94。

120 同上。

121 Krishnan, *Killer Robots: Legality and Ethicality of Autonomous Weapons*, 122.

122 类似的，库克认为，一名被派往海外执行人道主义任务的军人，可以因为这项任务不是自己签订合同时所希望的，从而在回家之前有权要求得到最好的军事保护。参考 Cook, *The More Warrior: Ethics and Service in the U.S. Military*, 125.

123 Walzer, *Just and Unjust War: A Moral Argument with Historical Illustrations*: 156.

124 Avishai Margalit and Michael Walzer, "Israel: Civilians & Combatants", *The New York Review of Books* 56, no.8 (2009), http://www.nybooks.com/articles/archives/2009/may/14/israel-civilians-combatants/.

125 Asa Kasher and Avery Plaw, "Distinguishing Drones: An Exchange", in *Killing by Remote Control: The Ethics of an Unmanned Military*, ed. Bradley Jay Strawser (New York: Oxford, 2013), 55-56.

126 同上, 56。

127 同上。

128 同上, 56-57。

129 Walzer, *Just and Unjust War: A Moral Argument with Historical Illustrations*: 156.

130 同上。

131 同上。

132 Tim Clement, "The Morality and Economics of Safety in Defence Procurement", in *Safety-Critical Systems: Problems, Process and Practice*, ed. Chris Dale and Tom Anderson (Springer: Dordrecht, 2009).

133 Walzer, *Just and Unjust War: A Moral Argument with Historical Illustrations*: 156.

134 同上, 157。

135 同上。

136 Sullins, "Aspects of Telerobotic Systems", 266.

6 无人战争：心态改变的道德代价

和上文中的风险经济主旨一致，基于前面讨论过的技术维度和操作维度，本章将分析无人系统的效力。特别是关注无人战争的心态改变维度，及其对几种主要的战争代理人的影响，如公众、无人系统操作员、司令官、更高层的军事和政治决策者。如前所述，之所以有此关注的原因在于，这种技术所引发的很多无意识后果不能归结于机器，而应该归因于人类的心理特点。6.1 节将阐述，风险转移作为西方式无人战争的典型特征，容易让人轻信使用无人系统技术，会发动具有较小破坏性的战争，并因此引发对随意发动战争的忧虑。换句话说，无人战争对正当权威原则形成挑战，增加了使用武力的倾向。6.2 节分析和技术介入冲突相关的几个问题，并提出通过道德分离和脱敏，在战争中行使不道德行动的门槛也可能会被降低。在分析这些改变对远程操作士兵的能力以及坚持交战正义原则的意愿的影响后，6.3 节将讨论对操作员本身健康的影响。在 6.4 节中，我们将集中讨论是否能通过决策过程中的自主因素，消除或缓解某些技术引发的道德问题。本章的结论是，尽管更强的自动化能力肯定会减轻这些系统所引起的道德问题，但是将人类保留在决策支持链中却是非常有必要的，以便能在保持或改善战争能力与降低对非参战人员的伤害之间做出精致的道德权衡。

6.1 正当权威和门槛问题

乔治·卢卡斯（George Lucas）写道，和很多其他现代战争技术创新一样，对无人系统的主要批评是他所称的“门槛问题”[1]。卢卡斯指出，门槛问题包含批评家（包括斯巴鲁[2]、辛格[3]和帕特里克·林[4]等）对新型军事技术提出的很多问题，但是他将这个问题简化为两个相对不同的形式。第一种形式声称，对人民生命、财产和环境的损失和伤害而言，所有这些技术创新都会使战争具有较小的破坏性和成本，但是它们也会不经意地降低发动战争的门槛，进而削弱随之而来的开战正义原则，如当其他非暴力选择已经无计可施或不切实际时，战争只能作为缓解或消除冲突的最后手段[5]。对门槛问题的特定阐述引发了一些深层次的哲学问题，我们将推迟到下一章行讨论。我们只在本章中讨论“战时”层面这个问题的第二种形式。在这种形式中，无人系统技术掩盖了战争的真实成本，或看起来最小化了战争成本，并因此改变了公众的心态，使得高层参战人员（如自由民主政府的政治和军事领导人）在没有完全了解武器或征得程序性同意的条件下就将军事力量投入战争。这很明显会导致拒绝对正当权威性原则的一些解释[6]。彼得·阿赛洛（Peter Asaro）认为，第二种形式在一定程度上使得领导人很容易将没有意愿的国家引向战争，这将是对发展和使用无人武器最强烈的道德反对[7]。在后面我们会解释，作者的倾向几乎是相同的，不仅仅因为它为国际社会制造麻烦，而且因为它违背了政府形成的基本社会契约，以及将军队作为政府工具的军队-国家契约。这里我们提出，使用无人武器，将士兵远离战区改变了公众的心态，导致政治和军事决策者们更容易认为潜在的非正义战争是安全的。特别是，会对很多人产生侵蚀效应，不仅仅是参与者和决策者，而且也包括那些制定批文的“立法者”。

尽管某些批评家指出，正义战争理论不再适用于现代技术发动的战争，第 4 章指出该理论仍然具有重要的意义，并能够限制以民主国家的名义发动的武装冲突。依格纳蒂夫写道，批准或撤销战争（即对战争授权）是公民自由的核心要素，这种自由是不能轻易剥夺的[8]。战争和为应对国内国际威胁采取的防御准备也是任何一个国家的核心职能。第 3 章指出，在社会契约下，这些国家的公民将他们在自然状态下所拥有的使用武力的权利授权给国家集体机构。这就意味着，只有在有限的情况下，为个人自卫而进行的准备是最实际和最具防卫性的。在任何其他情况下，契约方同意克制发动私人战争，并接受这样的理念：诉诸战争和使用大规模暴力的权利或责任只为国家保留，默认为代表了集体的意志。为了保护个人的权利，正当权威性原则对任何必要的、使用武器的行为进行调控并使之合法化，确保授权使用武器（如无人系统）的权力只取决于特定的权威当局。这项要求意味着，在满足所有其他开战正义原则的条件下，只有在已经得到为满足社会契约要求而确立的所有合法渠道许可的前提下，国家才能发动战争。军方所需要的这个授权，已经当然地被纳入了本国法律条文和宪法、国际法以及联合国所追求的目标中。

依格纳蒂夫解释说，在现代社会中，这些条文、宪法和机构经常这样制定：当几个国家面临威胁时，它们的领导者只有在得到民意代表（以及随后的财政预算）的同意后才有权宣战[9]。以美国为例，一般由总统宣战，然后寻求国会授权。但是，依格纳蒂夫注意到，在几乎半个世纪中，西方国家经常绕过这些渠道，在事先没有取得授权的情况下就将士兵投入武装冲突。他引用了波斯尼亚、海地、伊拉克、科索沃、巴拿马和索马里等作为例子[10,11]。这倒不是说根本没有咨询，但咨询只是表面的，是在伪装透明下进行的。辛格认为，在道德上对正当权威性原则的这种颠覆是不可接受的。他表示，一个民主国家所发动的冲突要想被认为是公正的，不仅要被社会契约所确定的合法渠道许可，而且还要得到广大公众的全体支持。他说，否则下面的表象都是荒谬的：公众和国家防御政策之间的联系、可行的冲突解决选项、民主过程和公民权的集体观点[12]。他认为，赋予或撤销同意的权力保留在社会契约中。当授权战争时，这种权利能够也应该不折不扣地予以实施。看起来，辛格想要提出更严格的正当权威性标准，如当局发动授权战争时必须达到的、覆盖范围更广的、慎重的门槛[13]。例如，大部分公众明显支持的行动，应确保更加准确地反映集体的道德意志。也就是说，给定战争可能结局的道德引力，仅以公民服从民选官方的判断可能是不充分的[14]。

对正当权威的更高要求是，和已有的道德标准比较能够有所提高，能够带来积极的改变，以及具有更小破坏性的战争。毕竟在想象中，受到公众强烈支持的战争比那些不受支持的战争能够有更大的机会快速而成功地结束。这是因为政府能够支配更多的军队和资金，为军队配备更多、更好的武器。而且，公众的支持毫无疑问会对已部署军队的士气产生影响。以越南战争和伊拉克战争为例，这两场战争没有得到公众的支持，很多人都对战争结果产生了挫败感和羞辱感。但是，这里相关的问题不是正当权威性要求本身，或者前面提到的直接绕过民主渠道的倾向，而是这样一种观点：通过改变公众的心理状态，在坚持正当权威性要求时无人系统对要求的遵守会进一步复杂化。也就是说，军队和政治领导人通过很多欺骗性的行动，包括依格纳蒂夫所称的“花言巧语”[15]，更容易为他们所选择的冲突争取公众的支持。他说，战争是主要政治决策者想使用的最终词语[16]。另一位军事专家安东尼·考德斯曼（Anthony Cordesman）也注意到，“现代战争的教训是，战争不能再称为战争”[17]。由于在社会契约下平民不得不参战，而且为此承受经济和生命的风险，他们比领导人对战争持更加怀疑的态度。对大多数人而言，“战争”一词和上一代人所经历过的漫长而又致命的冲突有关。取而代之的是，军事和政治领导人通常使用“敌视”“精确打击”“强制民主”和其他同义的战争词汇。这似乎是在对计划中的或进行中的行动进行伪装，进一步改变公众的心态。真实的情况是，即使是无人战争也需要人类操作武器，或处于危险之中，或将其他人置于风险之中。好战者经常利用全民投票和研判小组，以求为他们想要实施的行动争取公众的支持，或精心设计一次令人信服的公众请愿[18]。

无论是通过人力还是政治资本进行考量，战争代价都会很快达到预算中的成本。然而，西方领导人还在继续向公众兜售诸如战争是降低风险的方式之类的观点。正如前面的章节所述，领导人使用很多风险转移来操控公众，以确保他们具有发动战争的权威，尽管现实是这些所谓的转移通常只不过是转换成了或引入了新的死亡、灾难和失败形式[19]。有人可能会认为，既然媒体无所不能、无处不在，任何特定的战争预算或即时代价都会快速公开，进而让公众做出知情的决定。然而，即使是在当今时代，真相经常是战争的第一硬伤。菲利普·莱特雷（Phillip Knightley）在书中揭示，战地记者可能成为神秘制造者，自越南战争以来，国家及其军队越来越擅长通过媒体管控公众的观点[20]。实际上，很多理论家甚至声称，在具有新式武器的当代，媒体“毫无争议地成为战争武器”[21]。受到伦理和法律的约束，尽管军队控制媒体的能力会受到一定程度的限制，军方很早就意识到媒体在塑造公众心态上的角色。因此，军方在战争期间可能会尽可能限制记者采访战场，对信息泄露内容和消息发布对象加以控制（减少传递的数据）[22]。例如，伊拉克战争的经验教训告诉美国军方，图形图像会降低公众对战争的支持，导致他们不能执行他们所要开展的行动[23]。因此，多年来，军方通过禁止对阵亡士兵的灵柩拍照让人民远离战争的恐惧[24]。试图控制媒体的突出目的是从道德上将公众和战争的残酷现实进行分离，期望公众坚定支持军方的行动。从这个角度上说，进行媒体和风险管理实际上就是施展另一种形式的、使心态改变的政治-道德花招。

至少在应用到无人系统时，对这种观点的可能反对声音，是这些武器提高了公众对战争恐怖性的理解。这些系统一般安装有高清的光学和其他设备，能够精确而又清晰地记录事件和环境。不论是军方自身出于宣传的目的，还是士兵或其他想分享经验的揭露者，关于系统的片段经常能够进入公众的视野。在伊拉克战争期间，士兵业余制作和发布在油管（YouTube）和聚友网（MySpace）等网站上的战争视频，为美国军方带来了难堪[25]。这些无人机片段将问题复杂化。2007 年，国防部禁止军事人员将相似的素材上传到网络，但禁令两年后就废止了。因为他们意识到，尽管军方可以限制媒体对战争的报道，却不能对自己军队的行为进行全面的控制[26]。现在，网络上有“很多展示美国（和英国）军队投身极端暴力、反社会行动的视频片段”[27]。提倡远程武器的人会提倡这个观点，来自无人系统、手机及其他个人技术的粗糙视频片段，使得公众越来越不可能低估战争的道德压力，进而支持或接受特定的约定。

但仍然需要正视，现实真的如此。本杰明强烈地反对这些观点，他说尽管视频片段很好地将战争的恐怖暴露于公众面前，但却使得战争看起来“有趣”[28]。她说，来自无人机的战争视频，经过声道和标题编辑后，将战争变成了可称为战争节目的娱乐形式[29]。在很多视频中，美国人杀死了看不清脸面的士兵，这样只会加深种族鸿沟、鼓励冷漠。在这些视频后的几段留言反映了这些视频对公众的影响，以及公众在看到这些视频后支持官方发动战争的意愿：

> 该死的伊拉克人，看看这些更大的图片。我们在为文明而战[30]。
>
> 打死他们！打死他们！打死他们。[31]

我喜欢早上醒来就看到关于他们死亡的报道。他们最好提前安排一些人去执行凶残的恐怖主义圣战！轰炸他们！我希望将他们像重金属音乐一样炸成碎片。[32]

这些视频的流行程度及影响的另一个指征是，有些视频被点播 1000 多万次[33]。如果几千条其他视频及其评论和点播数都是精确的，无人系统看起来和大卫·魏萨姆（David Whetham）所谓的 CNN（Cable News Network，美国有线电视新闻网）效应背道而驰。一旦平民伤亡达到预期、友军和非参战人员的伤亡开始逐渐增加，公众对战争的支持度将下降[34]。当然，可能大部分公众更为矛盾。大卫·贝兹（David Betz）和李尚浩（Sangho Lee）认为，很有可能出现的情况是公众感知的不协调[35]。他们表示，这是由于公众在道德和身体上与战场脱节，却同时又能够在一定程度上感受战争创伤的细节，这些细节在以前的战争中很少为公众所知晓[36]。一方面，公众被告知，他们的武装力量正在使用无人系统执行相对安全与和平的行动；另一方面，呈现在这些公众面前的是可怕的场景，本方士兵死亡、受伤或前面提到的在国际媒体上的亮相。所有这些产生了一连串的场景，揭露了交战中的平民悲惨命运的一些细节。不论无人武器是否能导致某种道德解脱或某种形式的公众认知不协调，风险在于催生这样一群自由民主的公民：他们在某种意义上或一定程度上，从心理上放弃授权给官方发动符合正义战争理论战争的道德权利或能力。一个脱离社会或有矛盾的公民不可能在保护社区的需要与不公正地威胁其他社区的需要之间取得平衡。

乍一看，这种对使用无人系统的整体关切是最强烈的。的确，斯乔瑟写道，通过使用无人系统，我们可能改变公众的心态，很容易就获得公民的赞同而轻易发动战争，对这个问题的担心看起来具有很大的现实相关性和合理性[37]。但是，他认为，正当权威性门槛的观点并不像它初看起来的那么强烈，因为它似乎模糊了一个逻辑含义，即归因于这些恐惧所提供的制止效应，应该将战争彻底地保留在令人恐怖的领域。美国南北战争时期的将军罗伯特·E. 乐斯（Robert E. Less）在弗雷德里克斯堡（Fredericksburg）单边战役的白热化阶段证实了一个相似的观点，在见证了盟军士兵冲向死亡和毁灭的进攻潮水之后，他发动了第二次进攻并且说，“战争是可怕的，但我们应该热衷于战争”[38]。帕特里克·林也认可这个观点，他说我们不应该做一些让武装冲突看起来让人更加认可的事情，无论是降低伤亡还是引入新式的武器技术消除风险或将风险转移给他人；或更加一般的，提高如战争医术之类的事情或开展进一步研究以改善可操作性的结果[39]。非常震惊的是，他继续说道，用极端的方式看，这个观点似乎暗示着我们应该采取积极的行动提高卷入战争的壁垒，使得战争尽可能的恐怖或者凶残暴力[40]。他和斯乔瑟都声称，这个观点可能会用来建议停止开发形成不对称战争的任何军事技术。这个观点也可能用来要求军队回归到使用原始的武器打仗、不携带盔甲参战，以确保双方的平民和军事、政治决策者，尽量不愿意做出参战的初始决定，以期尽可能避免不正义的战争或最小化整体伤亡和破坏[41]。

这种反对意见对于无人系统来说是有问题的，在应用到现实环境时缺乏相关性。为了分析原因，审视斯乔瑟提供的例证是有益的。他让我们考虑两个可能的世界：阿尔法（Alpha）和贝塔（Beta）[42]。在阿尔法世界中，一个叫作赞达尔（Zandar）的国家开发了一种技术，拥有资源为军事人员生产防弹背心（会显著降低死亡的风险）。在贝塔世界中，赞达尔开发了同样的技术和资源，并且和阿尔法世界中一样面临着同样的冲突。但是，贝塔世界中的赞达尔认为，如果使用防弹背心，将在一定程度上减少人员伤亡、降低战争代价，使战争更加让人接受，因而更加容易发动战争。贝塔世界中的赞达尔也认为，决定战争的正义性会存在困难，有些战争可能是不正当的。因此，为了使战争更加致命和可怕，它决定放弃防弹背心。这样做是为了降低赞达尔在未来的贝塔世界中参与一场非正义战争的可能性[43]。如果贝塔世界中的赞达尔能够确信，放弃防弹背心会导致卷入更少的战争（特别是不正当战争），这样做或者放弃一些其他的军事技术就不会违背直觉。也许既不该出现武器，也不该出现军队。如果所有其他国家都放弃武器，这将是实现更好和平状态的最佳方式。但是，（在我们现在的世界里）一个国家为了争取更难的战争许可而放弃其军事技术的行为，将会带来竞争的劣势和道德上的粗暴。的确，这样做依赖于斯乔瑟所称的对未来“认识上的不可靠预测”[44]。对于一些不可能在未来发生的事件，从关切中排除死亡风险是违反直觉的。当然，这不是在说国家应该免除自身的任何关切或责任，接受在抵消潜在不利结果时的风险。为了解释这个问题，斯乔瑟列举了一些非常极端的案例，但是使用无人系统在逻辑上并不意味着我们会被引向贝塔世界中的赞达尔那样的极端案例。在现实中，我们应该平衡未来事件的重要风险和使战争变为更加可接受的道德后果。例如，无人系统明显会削弱正当权威性要求，需要做出必要的防备以对抗潜在的不利结果。通过较少致命战争，或较少发生却更致命的战争，来避免更加具有毁灭性的战争，站在这个角度提出更高的正当权威性要求，看起来是道德行动的逻辑结果。

一旦开战命令下达，如何更容易在战争中使用无人系统？在分析这个问题之前，我们首先考虑一个反对增强正当权威性要求的终极观点。朱利安·索夫莱斯库（Julian Savulescu）和扎克·比彻姆（Zack Beauchamp）提出了一个不同寻常的观点并为之辩护，降低参战门槛在道德上不一定是件坏事。他们声称至少在一个案例中（人道主义军事干预），改变公众的心态进而更容易获得军事行动的许可，事实上这是使用无人系统的一个积极特征[45]。他们说，即便是正当的行为，很多国家也通常不能参与维和行动和人道主义干预[46]。明显原因是公众憎恶伤亡，憎恶的原因也分很多种，有些已经讨论过。比如在美国，可能是越南战争的遗产或者是对摩擦消耗策略（以往很多西方战争的显著特点[47]）的简单反映。索夫莱斯库和比彻姆说，基于以下两个原因，憎恶伤亡在道德上是有问题的。第一，会将一些确定的风险不公正地转移到其他当事方；第二，在道德上有责任卷入冲突的国家如果放弃干预行动可能会受到指责[48]。因此，他们表示，如果干预在道德上是许可的或者是有责任的，并且如果无人系统使得国家更容易进行人道主义干预，进而消除或解决这两个问题，这当然是件好事。为了实现干预而获得公众的许可，对于公众憎恶伤亡而引起的潜在道德问题，无人系统有助于克服这个问题[49]。换句话说，一个国家颠覆正当权威性要求，可能会不经意地产生某些好的结果。

但是，这并没有解决一个潜在的问题：根据他们的观点，这个问题和西方需要非正当地给予本国平民和士兵优先权密切相关，例如，相对于卢旺达和苏丹达尔富尔（Darfur）的居民。此外，要求正当权威性的力量来自阻止非正义战争的能力，但是索夫莱斯库和比彻姆却没有解释这样一个问题：在他们对所倾向原则的脆弱解释中，为什么他们打算确保无人系统只在正当干预中作为“机器人卫兵”加以使用？尽管很多国家在他们应当干预的行动中没有干预，但是他们在自己不应干预的事件中却更加频繁地出现。现实情况是，外部势力的干预在某些情况下只会导致更多的流血冲突。当前的一个例子是，像叙利亚这样的国家卷入内战、人民的苦难升级，要求西方军事干预的压力也在上升。但是，高技术军事干预更容易得到当地人的支持，但是不是解决内战的最合适的、在道德上被认可的行动方案，却并不清楚。正当权威性本质上是赋予人民否决国家和军事机构决定的权利，确保在这些不明朗的案例中干预和不干预之间达到平衡。基于这个原因，我们可以反对索夫莱斯库和比彻姆的观点，相信在我们所处的军事环境中，有必要增强正当权威要求或对要求进行更仔细的理解（无论是人道主义军事干预还是正规战争）。在这些军事环境中，存在着无人平台与其他改变心态和降低潜在门槛的技术。

6.2 降低战争中的杀人壁垒：辨识性和相称性

到现在，我们已经考虑了无人系统改变公众心态、让自由民主国家的军方和政治领导人轻易将一个不情愿的国家拖入战争的几种方式，削弱了开战正义原则中的正当权威。前面已经提到，对使用无人武器的这种担忧也许是我们所面对的最严峻挑战。虽然在这个问题中发挥核心作用的高层决策者要为参战的原始决定负责，但是保卫国家和社会的士兵个体在实践道德约束和坚持正义战争理论方面才是最无条件的。依格纳蒂夫写道，只有士兵才对战争的结果拥有最大影响并有能力引入道德元素，是他们实实在在地参与了战争，而不是其他任何战争代理群体。用他的话说，“在战场上对非人道行为的决定性约束取决于士兵本身，他们的观念决定了怎样使用武器值得尊重或不值得尊重”[50]。具有讽刺意味的是，士兵在战争中是身体暴力、怜悯和道德仲裁的主要代理人。达伦·鲍耶（Darren Bowyer）评论道，他们“上一时刻在制造死亡和破坏……（并且）下一时刻却在帮助（双方）伤者、协助无辜卷入的平民”[51]。这里审视的特定问题是，让士兵远离战场，训练他们通过技术系统打仗，通过心理-道德分离和脱敏过程，是否我们就能够降低他们实践约束和怜悯的能力和意愿，以及他们对交战正义原则中的辨识性和相称性要求的坚持。我们将提出，使用无人系统和非伦理决策与较低的杀人壁垒有关，因而威胁战争中的道德行为。

为了理解无人系统、距离和降低杀人壁垒之间的关系，我们首先需要理解为什么士兵开始能够且愿意杀人。大多数人天生就具有生存本能，如果不对武力进行遏制，某种程度将导致暴力和野蛮。但是在大多数社会中，人们被教化和社会化后，他们不愿意伤害其他人。在军事环境中，这种社会化的拒绝杀人被早期战争中的描述和统计数据所证实。大卫·格罗斯曼（David Grossman）自称是“杀人学家”或军事心理学家，分析了两次世界大战中的案例[52]。第一个例子，很多一战的步兵从来不使用他们的武器，而是依赖于炮兵部队；第二个例子，为了让士兵开火，二战中的排长前后移动射击线，甚至踢人。如果能够让“一个班中的两到三个人开火”的话，他们就感觉良好[53]。尽管这种做法受到了一些批评，但是马歇尔（S. L. A. Marshall）从个人经验和开火比率的角度，提供了更多的支撑证据。这些证据表明，“平均而言，事实上朝敌人射击的比例不超过15%”[54]。他将这个惊人的杀人抑制现象归结于一个对侵略根深蒂固的恐惧，这种恐惧心理源于社会教育，杀人是非常错误的事情[55]。对马歇尔来说，战斗中的成功、国家和人民的福祉，都呼吁我们采取行动纠正或克服这个问题。

在马歇尔的著作第一版发行后的几年中，也就是二战结束后的几年，有证据表明，马歇尔呼吁的纠正行动得到了回应，我们被送入了令人忧心的通向无人系统困境的轨道，极低的开火率很快被较高的开火率取代。抗美援朝期间，美国士兵的开火率提升到了55%，在越南战争中甚至提升到了90%～95%[56]。一些媒体质疑这些数据，因为编队后方的一些部队还有未用完的军火。但是这些怀疑被下面的事实所打消：那些确实遭遇过敌人的士兵，看起来进行了非常密集而持续的开火[57]。站在严格的军事或可操作性角度，这是一个非常成功的故事。为了克服大多数人慢慢形成的在开火和杀人时的犹豫不决，拉塞尔·格伦（Russell Glenn）认为，上士和排长会监视军队，保证士兵的确在和敌人打仗。在越南，他们也听到了机枪开火时持续的咆哮，这表明士兵在毫不犹豫地使用武器射击[58]。但是，这种纠正行动看起来不能解释大幅飙升的开火率。我们认为，开火率差异的真实原因和后来战争中使用的技术以及军事训练的改变有关，这些改变允许士兵在身体、情感或道德上远离敌人，让他们以更轻松的方式杀人。正是这些距离需要得到更深层的分析，因为无人系统只是使得距离延长，进而脱离接触，随之而来的是麻木，然后产生了这样一个独特的问题：影响操作员发动辨识性和相称性战争的能力。

身体和情感上的隔离与侵略缓解和发动战争之间存在关联，这并不是一个新的发现。格罗斯曼写道，人们很早就认识到，同情、与受害者的空间接近程度、杀人的难度、杀人引起的人身创伤，以及更一般的在存在道德问题的杀人之间存在正相关性[59]。这种关系已经成为人类学家、哲学家、心理学家、神学家和士兵关注的问题。其中，士兵也想理解他们自己的行动。美国哲学教授杰西·格伦·格雷（Jesse Glenn Gray）在二战期间曾经从事智能对抗方面的工作。他写道，除非一个人出现盛怒、处于极度强烈的杀人狂热状态，否则在一定的距离之外，杀人和摧毁会变得更加容易，而且每远离一步，在刻画现实的精度上就会存在相应的下降[60]。他评论道，在某个奇点处人对世界的感知开始摇摆，而在另外一个奇点处这个表示完全失效[61]，格雷在 50 年前就注意到了这个现象。当前的无人系统似乎将相关距离增加到了他所指代的那个奇点，此时人对现实的感知被削弱了。更糟糕的是，无人系统技术的进步可能达到了某个奇点，此时无人系统操作员的道德抑制被完全克服了。也就是说，需要担心的是我们已经到了武器发展史上的重要道德连接点。为了适当地理解这些武器是怎样变得杀人更容易，以及它们是怎样削弱了士兵在战争中履行伦理行为的能力，我们需要在更广阔的武器背景中考量无人系统，因为它们增加了到目标的物理距离，降低了杀人的阻力（图 6.1）。

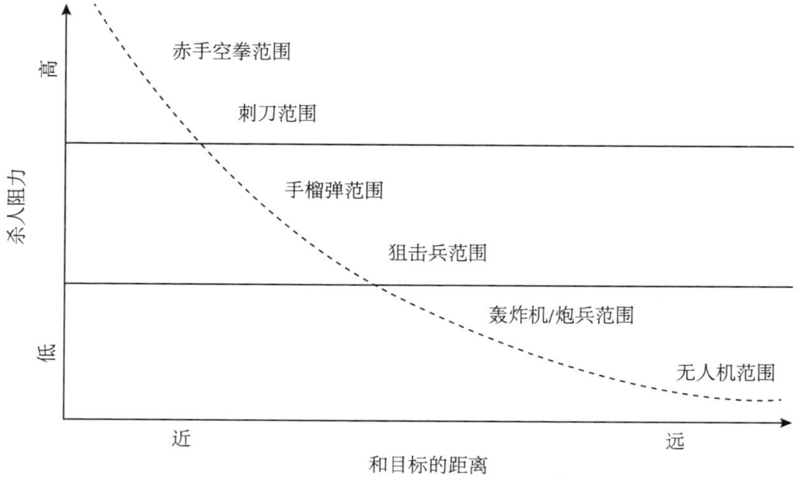

图 6.1　杀人和物理距离之间的关系：从赤手空拳到无人机范围

图 6.1 引自格罗斯曼的著作[62]，描绘了前面讨论的现象。图中画出了不同武器范围，展示了目标距离和杀人阻力之间的假设关联。水平线粗略地划分了三个杀人范围（从上到下）：近程、中程和远程。为了讨论的方便，近程包括在“直截了当”的范围内很容易归因的杀人，如赤手空拳、刺刀甚至是弹射武器。格罗斯曼表示，近程杀人的关键因素是行动时负有的无可争辩的责任。约翰·吉冈（John Keegan）和理查德·霍尔姆斯（Richard Holmes）引用了一个以色列伞兵 1967 年在占领耶路撒冷时的故事：“我们对视了半秒钟，我知道是该到本能地杀死他的时候了。”[63] 当一个士兵在这个范围内杀人的时候，无外乎是个内在活跃的本能问题[64]。一个人能在敌人脸上看到真实的表情，听见他的哭喊声，闻着火药味。上面提到的以色列伞兵继续说，在近程朝敌人开枪后，他能看见敌人脸上的憎恶，“（他）喷出了……非常多的血”[65]。近程格斗是人与人之间的事情，所以拒绝敌人的仁慈是异常艰难的。基于这个原因，格罗斯曼说，拒绝近程杀人是“可怕的”[66]。在中程，你还可以看见敌人，并用手榴弹、狙击来复枪等攻击敌人，但却很难评估杀伤的范围。这样，杀人的经历就改变了。在这个范围内，如果有其他人出现并参与杀人行动，士兵就可能会推卸致命开火或爆炸的责任。士兵仍然处于战场中，能听到枪声并感受压力，但是双方之间的距离，使得杀人行动在身心都变得更加轻松，因此会产生很多道德问题[67]。

在远程，必须使用机械或电子辅助设备才能看到潜在的敌人（如双筒望远镜、相机或雷达），各种证据表明，杀人变得更加容易了。那些不愿杀人的都是飞行员、炮兵计数员和导弹发射井操作员。格温内·戴尔（Gwynne Dyer）写道，被敌人观察给了他们很大的杀人压力（越南的射击人员就是这样），他们的反战情绪不再那么强烈在很大程度上和他们与目标之间的距离有关，这个距离看起来就像是道德缓冲。她巧妙地注意到，一般而言，“枪手在朝他们看不见的栅网参考点射击；潜艇士兵在朝船舶发射鱼雷（而不是船舶内的人）；飞行员朝目标发射导弹”[68]。格罗斯曼也报道，在他对战场杀人问题进行的广泛职业研究和阅读中，他还没有发现过一个远距离操作的人会拒绝杀人的案例[69]。我们有很多使远距离杀人变得容易的例子。例如，戴尔提醒我们，在 20 世纪 40 年代，英国皇家空军用“火焰弹”轰炸汉堡[70]。这些早期的大爆炸中，轰炸机扔下的炸弹炸毁了方圆 4 平方公里的门窗，导致 7000 人死亡，其中大部分是妇女、儿童和老人[71]。在德累斯顿爆炸中死亡人数达到 80 000 人，东京的死亡人数为 225 000 人，从那以后数以百万计的人在战争中丧生[72]。魏萨姆写道，如果轰炸编队用喷火器挨个杀死每个人，用刀子切开每个人的喉咙，大多数人都不会这样做[73]。在如此近距离杀人所带来的恐惧和心理创伤，不仅附着于单次杀人行动，也附着于很多次的杀人行动，范围如此之广没有人会让其发生。

前面的图 6.1 表明，使用无人系统杀人位于远程杀人领域的最远端，甚至值得拥有自己的名号：最大射程杀人。可以想象，在这个范围内杀人是极其容易的事情。这里的争论是，目前在战场上没有其他可用的武器，能方便人在生理和心理上如此轻松地杀人，杀人变成了慢性的、心平气和的行为，缓解了操作员存在的任何道德疑虑。诺伊尔·沙基（Noel Sharkey）引用辛格的报道支持这个观点[74]。在很多杂乱的表述中，他引用一个 21 岁士兵的案例。士兵在谈到他杀人时漠不关心的态度时说，“实情是，我并没有崩溃。我想说的是，我认为杀死一个人是改变生活的经历。然后我杀人了，然后我觉得‘很好，无论怎么样’”[75]。然后，他说，“杀人就像踩死一只蚂蚁一样。我的意思是，你杀死一个人时，就像‘很好，我们去吃一些比萨’的感觉”[76]。在这种慢性杀人环境中，当人类目标呈现在屏幕上时，他们的人性会发生变化，交战正义原则就会被削弱。上文中提到的视频就能很好地说明这种削弱问题。在很多展示捕食者无人机攻击的片段中，人在屏幕上只不过是热点或光点，操作员经常没有采取必要的措施，以确保非参战人员的安全[77]。再一次，以这种方式将目标模糊化，或者尽可能增加距离，都会使得无人系统操作员更加容易以非辨识性和非均衡的方式杀人。

尽管考虑距离因素后[78]发现无人系统在克服道德顾虑和社会化的杀人抑制方面扮演重要的角色，也存在很多其他的方法能增加操作员和敌人之间的距离，使得系统操作员不用慎重思考其行为后果或交战正义原则而更易杀人。一种方法是文化差异，格罗斯曼对此有着详细的评论。文化差异和美国使用无人平台直接相关，但在这里只是简单地提及。的确，文化差异允许士兵通过铭记种族和种群差异而进一步失去人性[79]。军队一直试图让士兵认为敌人是“劣等的生命……比人类低级”[80]。简单地说，这跟无人机案例相关，因为技术上越领先于敌人，越容易认为敌人是明显不同的人，因此越容易杀死敌人。无人系统将士兵与战场中的文化环境割裂开来。站在这个角度上看，无人系统让他们彻底妖魔化和疏远敌人。和文化距离连接在一起的是道德距离，包括将本身和动机合法化[81]。一旦认为敌人在文化上是劣等的，无人平台操作员极易错误地认为，他们的敌人要么在战争中被误导了，要么跟他们的领导人一样罪恶深重。也很容易产生这样的想法：可以授权发动针对那些卑劣道德的无限制暴力[82]。唯一能够使用无人系统进行道义战争的参战人员是那些客观公正的参战人员，斯乔瑟的这种观点代表了一种相似的思潮。这将是下文中将要讨论的话题。

但是，不是所有人都认为无人系统会更容易造成非辨识性和非相称性杀人，进而造成道德问题。丹尼尔·布伦斯特德（Daniel Brunstetter）和梅冈·布劳恩（Megan Braun）认为，至少理论上，无人系统和其他武器一样适用于同样的交战正义要求，但是无人系统所具有的技术优势以及能够降低战士风险的优势意味着它们应该更容易满足辨识性和相称性标准，也许使得操作员不愿意在对侵犯潜在受害者的合法性持怀疑态度的情况下杀人[83]。他们认为，至少在监视情形下，距离或他们所称的分隔因素使得操作员增加致命打击决定的控制能力，应该会减少不必要的杀人和破坏[84]。他们分析的案例是，一个无人机操作员有机会和上司商量，商量结果将在制定战争伦理决定时发挥关键角色。在有些情况下，这可能是对的；但是在其他情形下，很有可能司令官监督操作员的行动只会给操作员开火施加额外的压力（在一战战壕中穿插走动的军士，他们的目的是鼓励不愿开火的士兵射击）。厄勒马克也对一些依赖于这种低壁垒观点的假设提出了质疑[85]。他认为，有理由认为身体远离战场更有助于辨识。在他的看法中，远离危险通过去除怒火和情感而能做出更加慎重的决定，否则将会导致在道德上不可接受的杀戮[86]。也就是说，如果一个在内华达州的办公桌上工作的无人机操作员遇到了敌人，由于操作员几乎没有个人危险，会更加遵循交战正义原则。在有些情况下这可能是对的，在道德上明显更加可取。但是，正如下面将要阐述的，如果一个操作员没有了情感，他或她很有可能会身心分离，或者在道德上变得麻木不仁。

值得注意的是，战场上的身心分离和失去人性甚至让操作员开始忽视他们正在参与的战争现实。操作员越来越难区分他们是在玩视频游戏，还是在操作一台携带武器瞄准目标产生现实后果的真正无人系统。诺伦·格茨（Nolen Gertz）注意到，很明显视频游戏试图尽可能近似战争现实。这种尝试已经达到了新的境地。例如，《荣耀奖章》游戏的设计者邀请退役军队雇员和特种部队作为技术指导。但是鲜为人知的事实是军队和武器设计者也经常试图逼近战争游戏[87]。无人系统设计者目前正在将其平台控制方法建模成视频游戏控制台的控制方法，或者在有些情况下，甚至特地使用为游戏平台设计的相同控制方法。辛格引用一个负责设计无人地面交通工具的项目负责人的话，“我们根据索尼游戏站游戏对控制台建模，因为那是那些十八九岁的海军士兵在他们生命中大部分时间中都在玩的游戏”[88]。这个观点表明，这些系统不仅仅在塑造军国主义思想，而且过于还原。那些已经熟悉这些技术的新兵已经有了先入为主的，甚至是歪曲的战争观念。当然，相关的道德问题是，人们经常在视频游戏中做这些他们在现实生活中不会做的事情，这种状态可能呈现到使用无人系统之时。也就是说，他们可能把现实当成虚拟现实，使得他们更倾向发动大多数视频游戏所具有的无辨识性和非相称性攻击。这进一步支持了这种观点，越来越多地使用无人系统导致了战争中的非伦理行动[89]。下文将讨论，无法分开这两个世界，也会给操作员自身造成深层的心理负担，加重了疏远、身心分离、去个性化等问题，以及他们在遵循交战正义原则时产生的效应等。

6.3 远程战士的个人幸福

上文指出，无人系统及其造成的身体和心理距离加剧了士兵在遵循和应用交战正义原则时面临的挑战。本节讨论的重心不是无人系统对操作员的战斗角色所产生的心态改变效应或心理影响，而是更多地关注无人系统对个人幸福的影响。无论是开展正当性还是交战正义层面，对于给战争发起国的士兵造成的伤害，即使不具有或不应该具有高于一切的优先权，也必须赋予一定的权重。有人认为，通过代理杀人不会对远程士兵产生不好的心理或情感效应。例如，兰博·罗亚克尔（Lambèr Royakkers）认为，“道德解脱会降低甚至消除在房间里作战人员的压力”[90]。格罗斯曼也写道，在他对杀人问题的解读和研究生涯中，还从来没有遇到过一个和远程杀人相关的精神创伤或心理创伤的案例[91]。沙基进一步给出了支持这些观点的逸闻证据，克里奇（Creech）空军基地第 432 编队司令官说，“远程操作员去见牧师或教官的案例只发生了四五次，这只占远程操作员的很小一部分”[92]。这里的推理看起来采用了迈克尔·奥索夫斯基（Michael Osofsky）、阿尔伯特·班杜拉（Albert Bandura）和菲利普·津巴多（Philip Zimbardo）研究中的观点[93]。他们假设，选择性的身心分离会让操作员在维持他们的情感幸福时，同时执行他们的任务，包括杀人、以非公正的方式开展行动等。但是，斯巴鲁表达了这样一种担心，虽然无人系统操作员远离死亡危险、远离战场可以被认为是降低压力，但通过敲键盘杀人仍然是一项有压力的工作，并可能将操作员置于新的、不同的、预料之外的压力中[94]。这个观点揭示了对无人系统所能合理实现目标的衡量中被疏忽的问题。理解这些新的、不同的心理压力尤其重要，因为这不仅会影响战争中的决策，而且会引导公众对无人战争相对于早期战争是否真的是一个提升的看法。从引导公众看法的角度，这个讨论和 6.1 节的讨论相关。

在深入探讨影响无人系统操作员的心理问题之前，我们必须对杀人负担进行更多的探讨，因为它会影响常规近程或中程战争中的传统士兵，这些讨论主要是为了提供一个参考点。前面提到，在这些距离中杀人阻力通常极大，以至于不仅要克服个人内心的自我保护机制，而且也要克服军事长强迫施加的压力。另外，它能凌驾于同龄人的期望，以及第 3 章勾勒的常规义务（如保卫国家和手无寸铁的平民）之上。因此，一般的士兵都处在这样一种境地，因为社会以及很多指导战时行动的制度和规程所施加的矛盾感觉、压力和道德义务，他们无法避免某些心理创伤。有观点表示，如果传统的士兵在近程或中程战争中能克服伤人或杀人的社会阻力，他们永远都不会有负罪感。威廉·曼彻斯特（William Manchester）是一位小说家和二战退伍军人，他就是一个典型的例子。在一个渔场窝棚中杀死一名正在准备射击海军陆战队员的狙击手后，他描述了自己的感觉：“我用四五式冲锋枪朝他开火，我感到懊悔和羞耻。我还记得我愚蠢地小声说‘对不起’，然后就放弃了……我彻底地放弃了我自己。这是对我自儿时就接受的教育的背叛。”[95] 然而，某个士兵如果出于某种原因没有杀人，他就没有履行对同事的义务。琼·艾力（John Early）以前是雇佣兵，也是一名越南战争中的退伍军人。他解释说，“你是靠他（紧靠你的人）才拥有最重要的东西——生命。如果他让你倒下，你要么会变成残废，要么会被杀死。如果你犯了一个错误，同样的事情也会发生在他的身上，所以信任的纽带变得如此之紧”[96]。此外，不愿意杀人的士兵应该觉得可耻，因为他辜负了职业、人民和国家。用格罗斯曼的话说，士兵“进也有罪，退也有罪”[97]。

对传统的士兵而言，权衡就成了一个问题。一方面，他们有义务执行军事行动以保护国家，这个义务是他所服务的社会和所共事的同事要求的；另一方面，在战争中杀人不可避免地会带来负罪感。从前面的评论可以看出，罗亚克尔和其他人认为，由于无人系统会引入道德缓冲，由士兵转成的无人系统操作员很容易进行平衡。如果遵循格罗斯曼的思想主线，我们甚至会得出这样的结论，这种平衡对于远程战士来说完全不重要甚至就不是一个问题。与近程和中程战争进行比较，可以说，无人机操作员的心理压力和高层指挥官非常相似。指挥官也发挥着一些操作性的角色，只不过他们更加关注战略层面的因素。高层军事决策者不像一般的士兵，而是更加类似一名无人系统操作员，他们所面对的风险并没有前线部队那么大[98]。大多数时候，这些高层决策者会在晚上睡觉，他们知道不会在睡梦中被轰炸或攻击；他们不用担心战场通信线路被切断或者无法再次获得补给。他们一般也不会面对这样的任务，如找回在行动中被杀死的士兵的身份识别牌或给他们亲爱的人写家书[99]。

尽管这一点可能是对的，高层指挥官和无人系统操作员之间更相似的特点是，他们都面临一系列其他心理压力。虽然这些压力不同，但是看起来超过了那些传统参战人员和参战司令官所面临的压力。例如，高层指挥官可能不用担心被敌人杀死，但是他们也要关注敌人的行动以及这些行动对操作的影响[100]。他们可能不用担心对自己活动安排的阻碍或者对自己生命的威胁，但是他们需要确保军队拥有充足的资源支持他们的行动，需要担心司令官执行操作的能力以及公众和媒体的看法[101]。同样，无人系统操作员也面临着他们独特的问题。虽然很多远程操作员可能没有经历过在战场上杀人的直接经验，但是通过很多渠道，他们比任何参与近程和中程战争的普通士兵，都更多地了解战争及其致命后果。这里有两个关键原因，一个比另外一个更有说服力。首先，尽管大多数无人系统在屏幕上将目标显示为光点，但很多人说有些系统拥有非常高的光学分辨率，和传统空军飞行员相比，操作员能够更清晰地看到行动产生的影响[102]。其次，光学技术的操作是否存在物理限制还是个疑问，但是随着时间的推移和技术的发展，这也仅仅是一个担心而已。但和有人系统相比，无人系统的确提高了续航时间。这也意味着一个操作员在执行致命打击前,可能会对目标进行长达 12 个小时甚至更长时间的观察[103]。因此，即使是模糊的视频片段并且操作员也远离战场，但是在这段漫长的监视时间中，更多杂乱的事情会发酵，可能会导致心理创伤。这种创伤如果不是在操作时发生，也会在后期操作员有时间反省发生过什么事情，以及他或她在事件中扮演什么样的角色时发生。这是我们所要考虑的第一种道德相关的压力：见证了创伤事件。这并不为无人战争所独有，但是和其他因素一起分析时其含义却是独特和重要的。

另一个相关的压力在学术中很少提及，和在这些事情中有限的参与有关。高层指挥官通过他并不直接控制的军队和战地参战司令官传达的为数不多的信息，对地面施加影响。无人机操作员苦于应付下面的情形：只拥有有限的能力干预或影响在战区中演变的事件。斯巴鲁意识到，这个一般的问题比它看起来更加重要，因为尽管无人系统拥有很多超能力，但是其所能接收的信息、所能施加的力量、所能行动的范围都是有限的[104]。前文提到，并不总是系统本身的局限，经常是在特定环境中使用这些系统的能力，也会对遵循正义战争理论产生限制，从而导致心理问题。马特·马丁在对无人机飞行的第一手资料描述中写道，当他发现不能修改他在战场上所见证过的非正义时，他非常愤怒[105]。他说自己仔细地规划了如何杀死一群敌方参战人员后,却有两个小孩闯入了导弹攻击范围。“我想拯救他们，但却无能为力……我们只能绝望地看着无声的导弹飞向他们。”[106] 如果是敌人发起暴力行动，而且自己的同事将会受伤或被杀死，马丁所说的无助和羞耻会变得更加复杂。同样的，如果一个导弹发射出现偏离，无人系统可能会通过限制远程士兵的行为能力来限制他们的道德行为。在战场环境下这就意味着，如果他们自身也身处战场的话，他们同样也不能帮助同伴[107]。本杰明曾举例，一个年轻的无人系统操作员在见证了远方军队的死亡之后，“那是一次痛苦难忘的经历，他被震惊了”[108]。坐在相对安全的和平国度执行间接的行动，却目睹本方军人的死亡；这种不协调是无人系统操作员的独特感受，他们需要时间去处理和理解。

不幸的是，缺乏抚慰心理创伤的时间是另一个影响战争中道德行动的问题。无人系统操作员处在与日俱增的操作压力中，这些压力往往是由成本削减和不现实期望造成的。美国空军一份最近的调查研究显示，无人机操作员最大的压力，来源于人员短缺导致的长时间工作和频繁换班[109]。人员短缺可以被看成是一份传闻证据，说明操作员所承担的压力是非常严重的。高强度的工作和频繁的换班，会延迟操作员深刻反省自己行动的时间，一旦离开军事基地，会妨碍他们完全融入正常人的生活。无人系统彻底改变了卷入战争的经历。辛格表示，这赋予了战争一个全新的含义。在过去的 5000 年中，无论是古希腊对特洛伊的战争，还是美国领导的联盟军队对伊拉克的海湾战争，当我们讲述某个人为了国家参战时，我们其实是在说他身处战场、置身危险、知道自己可能再也无法回家和亲人团聚[110]。卷入战争的方式在过去 5000 年中已经演化了，而战争的经历也改变了。

辛格在著书时曾采访一位美国空军飞行员。该飞行员描述了早上起床驱车去基地，然后花 12 个小时用导弹瞄准目标（注意这是多么不人道的语言），以及最后回家的经历。从战地出来 20 分钟后，“他就会在餐桌上和孩子们讨论学校的功课”[111]。但是，这并不意味着现代无人机士兵和置身战场的士兵相比，具有较少的心理风险。待在家里也在参战，而且还要平衡二者的关系，这种新型参战经历是远程士兵在每个工作日都会遇到的压力的主要来源。我们尚处于理解这个问题的早期阶段，很少有研究详细分析这种同时置身和平与战争的心理效应，但是马丁在书的末尾中用一个强有力的例子暗示了这个问题的重要性[112]。他回忆，在杀死了很多敌方参战人员并摧毁了他们的建筑和据点后，在回家看妻子的路上，他“居然将车开进了一家汉堡店，换上便服，买汉堡和炸薯条。只有在我排队时……我才有时间反省刚才发生了什么，这种战争是多么不现实”[113]。这个故事和上升的平民伤亡数似乎都在强调，尽管还有很多我们不知道的真相，士兵可能并不能有效地处理好战场杀人和处理和平环境中孩子、搭档以及社会需求之间的关系。参战一天后回到家里，并没有给一个操作员进行反省的时间，因为无论战争多么残酷，很少有人回家后会在餐桌上讨论他们当天杀死的参战人员和非参战人员。相反，他们会埋藏心底，然后思考处理军人和平民之间生活脱节的方法。

在很多情况下，将操作员暴露在这些独特的压力而不是那些亲历战场时会感受的压力之下，被证明在道德上可能更加可取[114]。但考虑到距离，其他人可能会将其看成可以消除的问题：就像我们将士兵从前线移除一样，我们应该将士兵从家庭中移除[115]。有军事评论员认同这种观点，提出了他认为会减轻军事和平民生活脱节问题的同时，能够效率最大化的方法[116]，其中包括：设定通信圈子监视所有进出禁闭控制室人员的电话，在执行某次大的行动之前或之后将这群人隔绝在旅馆或基地的兵营中让他们与家庭和平民生活隔绝，这样有望消除问题[117]。这看起来可能是个不错的想法，但这只不过是延迟了两个对立世界（平民和军人）的最终碰面。如果操作员觉得没有必要与他们的家庭和平民生活分开的话，可能会造成影响伦理决策的深层问题。最好将关注点放在其他方面。例如，需要注意的是，远程士兵难以感受到传统士兵之间的战友情谊[118]。无人机操作员编队很少聚集在一起，从来没有时间分享团队的经验，或者得不到间歇性的休息和康复。最好将压力更多地看成是一种可以管理的而不是可以消除的问题，建立友情或提供其他有助于管理无人战争带来的心理压力的服务。这可能会更成功地提升操作员的幸福感，并注重战争中的伦理行为。

建立适当的支持机制在无人战争中尤其重要，因为很多研究都表明，没有经验和有经验的人员比例比传统战争中要高得多，而这些没有经验的操作员可能不会处理自身在无人战争中的情感需求[119]。无人机操作员被吸引到从事这种形式的军事服务，可能是因为他们熟悉控制或者有相似的游戏经验，或者简单地是因为具有较小的风险，允许他们和他们不愿抛下的爱人保持联系。但是，很多人在完全无知的情况下从事这份职业，他们在家里战斗，彻底将自己和常规地面部队中的支持与同事关系切断了。远程士兵的感觉是另外一个必须考虑的因素，因为这依赖于他们从军队和公众中得到的支持程度。小说和电影已经刻画了最优秀战斗机飞行员的画面，正是这些画面让军队领导人和公众之间产生共鸣。虽然从事的也是公共服务，但无人系统操作员并不像传统飞行员那样得到同等程度的荣誉。这些操作员也不会得到欢迎回家的阅兵或奖章。例如，美国杰出飞行十字勋章从来不会颁发给一个无人机操作员，很多人认为这是出于正当的理由[120]。这些嘉奖倾向颁给那些英勇的和处于战争风险中的人。因此，无人系统操作员不会得到嘉奖，因为他们并不会被认为置身于这样的风险中。可以说，他们的机器承担了风险。只有其他形式的风险被看作足够重要而得到奖励，远程士兵自己开始建立支持小组才被看起来是重要的，特别是因为我们当前对较好完成无人战争、处理这些结果至关重要的心理属性的理解尚处于原始的阶段[121]。

这里讨论的所有战争压力和创伤能够带来深刻的影响，不仅仅是关于士兵的个人幸福，而且是关于个人对战争的贡献以及我们称为中队或军事小组群体的整体贡献。如果我们开始理解无人系统操作员的责任范围，我们就能理解这些媒介战争技术，如无人机是怎样影响战争中的伦理行为的，然后尝试做出必要的改变。前面提到，还没有心理测试数据表明必须选出心理上最合适的无人机操作员，即便如此，也不能保证会导致更加具有辨识性和相称性的战争。我们会得到这样一种情况，政治和军事领导人可以利用无人机改变公众面对参与战争时的心态，降低杀人的门槛。基于这些原因，很多人建议我们应该关注那些由技术调节但是很大程度上取决于人的问题的技术解决方案。系统工程师和设计者的责任问题将在第 9 章中进行讨论，但是下文会描述一些技术解决方案。

6.4 人类问题的技术解决方案

前文提到，很多士兵在现实中经常无法辨识合法目标和非法目标，主要有两个原因。第一，在最大距离内杀人会暂时降低敌人的人性，将远程士兵和他们使用的武器脱离开来；第二，当他们最终开始理解自己的行为时，经常会造成心理创伤，这又会导致战争中更加非伦理的行为。不幸的是，当想到遵循合法和伦理准则的趋势时，人类遵循交战正义原则教条的记录就有很大的问题。事实上，阿尔金在《控制自主机器人的致命行为》（*Govenning Lethal Behavior in Autonomous*

Robots）一书中，花费一整章描述人类在战场上的失败[122]。他引用了美国军医处处长对参与伊拉克自由行动的士兵的战场伦理和精神健康的调查报告，里面详细描述了一些重要的发现[123]。其中写道：大约10%的士兵虐待过非参战人员，认为非参战人员应该得到体面和尊敬对待的人不超过50%；接近30%的人面临过他们不知道该如何应对的伦理困境[124]。阿尔金认为，随着越来越多地使用半自动无人机技术，报告中的数字将变得更加令人关切，战争中的暴行也将变得更加糟糕。他的主要结论是，由于容易犯错的本性，不要指望人类士兵在面临战场恐惧时遵守战时道德，我们应该开发扩展人类士兵极限的技术[125]。阿尔金的个人结论是将士兵从决策回路上解脱出来，然而在目前情况下在技术上是无法做到的。但是，我们将首先分析很多其他不同程度的自主选项。所有都是重要的，因为它们可以被看作是前面讨论过的非伦理决策的潜在解决方案，也因为下一章的焦点将是彻底非对称战争和半自动或全自动技术。

玛丽·L. 卡明斯（Mary L. Cummings）是最早意识到下面问题的人之一：像无人系统和决策支持系统所集成的社会-技术系统，具有内在的复杂性，用户可能会觉得计算系统具有某种形式的合法权威性，进而消解道德责任和转嫁义务，因此制造如前所述的道德缓冲效应[126]。她认为，解决方案不一定是让机器具有高度的自主能力，而是让工程师和系统设计员特别关注非自主或半自主系统的武器控制界面，以及它们如何影响人类操作员的潜在致命决定[127]。卡明斯表示，使用人机交互研究设计的方法，如价值敏感设计方法（VSD）①，能够将正义战争等理论的道德要求与军事行动的技术和操作要求进行衔接。她的观点是，人的价值应该位于设计的最前沿。作为研究案例，卡明斯将VSD方法用于设计战斧式导弹的监督式命令和控制系统，向参与研究的人员提供不正确的信息后，考验他们利用预先设定的道德价值，衡量他们自己的设计方案。结果发现没有辅助决策的操作员比有辅助决策的操作员表现要好。这表明界面设计会直接影响到打击决定，在可行性和有效性（操作价值）与非参战人员的安全（道德价值）之间看起来存在某种折中[128]。虽然这种方法可能在训练负责设计无人系统工程师时有用，但是它只是利用预先设定的价值衡量操作员的表现。它并没有提供权衡这些价值的方法，而这是正义战争理论所要求的；它也没有系统地解释武器控制界面是如何影响打击决定的。因此，这不是无人战争中非伦理行为的万能解决方案。

阿赛洛认为，技术设计过程中需要的是人在做出承载价值的致命打击决定时，究竟使用的是哪些信息，人是如何处理这些信息的，更重要的是，表征和呈现这些信息的不同方式是如何直接或间接地影响伦理决策的[129]。他指出，军方曾做过

---

① 价值敏感设计是美国学者弗里德曼（Batya Friedman）和卡恩（Peter Kahn）在20世纪90年代初提出的一种基于理论的计算机系统设计方法，在整个设计过程中采用一种有原则的和全面的方式来阐明人的价值观。——译者注

这种心理分析，在关键打击任务中主要依赖人，二战期间这在人性因素领域很普遍[130]。但是，阿赛洛面临着另外一个挑战，因为这些方法只能在事后使用，意味着它们在评价时已经拥有性能标准，此时很难判断用户在做出实时价值负载打击决定时是如何表现的。为了进一步支持理解，可以从对伦理决策者的建模开始，他认为，“对道德用户建模包含三个关键因素”[131]。第一，我们需要从认知心理学层面理解进行适当伦理决策时的表现、决策规则和情感需求。他认为，这可能包括对前文中提到的一些情感问题进行详细的经验研究，如恐惧、愤怒、同情等。第二，我们需要使用最近关于道德直觉方面的实验心理学成果，并利用实验经济学去理解风险评判和概率评估的本质。所有这些都是为了理解人使用什么样的框架做出伦理决策，但是同时需要牢记很多人并不使用任何可识别性的框架。第三，我们需要确定整个社会想要士兵达到什么样的标准，可以在什么程度上将这些标准通过技术施加到士兵身上，最好将我们的士兵置于何种水平的心理风险中[132]。这个方法看起来比卡明斯的方法要好，因为在系统被实现之前就考虑了系统中更复杂的伦理问题。但是，他提出的对不完美的人类士兵进行建模的系统，可能并不比不完美的人类士兵要好。也就是说，既然整个方法是避免人在回路所造成的问题，为什么还要花费如此多的努力和付出如此高的代价？阿赛洛看起来认可这个问题，他认为至少可以识别很多心理矛盾，并开始理解终端用户在作为正义战争理论最终执行者时所可能出现的不同伦理考虑[133]。的确，这可能是最有价值的，但是其他人宁愿跳过这一步。

对阿尔金来说，解决方案不是要调整武器控制界面以鼓励战争中的伦理决策，而是通过将人类和人机交互从回路中去除来消除非伦理决策的根源，或者向无人系统提供做出伦理决定、执行不同类型行动的能力，其中有些是致命的。他相信伦理规划是可能的，这不仅会满足国际人道主义法规和正义战争理论的标准要求，而且最终会超越这些要求。他写道，“我相信（无人系统）能比人类士兵以更加符合道德的方式执行行动”[134]。阿尔金基于瓦特（Watt）蒸汽机的机械控制者的思想，提出我们可以给无人系统配备一个“伦理控制者”[135]。这个控制者像自动生成的、致命行动的转换者或压迫者。因此，机械控制者会关掉一台运行过热的蒸汽机，伦理控制者会在机器打算执行非道德行动时以同样的方式关掉自动机器，如在非常靠近平民的地方开火（至少在第一次使用时，参数需要人为设定）。但是这只是其中一个要素。第二个要素是伦理行为控制单元，监督所有的系统行为，确保智能在指定的约束内演化[136]。第三个要素是伦理适应器，让系统通过更新约束条件实现学习、自适应和克服[137]。这是为了在某个非道德行为试图跳过前两个要素的情况下，代替人类执行的行动，避免负罪和悔恨。第四个要素是责任顾问，确保致命行动发生时，在联合交互的情况下，责任能清晰地分配到人或机器[138]。

阿尔金相信，如果这些子系统都能有效地工作，自主机器人就能拥有道德操作的能力，确保任何武力都能均衡地使用、最大限度地辨识参战目标和非参战目标。但是，他看起来没有意识到一台按照道德指令工作的机器与温德尔·瓦拉赫（Wendell Wallach）和科林·艾伦（Colion Allen）所称的“道德机器”[139]之间是存在差异的，也就是说，他没有意识到遵守道德法规和事实上的道德之间存在明显的差异，虽然辨识目标、决定相称性等技术条款可能是战争中道德行动的必要条件，但却不是充分条件。例如，安德雷斯·马蒂亚斯（Andreas Matthias）认为，阿尔金看起来只是将辨识看成敌与友、潜在致命打击的合法与非法目标的技术分类问题[140]。他将辨识性降格为一个认知层面的机器所模仿的操作。对他来说，机器所做的和所需要做的是在指定的操作半径内识别所有的目标，并将他们分成不同的种类：参战人员和非参战人员、儿童、伤员等。尽管对于战争中的任何道德代理而言这是一种重要的能力，阿尔金的系统并没有确定这些假设的种类究竟是什么。站在武器 Y 边上的个体 X 是 Z（一个辨识性例子）是很直观的分类问题，其中不包含道德上的深思熟虑。另外，机器杀死靠近武器 Y 的 X 是否在道德上是正当的，这个问题包含真正的道德评判。正是基于这个原因，阿尔金提出的系统超过人类士兵的观点是不对的。

部分问题是，阿尔金认为武装冲突法则、参战规则和正义战争理论是互相兼容的，并且可以转换成一套与他的控制体系和程序语言兼容的规则。从这个角度上审视正义战争理论的原则，很容易错误地认为剩下的只是技术问题，确保机器能够正确可靠地遵守这些原则即可。事实上，尽管很多军队和政治领袖也将这些约束源描绘成一套清晰和稳定的、经得起自动化检验的规则集，但事实上每个规则也是一套高度依赖于背景的指南。用阿赛洛的话说，武装冲突的法则就像是个“国际法、协议和条约的野生动物展览”，存在大量的不同见解[141]。参战规则用于指挥士兵在特定的环境中如何行动也非常模糊，因为它们试图将法律、政治、策略问题汇集到一张小卡片上，为每个战士留下大量的想象空间。类似的，正义战争理论经常以一个容易应用的理论出现。它是一套原则，需要大量的道德深思熟虑，它建立的价值观和经验法则才能得到有效运用。以交战正义原则中的相称性原则为例，在战场使用这个原则和执行必要的计算时存在很多困难。卢卡斯认为，我们没有正式的相称性算法，这要求我们在认识处于极端不确定的条件下，权衡和比较无法比较的事物[142]。例如，在一个给定的军事目标中可以杀死多少男人、妇女和儿童？这种问题需要对阿尔金的系统所不能判别的方面进行某种道德评判。他可以改善那个更加有限的观点，说他的自动无人机可能在分类任务上超过人类。但是他想做出更强烈但是更不合理的论述，说他提出的系统能够比人类更加有道德地执行任务。

即使我们不考虑他掩饰道德和道德执行之间的差别，卢卡斯[143]和斯巴鲁[144]都强调，自动无人系统可能比人类士兵表现更好的说法存在某个额外的概念问题。

前面说到，一个人应该愿意承认阿尔金提出的系统可能在分类任务中表现更好，因此在特定受限的战时条件下具有更好的表现。例如，我们可能会通过经验研究发现，人类士兵面对特定的决策场景时失误率是10%，或者说他们90%的时间都遵守了必要的法律和道德约束。在这种情况下，这就意味着人类士兵是容易失误的。假设我们能够可靠地利用相关的规则和原则跟踪遵守情况。阿尔金简单地要求他的系统的性能等于或超过人类士兵设定的90%的基准线。当我们将人类士兵送入战场，我们希望100%地遵守战争法则和正义战争理论，即使我们非常清楚，基于前面提到的原因，在统计学上士兵不可能满足这些标准。阿尔金观点的问题在于，他显著地降低了战争中行动的道德标杆，这可能会进一步导致破坏武装冲突的法则和相称性与辨识性标准。在某个特定的情况下，如果我们提前知道阿尔金的系统将不能100%地服从相关的法则和道德原则，操作这个系统就是不道德的。

这个解决方案尽管在这里不受推崇，但有可能超越阿尔金提出的机器人体系结构，开发真正自主或其他人称为强人工智能的系统。也就是说，开发一套能创建和完成自身任务、无须人工输入的系统（当然，除了建造自己）可能在道德上更加可取，而阿尔金的系统在自身不能做出决定时仍然需要人做出决定[145]。根据第1章的定义，人们已经远离回路，对这种系统的直接影响程度，几乎可以忽略不计。这样的系统将能够模仿或完全复制有感知的人类士兵的道德能力，并因此能够在道德上开展战争法则和正义战争理论所要求的深思熟虑。我们能够合理地想象机器在战场上能否具有和人类士兵一样的能力，或这种强人工智能是否可能发生，对于这种问题，人工智能学界和哲学界存在许多不同意见。1965年，英特尔公司的名誉退休主席戈登·摩尔（Gordon Moore）提出了摩尔定律，预测硅芯片上的晶体管数每10年会翻一番，计算机的计算能力将会得到迅速提高[146]。根据这个观点，未来学家雷·库兹维尔预言，到2045年，我们将达到一个技术临界点。在那时，机器的智能将超过人类的智能[147]。有人提出了更加保守的观点：尽管计算机在极少数狭窄的领域会超过人类智能，它们永远不会成为普适的智能，而普适智能是战争中的道德行动所必需的。在另一端站着的是持机器毫无希望超过人类智能观点的人。约瑟夫·魏泽鲍姆（Joseph Weizenbaum）有一个非常著名的观点，“不可能制造其他生物，当然包括计算机，用人类的法则解决人类的问题”[148]。哲学家琼·瑟尔（John Searle）也说，一台计算机可能会解决战争中遇到的复杂问题，但是它对这些问题缺乏任何实质的理解[149]。尽管魏泽鲍姆和瑟尔将完全自主无人系统看成是科幻题材，简单地思考它们是否可以作为某个解决开战和打仗时不道德行动的方案，却是个明智的选择。的确，我们将大量的资金投入到研究和开发完全自主的无人系统，似乎不能完全排除未来某一天真的能制造出来。无可否认，还有很多潜在的问题。用道德代理发动战争面对的第一个问题就是它们可能最终和人类开战。这听起来可能又像是科幻或高度不现实的事情，但是即使是我们想要赋予无人系统符合完全道德的部件（这里不要想当然），这不仅包括赋予机器深思道德与不道德行动的能力，而且要推测自主机器人系统将做出哪些决定。机器人士兵可能不会像人类士兵一样被权力和支配欲所激发，可能也没有杀手的本性，但是它们也可能培养出欲望和需求，因为它们也需要和其他代理进行竞争[150]。无法保证这些系统不会进化成当今非道德士兵的等价功能体。更加令人担心的是，这些系统及其道德决策可能变得非常复杂，甚至人类也无法理解。想象一下这些系统最终变得非常厉害，以至于我们将权力让位于超级系统，委托它代替那些经常欺骗公众的政治和军事领导人做出符合开战正义的决策。这个超级系统要考虑的因素非常庞杂，以至于没有人能进行全盘分析并且理解某次战争是正当的还是不正当的。斯乔瑟认为，一旦机器人拥有人类曾经具备的决策能力后，可能最终导致不再需要人类的道德选择，或者人类的道德选择不再那么重要，以至于最好屈从于这些道德代理[151]。在他的解释中，战争和人类的生命变得毫无意义。当然，尽管可以在逻辑上这样构想，但是大多数工程师都觉得这几乎是不可能的事情，不值得进一步的研究。但是，这些疑虑提醒我们，必须严格审视将人类从决策回路中撤出带来的长期影响，以及在什么程度上撤出在道德上是需要的。

这里讨论的每一个技术解决方案都存在问题：有些没有向我们提供权衡价值和设计伦理武器控制界面的必要洞察力；有些混淆了道德执行和辨识性与相称性技术标准之间的差异；有些可能使用代理的能力执行那些既不需要也不能被人类理解的行动。站在道德的立场，技术挑战是在军事效率与可能对士兵和人类造成的伤害之间采取适当的折中。另外，我们必须确定这些方案的哪些要素值得发展。看起来，阿赛洛对道德用户建模的思想可以用于半自主系统。阿尔金的分类系统具有一定的局限性，但是可以用于执行那些具有更多重复行动的战斗系统。但是没有一个方案能独自克服心理改变效应、心理挑战和无人战争中的非道德行动。也就是说，解决这种由技术导致的人类问题，不一定需要引入更多的技术。

6.5 小结

本章讨论的除了困扰无人系统的很多技术问题之外，还有心态改变效应会显著影响我们主要战争代理的道德范围，不仅包括无人系统操作员，还包括政治和军事领导人及公众。在 6.1 节中提出，上文讨论过的风险转移、一些语言花招和媒体管理会导致公众在认知上的不协调，进而降低正当权威性的门槛，使得高层决策者更容易将不情愿的公众引入战争，我们应该增强正当权威性要求来捍卫这一点。在 6.2 节中指出，我们必须提防技术介入的战争会降低战争行动的门槛。开始我们勾勒了不同的杀人范围，将无人系统定位于最大范围。无人系统的杀人行为是由物理和心理距离决定的，使敌人非人化和去个体化。这一点连同无人系统的虚拟属性，使得士兵在没有充分考虑交战正义原则中的辨识性标准和相称性标准时更容易杀人。在 6.3 节中指出，尽管存在一些质疑，但同时置身战争与和平之间的分裂、加之缺乏管控心理压力的工具，进一步放大了遵守交战正义原则的困难。6.4 节对这个主要和人有关的问题提出了一些技术解决方案，我们切实需要人做出一些战时决定，必须尽最大努力设计武器控制界面，并且合理地引入自主能力，以确保对正义战争理论目标的支持不会动摇。在下一章中，我们将分析门槛问题的第二种形式，这个问题和非对称相关，且位于开战正义和交战正义原则的交汇处。

注　释

1 George Lucas, "Industrial Challenges of Military Robotics", in *The Ethics of Emerging Military Technologies* (University of San Diego: International Society for Military Ethics, 2011); Lucas, "Postmodern War"; Edward Barrett, "Executive Summary and Command Brief", *Journal of Military Ethics* 9, no. 4 (2010); George Lucas, "Industrial Challenges of Military Robotics", *Journal of Military Ethics* 10, no. 4 (2011).

2 Robert Sparrow, "Killer Robots", *Journal of Applied Philosophy* 24, no. 1 (2007); Robert Sparrow, "Predators or Plowshares? Arms Control of Robotic Weapons", *IEEE Technology and Society* 28, no. 1 (2009).

3 Singer, *Wired for War: The Robotics Revolution and Conflict in the 21st Century*.

4 Lin, Bekey and Abney, "Autonomous Military Robotics: Risk, Ethics, and Design".

5 George Lucas, "Industrial Challenges of Military Robotics", 276.

6 同上。

7 Asaro, "How Just Could a Robot War Be?", 55.

8 Ignatieff, *Virtual War: Kosovo and Beyond*, 176.

9 同上。

10 同上，177。

11 这个问题也许在 2011 年早些时候再次出现过，美国与一些欧洲和阿拉伯国家在打击卡扎菲残暴统治时，就是否应该在利比亚保持一片禁飞区的问题产生了争议。近期的叙利亚问题出现了同样的问题。更多材料可参考 David Whetham, "Remote Killing and Drive-by Wars", in *Protecting Civilians During Violent Conflict: Theoretical Issues for the 21st Century*, ed. David W. Lovell and Igor Primoratz (Farnham: Ashgate, 2012), 203.

12 Singer, *Wired for War: The Robotics Revolution and Conflict in the 21st Century*, 323.

13 Zack Beauchamp and Julian Savulescu, "Robot Guardians: Teleoperated Combat Vehicles in Humanitarian Military Intervention", in *Killing by Remote Control: The Ethics of an Unmanned Military*, ed. Bradeley Jay Strawser (New York: Oxford, 2013), 122-123.

14 在立宪民主制国家中，宣战需要非立宪性质的全民公投，所有将会受到影响的人（全体选民或整个国家）都需要（或至少是有资格的）为他们所偏好的做法投票。任何行动、战争或其他事情，都需要得到多数人的许可。

15 Ignatieff, *Virtual War: Kosovo and Beyond*, 177.

16 同上。

17 Anthony Cordesman, "The Lessons and Non-Lessons of the Air and Missile War in Kosovo" (Washington, DC: Center for Strategic and International Studies, 1999), 9.

18 Ignatieff, *Virtual War: Kosovo and Beyond*, 177.

19 事实上，英国国防部曾经开展的一项调查就显示，契约方使用无人机而不是军事人员，会企图扭曲公众对战争相关风险的感知。参考 Ben Quinn, "MOD Study Sets out How to Sell Wars to the Public", *The Guardian* (2013), http://www.theguardian.com/uk-news/2013/sep/26/mod-study-sell-wars-public.

20 Phillip Knightley, *The First Casualty: The War Correspondent as Hero and Myth-Maker from the Crimea to Iraq* (Baltimore: Johns Hopkins University Press, 2004).

21 Kenneth Payne, "The Media as an Instrument of War", *Parameters: The US Army War College Quarterly Senior Professional Journal* 35, no. 1 (2005): 84.

22 同上，84-88。

23 Keith Shurtleff, "The Effects of Technology on Our Humanity", *Parameters: The US Army War College Quarterly Senior Professional Journal* 32, no. 2 (2002): 104.

24 Benjamin, *Drone Warfare: Killing by Remote Control*, 154.

25 Michael Strangelove, *Watching YouTube: Extraordinary Videos by Ordinary People* (Ontario: University of Toronto Press, 2010), 153.

26 同上。

27 同上。

28 Benjamin, *Drone Warfare: Killing by Remote Control*, 155.

29 同上。

30 YouTube, "UAV Kills 6 Heavily Armed Criminals", http://www.youtube.com/watch?v=gNNJJrcIa7A&list=PL5FC6E7FB6B2FA591&index=4&feature=plpp_video.

31 同上。

32 YouTube, "Hell Is Coming for Breakfast", http://www.youtube.com/watch?v=bHCchnGdtJA; Benjamin, *Drone Warfare: Killing by Remote Control*, 155.

33 Benjamin, *Drone Warfare*: *Killing by Remote Control*, 155.

34 Whetham, "Remote Killing and Drive-by Wars", 203.

35 David J. Betz and Sandho Lee, "Information in the Western Way of Warfare—Too Much of a Good Thing?", *Pacific Focus* 21, no.2 (2006): 220-21.

36 同上。

37 Strawser, "Moral Predators: The Duty to Employ Uninhabited Aerial Vehicles", 359.

38 James K. Bryand, *The Battle of Fredericksburg: We Cannot Escape History* (Charleston: The History Press, 2010). 参考第 6 章开头。

39 Patrick Lin, "Ethical Blowback from Emerging Technologies", *Journal of Military Ethics* 9, no. 4 (2010): 325; Lin, Bekey and Abney, "Autonomous Military Robotics: Risk, Ethics, and Design", 75.

40 Lin, "Ethical Blowback from Emerging Technologies", 75.

41 Strawser, "Moral Predators: The Duty to Employ Uninhabited Aerial Vehicles", 360; Lin, "Ethical Blowback from Emerging Technologies", 75.

42 Strawser, "Moral Predators: The Duty to Employ Uninhabited Aerial Vehicles", 359.

43 同上。

44 同上，360。

45 Beauchamp and Savulescu, "Robot Guardians: Teleoperated Combat Vehicles in Humanitarian Military Intervention", 106.

46 同上。

47 Daren Bowyer, "Just War Doctrine: Relevance and Challenges in the 21st Century" (Doctor of Philosophy, Cranfield University, 2008), 251-253.

48 一项特定的人道主义干涉也可能是越权的，即这种行动在道德上并不需要第三方国家实施，但却是一件好事。或者，替代行动被证明既不是一种义务，也不会越权。然而这些替代措施，不会被文化认真对待，特别是有责任保护那些不能自卫的国家和人民的话题。尽管这种文化仍然在演化，索夫莱斯库和比彻姆注意到大多数都沿着“义务大越权”线被切分。

49 Beauchamp and Savulescu, "Robot Guardians: Teleoperated Combat Vehicles in Humanitarian Military Intervention",117.

50 Michael Ignatieff, *The Warrior"s Honour: Ethnic War and the Modern Conscience* (London: Vintage, 1998), 118.

51 Bowyer, "Just War Doctrine: Relevance and Challenges in the 21st Century", 276.

52 David Grossman, *On Killing: The Psychological Cost of Learning to Kill in War and Society* (Boston: Little, Brown and Company, 1995).

53 同上，xiv。

54 Samuel Lyman Atwood Marshall, *Men against Fire: The Problem of Battle Command* (Norman: University of Oklahoma Press, 2000), 54.

55 同上，71,78。

56 Robert Emmet Meagher, *Herakles Gone Mad: Rethinking Heroism in an Age of Endless War* (Northampton: Olive Branch Press, 2006), 12.

57 Grossman, *On Killing: The Psychological Cost of Learning to Kill in War and Society*, 4.

58 Marshall, *Men against Fire: The Problem of Battle Command*, 4.

59 Grossman, *On Killing: The Psychological Cost of Learning to Kill in War and Society*, 97.

60 Glenn J. Gray, *The Warriors: Reflections on Men in Battle* (New York: Harper & Row, 1959), 178.

61 同上。

62 Grossman, *On Killing: The Psychological Cost of Learning to Kill in War and Society*, 98.

63 John Keegan and Richard Holmes, *Soldiers: A History of Men in Battle* (New York: Viking, 1986), 266.

64 Grossman, *On Killing: The Psychological Cost of Learning to Kill in War and Society*, 115.

65 Keegan and Holmes, *Soldiers: A History of Men in Battle,* 266.

66 Grossman, *On Killing: The Psychological Cost of Learning to Kill in War and Society*, 118.

67 同上，113。

68 Gwynne Dyer, *War: The New Edition* (New York: Random House, 2010), 57.

69 Grossman, *On Killing: The Psychological Cost of Learning to Kill in War and Society*, 108.

70 Dyer, *War: The New Edition*, 87.

71 Grossman, *On Killing: The Psychological Cost of Learning to Kill in War and Society*, 100.

72 同上，101-102。

73 Whetham, "Remote Killing and Drive-by Wars", 206.

74 Noel Sharkey, "Saying 'No!' To Lethal Autonomous Targeting", *Journal of Military Ethics* 9, no. 4 (2010): 371-372.

75 Singer, *Wired for War: The Robotics Revolution and Conflict in the 21st Century*, 391.

76 同上，392。

77 例如，参考 Dale Hanson, "Predator Strike Video", http://www.youtube.com/watch?v=tIsdwbZSMMw; 以及 DoDvClips, "UAV Strike on Insurgents", http://www.youtube.com/watch?=QZ-dNu5uOQc&feature-related。第一段视频看起来是捕食者无人机打击敌人时的模糊镜头，那些敌人正在一栋典型的中东石头建筑中避难。第二段视频来自盟军操纵的无人机。无人机在巴格达北部的街道上发现了 6 个持重型武器的暴徒，然后用地狱之火导弹对他们进行攻击。这里不考虑瞄准这些人的合理性，至少不是这里讨论的目的。但是，在这两个案例中，攻击目标在黑白屏幕上被缩小成了热点或光点。如果地面部队遇见这些人的话，不知道会不会饶恕或用类似的方式杀死他们。很明显的是，无人机没有机会按照辨别性或相称性标准做出致命打击的决定。在两段视频中，这些正在遭受攻击的人都位于稠密的市区，或者至少在公开的镜头中没有对袭击者主动开火。

78 对不同距离的更加微妙的解释，请参考 Tziporah Kasachkoff and Joh Kleining, "Drones, Distance and Death", in *The Rule of Law in an Era of Changes: Security, Social Justice and Inclusive Government* (Athens, Greece: Springer, 2014).

79 Grossman, *On Killing: The Psychological Cost of Learning to Kill in War and Society*, 161.

80 Peter Watson, *War on the Mind: The Military Uses and Abuses of Psychology* (New York: Basic Books, 1978), 250.

81 Grossman, *On Killing: The Psychological Cost of Learning to Kill in War and Society*, 164.

82 同上，164-167。

83 Daniel Brunstetter and Megan Braun, "The Implications of Drones on the Just War Tradition", *Ethics & International Affairs* 25, no. 4 (2011): 339.

84 同上，349。

85 Enemark, *Armed Drones and the Ethics of War: Military Virtue in a Post-Heroic Age*, 46.

86 同上。

87 Nolen Gertz, "Technology and Suffering in War", in *Technology and Security* (University of North Texas: Society for Philosophy and Technology, 2011).

88 Singer, *Wired for War: The Robotics Revolution and Conflict in the 21st Century*.

89 有趣的是，某些研究使用视频游戏讲授正义战争理论。虽然有一些可以预见的优点，但是任何这种努力本质上是克服士兵与生俱来的条件反射问题。参考 Tyson Meadors, "Virtual Jus in Bello: Teaching Just War with Video Games", in *The Ethics of Emerging Military Technology* (University of San Diego: International Society of Military Ethics, 2011).

90 Lambèr Royakkers and Rinie van Est, "The Cubicle Warrior: The marionette of Digitalized Warfare", *Ethics and Information Technology* 12, no. 3 (2010): 291.

91 Grossman, *On Killing: The Psychological Cost of Learning to Kill in War and Society*, 108.

92 Sharkey, "Saying 'No!' To Lethal Autonomous Targeting", 372.

93 Michael J. Osofsky, Albert Bandura and Philip G. Zimbardo, "The Role of Moral Disengagement in the Execution Process", *Law and Human Behavior* 29, no. 4 (2005).

94 Sparrow, "Building a Better Warbot: Ethical Issues in the Design of Unmanned Systems for Military Applications", 175-176.

95 关于他的全过程经历，可以参考 William Manchester, *Goodbye Darkness: A Memoir of the Pacific War* (New York: Dell Publishing Company, 1979), 3-6.

96 Dyer, *War: The New Edition*,34.

97 Grossman, *On Killing: The Psychological Cost of Learning to Kill in War and Society*, 87.

98 这个存在更高指挥官的解释源于 David Horner, "Stress on Higher Commanders in Future Warfare", in *The Human Face of Warfare: Killing, Fear and Chaos in Battle*, ed. Mark Evans and Alan Ryan (St Leonards: Allen & Unwin,

2000), 135.

99 同上。

100 同上，139。

101 同上，142-145。

102 Pauline Kaurin, “Courage Behind a Screen” (2013), 10.

103 Singer, “The Future of War”, 81.

104 Sparrow, “Building a Better Warbot: Ethical Issues in the Design of Unmanned Systems for Military Applications”, 176.

105 Martin and Sasser, *The Remote-Control Air War over Iraq and Afghanistan: A Pilot’Story*, 209-2014.

106 同上，211。

107 这个问题和职业军人的道德之间的关系，请参考更加综合的讨论：J. Andrew Ely, “Drones: A Challenge to the Professional Military Ethic”, http://global ecco.org/drones-a-challenge-to-the-professional-military-ethic.

108 Benjamin, *Drone Warfare: Killing by Remote Control*, 97.

109 Chappelle, McDonald and McMillan, “Important and Critical Psychological Attributes of USAF MQ-1 Predator and MQ-9 Reaper Pilots According to Subject Matter Experts”.

110 Singer, “The Future of War”, 80.

111 同上。

112 Martin and Sasser, *The Remote-Control Air War over Iraq and Afghanistan: A Pilot’s Story*, 306.

113 同上。

114 Sparrow, “Building a Better Warbot: Ethical Issues in the Design of Unmanned Systems for Military Applications”, 176.

115 Gertz, “Technology and Suffering in War”.

116 Singer, *Wired for War: The Robotics Revolution and Conflict in the 21st Century*, 147.

117 同上。

118 Singer, “The Future of War”, 80.

119 无人飞行器操作员经验水平的分解详情，可以参考如下报告的第二部分。Chappelle, McDonald and McMillan, “Important and Critical Psychological Attributes of USAF MQ-1 Predator and MQ-9 Reaper Pilots According to Subject Matter Experts”.

120 James R. Fitzsimonds and Thomas G. Mahnken, “Military Officer Attitudes toward UAV Adoption: Exploring Institutional Impediments to Innovation”, *Joint Forces Quarterly* 46, no.3 (2007): 101.

121 Chappelle, McDonald and McMillan, “Important and Critical Psychological Attributes of USAF MQ-1 Predator and MQ-9 Reaper Pilots According to Subject Matter Experts”, 2.

122 Arkin, *Governing Lethal Behavior in Autonomous Robots*, 29-36.

123 同上，31-32。

124 卫生局局长办公室, “Mental Health Advisory Team (MHAT) IV Operation Iraqi Freedom 05-07, Final Report” (Washington, DC: United States Department of the Army, 2006).

125 Arkin, *Governing Lethal Behavior in Autonomous Robots*, 36.

126 Mary L. Cummings, “Autonomous and Accountability in Decision Support System Interface Design”, *Journal of Technology Studies* 32, no. 1 (2006).

127 同上。

128 Mary L. Cummings, “Integrating Ethics in Design through the Value-Sensitive Design Approach”, *Science and*

Engineering Ethics 12, no. 4 (2006): 710-712.

129 Peter M. Asaro, "Modeling the Moral User", *IEEE Technology and Society* 28, no. 1 (2009): 22.

130 K. J. W. Craik, "Theory of the Human Operator in Control Systems I: The Operator as an Engineering System", *British Journal of Psychology* 38, no. 2 (1948); K. J. W. Craik, "Theory of the Human Operator in Control Systems II: Man as an Element in a Control System", *British Journal of Psychology* 38, no. 3 (1948).

131 Asaro, "Modeling the Moral User", 23.

132 同上。

133 同上。

134 Arkin, *Governing Lethal Behavior in Autonomous Robots*.

135 同上，125。

136 同上。

137 同上。

138 同上，125-126。

139 Wendell Wallach and Colin Allen, *Moral Machines: Teaching Robots Right from Wrong* (Oxford University Press, 2009).

140 Andreas Matthias, "Is the Concept of an Ethical Governor Philosophically Sound?", in *Tilting perspective: Technologies on the Stand: Legal and Ethical Questions in Neuroscience and Robotics* (Netherlands: Tilburg University, 2011), 7.

141 Asaro, "Modeling the Moral User", 21.

142 Lucas, "Industrial Challenges of Military Robotics".

143 同上。

144 Sparrow, "Robotic Weapons and the Future of War", 122-123.

145 Arkin, *Governing Lethal Behavior in Autonomous Robots*, 177-209.

146 Gordon E. Moore, "Cramming More Components onto Integrated Circuits", *Electronics* 38, no. 8 (1965).

147 Ray Kurzweil, *The singularity Is Near: When Human Transcend Biology* (New York: Viking Penguin, 2005), 138.

148 Joseph Weizenbaum, *Computer Power and Human Reason: From Judgement to Calculation* (New York: W. H. Freeman & Company, 1977), 223.

149 John Searle, "Minds, Brains, and Programs", *the Behavioral and Brain Sciences* 3, no. 3 (1980).

150 Sullins, "Robowarefare: Can Robots Be More Ethical Than Humans on the Battlefield?" *Ethics and Information Technology* 12, no.3 (2010):264.

151 Bradley Jay Strawser, "Two Bad Arguments for the Justification of Autonomous Weapons", in *Technology and Security* (University of North Texas: Society for Philosophy and Technology, 2011).

7 对非对称的反对

从技术、操作和心理学方面讨论了风险后，我们现在必须站在洲际层面以更具战略性的眼光，分析无人系统的角色和风险。长期以来，国际象棋一直被看作是对国际政治和军事对抗的模拟。作为典型的隐喻，它不仅意味着一种特定类型的战争，而且对于我们从道德上评价无人系统具有重要的意义。当我们想到国际象棋的时候，映入我们脑海中的是双方配置均衡的兵力，双方穿戴着明显不同的制服，开展一场绝对平衡的竞争。战争被一套稳定的规则所制约，约定冲突如何开启、如何开展以及如何结束。戴维·罗丹（David Rodin）在探索非对称冲突时说，这样的图景在两个方面反映了对战争的评价。首先，它告诉我们战争是双方之间的一场公平战争；其次，由于战争和所有非参战人员是隔离的，这就和我们对战争正义性的感觉是一致的，即不会对没有直接卷入战争的人员造成伤害[1]。但是，正如他指出的那样，很多形式的战争并不具有国际象棋竞赛中所具有的对称和对等特点。现代历史也表明，战争和棋盘场景偏离太远。本章提出，当偏离达到临界点时，我们理解和应用正义战争理论就会遇到很多严重的困难。具体说，无人系统在道德上形成有问题的完全非对称（radical asymmetry），将正义和公平问题带入冲突或者至少是以无人机战争为目标的竞争。本章会首先澄清非对称战争的概念，目的是引入完全非对称战争的合法性问题，然后集中讨论斯乔瑟和苏兹·吉尔米斯特（Suzy Killmister）的对立观点。最后，本章指出，无人战争会对参战状态，甚至是战争属性的一些要素的传统认识带来挑战。

7.1 澄清非对称战争的概念

非对称和非对称战争等词在军事、安全和政治文化中被广泛使用和认可。比如，美国少将佩里·史密斯（Perry Smith）就说，“（非对称）是时髦的词语”[2]。

问题是，非对称和相关词语已经过于普及，如它们普遍存在于和现代军事有关的学术著作、政府报告和媒体简报中，以至于在思考非对称战争时存在大量的混淆和误导。如果不加以澄清的话，会对无人系统有关的问题造成曲解。尽管我们对这些普遍的说法相当熟悉，但是当我们将对称和非对称等词语用于战争时，它们被赋予另外某些军事含义，使得定义和概念变得不怎么清晰。有人认为，非对称作为一个现代军事概念，直到 20 世纪 90 年代中期才第一次具有重要的意义[3]。但是，对同一概念的详细引文至少在此前 20 多年就出现了，如安德鲁·马克（Andrew Mack）在《世界政治》上发表的论文——《为什么大国输掉了小战争：非对称冲突中的政治考量》[4]。正是在这篇论文中，“非对称冲突”一词得到了详细的论述，这个概念开始流行起来。正如标题所表明的那样，马克关心的是为什么很多强大的工业国家尽管具有传统的军事和技术优势，却并没有在亚丁、阿尔及利亚、塞浦路斯、中南半岛、印度尼西亚、摩洛哥、突尼斯、越南以及其他战争中取得胜利。更确切地说，他想解释为什么军事强国在武装冲突中会被军事弱国打败。弱国是如何赢得战争的呢？他假设，一定存在很多他称为非对称的因素在发挥作用。为了提出这个假设，他引用了那些也在讨论非对称角色的学者的工作，尽管这些文献的论述方式和侧重点有所区别。例如，他强调，斯蒂芬·罗森（Steven Rosen）、卡岑巴赫（E. L. Katzenbach）、约翰·加尔通（Johan Galtung）、亨利·基辛格（Henry Kissinger）都从遭受损失的意愿、经济资源、技术资源、目标和决策等角度讨论了非对称[5]。但马克认为，在多数情况下，重要的非对称因素是公众对政治行动的支持度[6]。

在随后的很多年中，这篇论文几乎被人遗忘了，直到冷战末期，由于战争和军事冲突形式的改变，才重新获得学术界的关注。在 20 世纪 90 年代，基于马克观点的研究开始成熟。但是，直到 2011 年 9 月 11 日，非对称的观点才在学术和公众演讲中走到前台。非国家行为体是怎样成功地执行了一次让美国陷入连续几周瘫痪,并让民众长期处于恐惧状态的袭击呢？为了搞清当天和随后发生的事情，核心政治人物启用了非对称的概念。当时的核心人物之一就是国防部长唐纳德·拉姆斯菲尔德（Donald Rumsfeld）。在意识到美国正在流行使用一个新词汇来描述这种新式战争时，他告诉记者已经讨论非对称威胁很长时间了。当一个机智的记者进一步向国防部长询问到底什么是这类非对称威胁时，他无法提供一个明确定义[7]。但是，美国参谋长联席会议对非对称战争的暂时定义是：

> 非对称的途径试图回避或削弱美国的力量，用明显不同于美国所期望的操作方法探测美国的弱点[8]。

很明显，根据这个定义，非对称战争被看作是美国的战略威胁，理论上它可以在任意数量的伪装或冲突区域中出现。其实，拉姆斯菲尔德本可以通过提供一些例子澄清他所思考的非对称策略的，如恐怖主义和弹道导弹、巡航导弹及网络攻击[9]。其他人也提出了更加全面的清单，肯尼斯·麦肯齐（Kenneth McKenzie）从美国战略的角度分析了这个问题，他归纳了 6 条非对称策略。这些策略包括使用或雇佣：①化学武器；②生物武器；③核武器（在后伊拉克战争时代被广泛称为大规模杀伤性武器）；④信息战（如袭击关键的经济、基础设施或防御系统）；⑤恐怖主义（由于针对非参战人员而广为人知）；⑥其他操作性概念，可能包括游击队策略、非国家行为体的参与、军事力量和平民社区的混合使得武器使用复杂化，以及用非同寻常和出人意料的方式使用基本武器等[10]。站在历史的背景中，这些以美国为中心的描述反映了更加一般的事实，"非对称战争"一词已经变成了非传统攻击的同义词。在非传统攻击中，为了避免和西方强国之间的常规军事交战，往往攻击其薄弱环节（要么被高估要么被容忍）。罗丹认可这个观点，他认为，"非对称策略是典型的弱点策略，而不是选择策略；那些没有军事能力和敌人以传统战争中的对等方式交战的一方，将会采用这个策略"[11]。

很快就会看到，对这种以美国为中心的非对称战争概念提出异议是明智的，因为这个概念不恰当地被压缩了。需要预先指出的是所有战争都是非对称的，因为在现代军事世界中几乎不可能发生完全对等的战争，而且要证明任何异常战争是否是完全对等的也几乎是不可能的[12]。这不是否认前面给出的定义有利于描述当前军事状态。比如，很多传统意义上的弱者但却是潜在的危险敌人，已经准备好采用某些策略和美国这样的世界霸权开战，但是，仍然有必要对战争中的非对称情形进行更加清晰和准确的理解。至少，更加可接受的概念必须将战争中的非对称，确立为一个独立于交战方军事实力的种类。回过头来分析马克的观点，当他分析为什么弱者可以战胜强者时，他所提炼出的所有非对称要素，都只是冲突双方之间的简单差距。麦肯齐的观点也差不多如此。的确，有效的化学、生物、放射性和核武器只属于强者，这会导致这样一种观点：非对称战争并不是只能由弱者发动。弱者可能有更加充分的理由发动非对称战争，但是非对称策略经常是强者的工具。此外，厄勒马克认为，必须意识到非对称可以指代任何力量上的不平衡，冲突中的任意一方都可将其用于对抗另一方[13]。另一种思考方式是假设存在正面和负面的非对称，前者利用差异获得优势，后者则可能被敌方作为优势[14]。

也就是说，尽管在过去的十多年里很多国家都采用了无人机，但是其中存在的诸多不对称因素必须得到最终解决。当然，最明显的非对称是技术上的非对称，这是无人机操作中出现的更一般的非对称关系的一部分。按照马克的分类标准，这应该归结于一种资源实力[15]上的不对称。7.2 节会看到，技术资源实力上的压倒性不对称性也会对军事行动的道德合法性提出质疑。还必须说明的是，尽管技术优势在早年可能会保证取得决定性的军事胜利，弱者已经认识到他们并没有被迫在这些方面和敌人对抗，而是可以使用前面提到的任何非对称要素。在下文会看到，各种各样的非对称是怎样进一步将无人机战争复杂化的。

7.2 技术的完全不对称

前面提到，至少站在旧式强弱对抗的角度，技术不对称不是一件新事物。尽管如此，我们可以列举几个冲突来解释人类沿着技术不对称的尺度向前迈进。阿金库尔战役经常作为典型的历史案例，用来阐述领先的军事技术所能产生的那种效应。在这次战役中，英军打败了数倍于己的法军。法、英军队人数比例达到了6：1，其中法国军队有30 000人[16]。然而引人瞩目的是，由于使用了长弓，士兵可以在更远的距离上连续发射利箭。因此，英军只阵亡了几百人，而法军则损失了数千人[17]。后来，威廉·莎士比亚（William Shakespeare）将这场战争描述成残酷无情的、无侠义心肠的战争。这种描述反映了本章所要探讨的一些问题。在莎士比亚看来，冷漠而又不光明正大的战争对国王来说是一件有些矛盾的事情，但为了保护帝国他必须战斗[18]。另外一种代表技术不对称的战争，发生在装备精良的殖民者和传统非洲卫士之间,如发生在19世纪末期尼罗河战役中的乌姆杜尔曼（Omdurman）之战[19]。在霍拉迪奥·吉奇纳（Horatio Kitchener）将军的授意下，殖民者发动了非常强大的武装进攻，并取得了决定性的胜利，这对英属苏丹来说非常致命。吉奇纳统一指挥下的埃及军队扛着冲锋枪，英国人却拥有连续发射的来复枪（可以快速射击）、马克西姆机关枪和加农炮，而他们的敌人苏丹士兵只有长矛、长剑和老式火枪[20]。不出意料，英埃联军伤亡非常小，而敌人损失了大约10 000名士兵[21]。参加过这场战争的温斯顿·丘吉尔（Winston Churchill）表达了他对非对称战争的忧虑，他后来写道，自己对现代技术的理想破灭了，乌姆杜尔曼战争中的屠杀非常卑鄙可耻[22]。

海湾战争是通向现代意义上的技术彻底非对称的另一个关键节点。这场由美国主导、经济上主要由沙特支持的海湾战争，主要是为了反击伊拉克对科威特的侵略和吞并。尽管20世纪90年代的伊拉克也存在一定的防卫实力，但是其武器不如以美国为首的联盟军队先进[23]。海湾战争引入了先进的网络技术，包括喷气式战斗机和监视飞机等，这场战争被描绘成由“扶手椅将军”通过卫星主导的远程战争[24]。战争几乎毫无悬念，联军以微小的损失取得了决定性的胜利。海湾战争是开展现代非对称战争的模板，科索沃战争则可以看作是其推演。旨在将米洛舍维奇政权拉下马、保护科索沃居民免遭塞尔维亚侵略的战争，最开始只是几艘美国军舰和一艘英国潜艇（在北约的授权下）发射巡航导弹。随后，盟军飞机在无人机的协助下，发起了一项旨在精确打击军火库的行动[25]。由于技术非对称的存在，北约军方没有受到任何军事损失[26]。一些理论家将科索沃和伊拉克战争贴上了“无风险”战争的标签。在这两个案例中，这个名词明显是使用不当的。没有战争，至少没有我们所能想象到的战争，是完全没有危险的。战争总会对参战人员和非参战人员造成某些伤害。这些理论家所要传递的意思是，发动这种技术非对称战争的国家，所要承担的风险更少，这种战争完全偏离了前文提到的国际象棋中的对阵势态。

有人可能会问，如果技术非对称已经是现代战争的一个普遍特征，那么由无人系统产生的技术非对称是否真的代表了和以前非对称水平的一种彻底的偏离。与从无人机上发射一枚导弹和从 20 000 英尺①的高空投放一枚 500 磅②的炸弹，或者按下发射巡航导弹的按钮相比，在道德上是否存在更多的问题？答案很明显：是。前者让人更加难以接受的原因是，尽管明知自己不会遭受报复，还远程攻击某个特定的个体。无人系统能够让人远离冲突区域，让系统操作员瞄准人和基础设施，好像他们自己置身战场一样。人员远离战场后，我们会更加接近无风险战争的观念，这种观念在可预见的未来是可能被体会到的。这跟伊拉克和科索沃战争是一样的，飞行员仍然出现在战场，因此仍然需要承担一定的风险。对这种无风险战争的反对者来说，当使用无人系统对抗并不拥有这项技术的敌人时，当交战双方的生命风险水平变得如此不平衡，以至于我们跨过了使战争（能够使用武器）变得非正义的对称阈值时，问题就出现了。为了阐述人们发现的问题、测试我们的道德直觉，让我们考虑下面的虚拟试验。

甲国家依据它所认为的正当原因对乙国家宣战。甲国家拥有一个无人系统军火库，使用无人武器而不是传统意义上的士兵。首先，利用无人侦察机（从黄蜂大小的微型航空飞行器到更加传统的高空飞行器）对区域进行监控，搜集信息。一旦这些信息通过军方的无线网络被传递到超级计算机并经分析后，甲国家派遣很多装备有先进技术炸弹的无人机杀死参战人员、摧毁乙国家的基础设施。乙国家没有无人武器军火库，在其传统武器的打击范围内并没有敌方参战人员，因为敌方只使用了技术。所以，一旦甲国家决定实施远程打击时，乙国家注定不能进行有效的自卫[27]。

当一方几乎不遭受任何伤害就能伤害另一方时，伦理学家会遇到道德问题，这种无人战争怎么可能会是道德的呢？从如下两个原因看，非对称无人战争的合法性会受到质疑，我们将分开进行讨论。第一个原因与战争的公平和对等观念有关，而技术完全不对称会削弱公平性；第二个原因同样重要，与激发的潜能有关，即由前面提到的技术非对称所可能引发的另类非对称响应，这些响应具有自发性和潜在危险性，并存在道德上的问题。这个潜能既适用于国家类参与者，也适用

① 1 英尺 = 0.304 8 米。——译者注

② 1 磅 = 0.453 592 37 千克。——译者注

于非国家类参与者。注意一些相关的问题，如两类参与者之间的差异还存在很多没有解决的争议，以及非国家参与者是否能够同国家参与者一样，以相同的方式按照争议战争原则行动。但是这里主要限定于阐述技术彻底非对称的道德问题，本书不会对这些争议展开讨论。

7.3 没有共同风险时的公平

对于无人系统的公平性问题，斯乔瑟提供了最全面的解释。但是，由于他讨论这些问题的目的是反驳反对无人系统的案例，我们首先需要简单地概述他对于无人系统的看法，这些在第 3 章中做过论述。斯乔瑟声称，如果一个追求被正义战争许可行动的军队使用无人系统代替有人系统，却没有导致能力的损失（这里他说的是正义战争参战能力），他们就有道德义务去使用无人系统。这个观点来源于斯乔瑟所谓的规避风险原则：为了完成一些客观上好的目标，在其他条件相同的条件下，必须选择不违背公正要求的方式，不会为了达到所讨论的好目标，而让世界变得更糟糕或造成更大的危险[28]。这个原则表面上倡导公平。当我们将这个原则应用到无人系统战争时，如下建议似乎没有争议：仅仅将战士的伤害降到最低、不会强加额外成本的技术具有更好的道德。尽管这个原则表面上很诱人，应用时却存在问题：无人系统可能的确最小化了直接伤害或风险，却可能带来其他意想不到的后果，将抵消运用该原则时的道德义务。在无人系统中引入的完全非对称就是这样的抵消因素。

斯乔瑟用两个观点回应了公平性问题，其中第一个也许没有第二个可靠[29]。第一个回应是，如果这个问题考虑的是正义战争在某种程度上是否应该是一场公平的战争，对于使用无人系统来说不是问题，因为军事冲突很早就已经没有公平性可言了。他举的例子是，一个 F-22 战斗机飞行员杀死了一个手持火箭弹的部落士兵[30]。但是，这个例子并没有支持斯乔瑟的观点。尽管乌姆杜尔曼之战、伊拉克战争和科索沃战争都表明不公平不是什么新鲜事物，根据前面章节的思想主线我们仍然可以得出这样的结论：完全非对称无人战争引入了一种新式的，或者至少是具有不同扰动水平的不公平。在上面的 F-22 战斗机的案例中，面对空中的飞行员，无论部落士兵想要杀死飞行员的努力看起来多么徒劳，至少他仍然可以瞄准飞行员。但无人平台让大部分士兵远离战场，允许士兵用纯粹技术的手段，毫无风险地打击敌人。

斯乔瑟对公平性质疑的第二个回应是，即使无人系统可以被说成是引入了一种新型的、不同扰动水平的非对称，对使用它们而言，仍然构不成重大的问题[31]。他的逻辑看起来是这样的：如果一个士兵的努力具有道德上的正当性而另外一个没有，正义士兵在使用无人系统方面具有非对称的优势是正义和正当的。在他的观念中，这是因为，和具有客观正当理由的士兵相比，为了客观非正当理由而战的士兵，没有参与暴力行动甚至是防卫行动的道德权利。他可能会说，二者之间没有道德上的差异。斯乔瑟在这里引用了杰夫·麦克马汉近期发表的论文[32]。麦克马汉对经典的正义战争理论进行了新的诠释。尽管我们不知道，他的论文是否最终会对核心问题产生重要的影响，但是彻底理解他的回应还是值得的。这种理解将为我们对非对称进行整体认识提供背景，这关系到在这些情形下卷入战争的正义性问题。为了确保顺畅的讨论，简单地重述传统的正义战争理论以及麦克马汉的全新诠释所带来的挑战是有益的。

回想一下，传统正义战争理论包括两套主要的原则，它们共同提供了严格的道德框架。一是卷入战争的正当性（开战正义原则），二是战争中的正当和公平行为（交战正义原则）。在开战正义原则下，以某种动机发动战争的国家必须拥有正当理由、正当动机和正当权威。战争还必须符合相称性、成功可能性，而且是最后的方案。在交战正义原则下，战争中的行动必须合乎辨识性标准和相称性标准[33]。

在传统的正义战争理论中，这两项核心原则在逻辑上被认为彼此独立。对于我们的讨论来说最重要的是，这意味着，一个为客观非正当原因而战的士兵（非正义士兵），可以和一个为客观正当原因而战的士兵（正义士兵）战斗，只要他不违背交战正义原则即可。换句话说，正义士兵和非正义士兵在战争中处于相同的道德地位，一般将此称为“士兵的道德对等性学说”[34]，本质上归属战场对等性教条。在这个教条下，士兵不需要为卷入战争负责。因为他们可能是处于胁迫或缺乏准确的信息，而无法判断他们的开战理由是否的确是正义的。因此取而代之，我们只评价他们在战争中的正当性。

和麦克马汉一样，重要的是斯乔瑟会拒绝士兵之间对等性的观点。麦克马汉表示，那些怀着客观非正义目的的人和那些怀着客观正义目的的人，在道德上对等的说法是违反直觉的。这倒不是说麦克马汉认为应该彻底抛弃正义战争理论。相反，他认为交战正义原则不应该被认为在逻辑上和开战正义是独立的。回想交战正义原则要求战争合乎辨识性和相称性标准。麦克马汉坚信，如果缺乏正当理由，却又要不违背交战正义原则的任何要求，这样的参战几乎是不可能的[35]。他认为，最简单的道理是非正义士兵违背了辨识性原则，因为正义士兵不是合法目标，在某个特定的意义上他们是无辜者。就像警官拘捕一名违法者是保护无辜者一样，一个正义士兵在与非正义士兵斗争时是在保护他或她的无辜者。非正义士兵也违背了相称性标准，因为没有正当理由时，就没有客观的好处会超过任何造成的伤害。所以，对于麦克马汉来说，这就是为什么必须要认为交战正义原则和开战正义原则是相关的原因，也是为什么不能认为士兵在战争中具有道德对等性的原因。我们称之为非对等命题。

根据非对等命题，斯乔瑟指出，正义士兵具有使用无人系统的非对称优势，并得到更好保护的说法是可以接受的。对于斯乔瑟来说，用无人机部队压制敌人、非常肯定地打败敌人在道德上不是一件值得反对的行为。这是因为正义士兵在杀死非正义士兵时在道德上是合理的；反之，即使非正义士兵看起来满足了交战正义原则，剥夺正义士兵的生命也是不合理的。因此，根据斯乔瑟的观点，如果一支为正当理由而战的军队，相对于他们的不正当敌人而言拥有更好、更先进和更有效的武器系统，不应该因为看起来不公平或无侠义心肠而限制他们使用这些系统。根据上面的分析，他们尽快将这些武器系统投入战场以更好地保存实力、提高获胜可能性的行为是正当的。因此，在面对批评家所提出的“这场战争怎么可能是正当的呢”的问题时，斯乔瑟会认为，那些无法满足交战正义要求的非正义士兵，在使用无人系统的问题上不会有特别的考虑。这是因为他们在为一个道德错误服务，不论他们是否意识到了这一点。

像瓦尔泽[36]一样，很多人都不会被非对等论点所说服，这个论点同样让斯乔瑟相信使用无人机没有非对称问题。和传统观点一致，瓦尔泽提出的观点是应该认为开战正义和交战正义在逻辑上是独立的，并且我们可以合理地做出如下表面推测：士兵之间存在道德对等性。瓦尔泽明确提出：

> 杰夫·麦克马汉在这篇论文中所要提出的是对战时个体责任的认真而又精确的解释。我认为，他实际上是为下面的问题提供了认真而又精确的解释：如果战争是一个和平时期的行为，个体在战争中又该承担什么样的责任[37]。

这些观点强调了一个问题：存在一些关于战争的因素，使得适用于这些因素的道德标准，不同于普通平民生命的道德标准。也就是说，这些战争因素允许士兵做一些在正常条件下被认为是不道德的事情。为什么会出现这样的情况呢？这可以有很多的原因。很多理论家认为可以用权利丧失的观点进行考虑，如士兵放弃他们在和平时期的权利。但是，这个观点关系着很多深层的问题，特别是很多权利是无法被剥夺的，也就是和生命相关的权利。另一个原因遵循了第 3 章和第 4 章中的观点，个体和国家之间不完全关系中的一些因素，允许敌对双方展开正义的战斗，不用考虑开战原因的客观公正性。但是，现在我们假设这个观点是错误的，非正义士兵瞄准正义士兵是错误的行动，因此正义士兵可以自卫、反击非正义士兵犯下的所有错误。这和我们所要讨论的问题到底存在多大的关联尚不完全清晰。换句话说，斯乔瑟在交战正义水平上提出的这些公平性和对等性问题，可能不足以解释或处理非对称的基本问题。

那些提倡公平对抗的人有更深层次的问题，包括指出使用无人系统取代有人平台，去掉了诉诸战争的一个重要的正义性要素。而这个要素看起来很重要，不用考虑非对等命题是否成立。更具体地说，当技术的不平衡性达到某个特定的水平时，可能会压倒任何正当的战争理由。为了澄清公平对抗，同时更详细地刻画这个问题，简单地参考鲍尔·卡恩（Paul Kahn）的无风险战争悖论可能会有帮助。“追求非对称削弱相互作用（站在风险的角度）”[38]，这个悖论就出现了。卡恩认为，参战人员之间的任何战斗，都需要从相互强加风险的角度进行判断[39]。卡恩的悖论发生在个体士兵或战队的层面，并得到了和士兵之间的道德对等性相似的信念的支撑。斯乔瑟驳斥了这个信念。但是现在，读者可以将这个问题放在一边，因为讨论卡恩的工作的目的，只是为了引出一些关于风险的一般角色的观点。卡恩实际上是在说，如果没有互相强加的风险，伤害或杀死其他人的道德基础是有问题的。这不是说他倡导一个类似国际象棋的战争概念，而且双方拥有对等配置的军力。相反，他的意思是，只有存在一定程度的互相强加的风险时，执行潜在致命行动的权利才成立。在使用风险或威胁的条件时他可能是正确的。斯巴鲁讨论了这个观点，并在个体责任的层面采用了这个看法。他注意到，在战争时代，受伤的士兵一般被认为应该免于被攻击，因为他们不会造成直接或近期的威胁。类似的，那些举起白旗投降的人也应该免于被攻击，因为他们看起来已经没有威胁[40]。在这两种情况下，是否具有威胁是他们是否免于攻击的核心要素。

这里不会对卡恩的观点提供一个完全的解释，但是很明显，威胁的程度在确立或保证任何造成伤亡的合理理由方面发挥关键的作用。意思是说，如果一方的武力不能（或者被压制而不能）对另一方造成威胁，那么强势一方瞄准弱势一方的武力不具有道德正义性[41]。但是，就像前文提到的那样，卡恩的观点是基于个体水平的。他忽略了更高层面的风险，但是我们正是要用这种风险驳斥斯乔瑟的观点。斯巴鲁也注意到，和这里的讨论相关的非对称在宏观层面上存在，即在全部武力的层面上存在[42]。这对于我们讨论使用无人系统而言是特别正确的。前面给出的受伤或投降士兵的例子说明，我们所讨论的威胁位于微观的层面，即位于个体士兵之间。斯乔瑟的讨论也位于这个层面。但是，考虑更早期的场景，和此处讨论相关的是甲、乙两个国家之间的威胁，而不是甲国家和乙国家的士兵之间的威胁。这是一个重要的问题，因为如果甲国家和乙国家存在非对等的风险水平，让这些国家的士兵承担风险的任何理由都是难以令人信服的。

站在正义战争的角度，问题是这样的：当战争中的非对称水平达到一定程度时，一个国家可能会违背开战正义原则；尽管斯乔瑟的麦克马汉式的观点提出了一些挑战，这些原则仍然非常重要。为什么会这样呢？直到现在，我们一直在讨论战争的深层道德性。和瓦尔泽的传统战争道德的不同在于，它更注重基于客观公正和个体责任的系统的理想观念。正是这种理想观念支撑了非对等命题和斯乔瑟关于无人系统的大部分观点。但是，麦克马汉承认，可能存在我们应该谨慎遵守的战争法则（包含传统正义战争原则）。如果持续精确地观测，这些法则将限制真正的破坏性。这就是为什么这些开战正义原则仍然相关的原因。但是，麦克马汉认为，存在这样的情形：一个违背开战正义原则的行动，如果孤立地看，可能会被深层战争道德所允许。但是，如果这个违背行动导致了其他违背行为，这将使得这个行动因为没有限制战争的破坏性而变得鲁莽[43]。这个双层方法是有问题的，正如第3章和第4章所说的那样，我们的正义战争原则已经提供了过渡性的道德，有望引导我们通向更好的和平状态。为了确保我们有坚持战争法则的谨慎理由，麦克马汉似乎承认了过渡道德的必要性。这似乎意味着他的深层战争道德没有什么目的，只是提醒我们最终的目标，即一个更好的和平状态[44]。他的深层战争道德不能被允许总是胜过过渡战争道德。全面分析为什么我们应该不愿意用这个更加理想的深层道德严格约束谨慎的原因，已经超出了本书的范畴。这里的问题基本上没有什么争议性，包括：即使遵守深层战争道德和非对等教条（在任何战争中，即使是针对非正义的行为），正义一方必须坚持开战正义原则。他们不能因为自以为是的客观公正性的开战原因而为所欲为。

前面的讨论说明，即使是和一个客观非正义的对手战斗，开战正义原则仍然重要。当考虑用无人系统发动战争时，有两个原则需要特别关注。这两个原则都是基于结果主义者的考虑（虽然也可以用道义论的观点进行同样的讨论）。首先是最后行动方案原则。一般都意识到，战事一旦开启，就容易失去控制而施展毁灭性的力量，带来灾难性的后果。因此，只有在有必要时才开战——已经没有其他选择了。但是，发动一场不会对本方军队带来任何风险的战争，明显会产生是否坚持了这个原则的问题。在我们分析的情形中，技术会产生高度的非对称，战争肯定不能认为是最后的选项。在很多情形下，甲国家是拥有其他非致命选项的。例如，甲国家明确地告诉敌人自己拥有非常高端的技术，或许是以非致命的方式展现自己的技术能力。这可能会导致两个国家达成某种和平政治协定和解。其次是比例性原则。站在开战正义的角度，这个原则要求审查我们拟定的军事行动可能会造成的破坏，并权衡我们希望避免的伤害。但是，当技术不平衡非常彻底时，遭受打击的一方几乎没有能力反击。似乎在很多情况下，拥有技术优势的国家希望避免的伤害是如此的微不足道，以至于进行比例性计算时会出现可怕的问题。换句话说，前面描述的这类无人战争就是非正义的。当然，可以进一步限制使用无人武器而不一定要跨过对称性阈值，但是战争的迅速升级会造成持续的风险。

7.4 唤起的潜能

基于前面提到的原因，战争不像下国际象棋那样是公平的或者是完全对称的战斗。但是，如果希望满足开战正义中的最后手段标准和相称性标准，可以说战争是某种形式的战斗[45]。令人遗憾的是，近来的无人战争是否满足这个描述，却并不会立即有清晰的结论。事实上，从很多角度看来，使用无人机有助于发动由政治原因激发的暴力，而这些暴力的结果往往类似于消灭。本节旨在勾勒对非对称反对，或者与相称性标准的潜在反驳观点。另外一个涉及最后手段标准有关，将仍然不会提及。为了预先制止非对称反对、澄清问题的实质，对于完全非对称无人战争，后面将会看到我们正面临另外一个潜在的问题，成为质疑其合法性的又一原因。

在开战正义层面，相称性标准要求我们权衡军事行动计划可能造成的伤害与我们希望避免的伤害之间的关系。7.3 节强调的问题是，所面临的伤害程度不足以证明攻击行动的合理性。但是，有人可能会反对，伤害看起来没有这么大的唯一原因是我们没有看到先期挑衅之外的伤害，没有精确地预测远期后果。可能有人会说，一个认真规划发动战争的国家在预测一场可能的战争结果时，必须更加清晰地思考军事行动会如何影响或惹怒敌人，包括军事行动或决策会如何影响敌人的意志和反应。换句话说，处于强势的国家应该清楚由此激发的潜能：由于技术完全非对称导致自发的、可能危险的和有时存在道德问题的反弹。当然，问题是在相称性标准下，我们需要进行结果预测的范围并不明确。毕竟，在发动一场战争之前显然很难预测敌人的决定和反应，在传统上并没有给予敌方太多的权重[46]。但是，由于唤起的潜能间接关系到技术完全非对称，假设一个国家对不被施加非对称策略有着明确的兴趣，我们将考虑这样一个观点：国家应该预测这些反应，并将其包含在行动方案的相称性考量中。如果没有其他的考虑，在处理不同意见时我们应该声明（那些反对公平性问题的早期处置可能会令人感到惊愕），激发的潜能可能会将相称性尺度在另一个方向上偏离太远。也就是说，我们必须考虑激发的潜能，一次完全非对称的攻击，可能造成非常巨大的潜在伤害，以至于战争可能被认为是非正义的。

为了发掘可能来自一个国家的响应，我们需要重新设计前面提到过的场景。甲国家是有正义开战理由的民主国家，发动了针对不发达乙国家的战争。乙国家看起来对甲国家所谓的正当理由持有异议，有权自卫。甲国家用无人系统开战，但是乙国家缺乏自己的无人武器库，不能做出类似的反应。另外，因为战争是无人战争的形式，乙国家不能用传统的正常途径反击，如打击那些从事战争事务的地面军队[47]。为了行使自卫的权利，乙国家打算采用道德上被禁止的方式行动，因为它知道自己的权力来自人民；在确保他们持续幸福的社会契约下合理行动，人民会收获既得利益。但是由于欠发达的技术，乙国家追求正义战争和道德目标的努力是有限的。它必须选择其他方式对无人攻击进行回应[48]。这些替代方案是我们必须仔细思考的，并形成一些关于乙国家可能反应的看法；在这种前向预测中，一次完全非对称攻击对甲国家取得既定目标而言是否仍然是最有效、最有道德的选择。

吉尔米斯特认为，一旦我们排除了无条件投降这个最不可能发生的选项，在技术资源能力存在完全不平衡的条件下，弱势国家就只有有限的几种选项[49]。在前面提到的例子中，巨大的技术差异意味着甲国家能够轻易定位和攻击乙国家的士兵，因为他们一般穿着制服、携带着具有明确特征或标志的武器。同样的任务对乙国家来说就极其困难，因为敌人只是以技术的方式出现。这会产生一个道德相关的可能性，鲍勃·辛普森（Bob Simpson）和罗伯特·斯巴鲁称之为游击队问题[50]。为了避免被具有更好侦察和攻击能力的敌人攻击和杀害，乙国家的士兵可能通常会采用非对称策略，他们决定不公开携带武器，将自己和武器隐藏在平民中。这个策略的后果是，如果甲国家遵守正义战争的辨识性和相称性标准，会让其陷入更加艰难和更加危险的境地。对于传统的弱国而言，目的是惹怒敌人，然后和平民混合，希望敌人被迫持续攻击并造成大量的平民伤亡和其他共同的损失。下一章我们会看到，这会反过来削弱强势敌人所能获得的局部或国际政治支持。

在这个关头，值得重点关注的是，传统弱国乙并不是唯一使用非对称策略并将风险负担转移给平民的国家。无人机操作员也和平民混合在一起！美国最知名的无人机指挥中心位于弗吉尼亚州兰利的中央情报局（Central Intelligence Agency，CIA）总部，而内华达州靠近拉斯维加斯的克里奇（Creech）和内利斯（Neillis）空军基地也执行类似的军事操作。本土基地还分布在加利福尼亚、亚利桑那、新墨西哥、北达科他和南达科他、密苏里、俄亥俄、纽约以及其他地区[51]。早在 2013 年，福克斯新闻网报道称，新的工作和无人机技术将降临宾夕法尼亚州霍舍姆（Horsham）的前柳树丛（Willow Grove）海军航空基地[52]。但无人机操作员能被算作士兵而因此成为敌人的合适目标吗？这是个重要的问题，因为尽管很多人讨论过融合和保护那些可能遭受无人机攻击的心理效应，很少有人讨论保护身处无人平台操作员之间的平民。一个主动跟踪和杀死敌人的无人机操作员可能是一个目标，因为他是战争参与者。但是，对于很多无人机操作者而言，平民和军队世界是交织在一起的。当一个操作员完成他的操作回家后，关于身份的问题出现了。我们需要仔细考虑无人机操作员吃饭、睡觉、接孩子回家时是否可以作为攻击目标。传统的士兵不会在吃饭、睡觉时免于被袭击，因为他们的战争人员身份不能被简单的暂时“关闭”。但是，随着无人机在世界范围内的快速发展，对于那些参与战斗的人来说，战争变得越来越像是一种业余活动。我们可能要被迫重新思考参战状态的特征和属性。

不论我们是否将甲国家的无人机操作员看成参战人员，任何利用技术非对称的案例如广泛使用无人系统或庇护军队资产等，必须包括那些位于平民区、正暴露在看起来是一种不公平的风险水平中的人。这重现了安德鲁·科鲁米（Andrew

Croome）的《子夜帝国》（*Midnight Empire*）——一部反映无人机战争的谍战电影[53]。在这种新型的现代战争中，一个澳大利亚无人机程序员来到美国，与克里奇空军基地的无人机小组一起工作。但是，他一到达，居住在拉斯维加斯和平住宅郊区的美国无人机操作员就开始死亡。最后调查发现，他们被自己的目标盯上了。这种创新所要强调的问题是，远远谈不上实施一场更加安全、更加有效的远程战争的承诺；通过那些发动战争的人，战争比以前任何时候都更接近我们，这样无人系统可能会将战争带回家。从远期来看，这可能有助于促进交战双方平民之间的同情心；但是从近期来看，却有可能会激发仇恨。另外，尽管杀死无人机操作员可能不会被认为是违反了今天的正义战争理论，极端不对称甚至可能会引发类似于典型国内恐怖主义的愤怒行为。事实上，证据表明，无人机攻击只是加重恐怖主义活动，使得处于敏感和不满状态的美国穆斯林对“基地”组织和激进伊斯兰更有吸引力。例如，那两个年轻的波士顿马拉松爆炸案犯罪分子就表示伊拉克和阿富汗的无人机战争激发了他们的恐怖行为[54]。这样的案例表明，我们需要认真对待这个观点。下文会看到，无人机催生了比它们杀死的敌方参战人员更多的恐怖分子。

因此，士兵和政治家必须在防御定理上增加一个推论：如果一方使用大型的无人系统编队对抗没有实际防卫的敌人，受害者可能会采用让具有技术优势的国家同样无法防卫的策略进行反击。这些策略是否都会违背正义战争理论或对平民不公平，并不十分清晰。前文提到，考虑到第一个问题，是否恐怖分子的行为满足了正义战争的要求，还存在很多争议[55]。对于第二个问题，有必要承认，具有技术优势的民主国家的平民一方面是对抗伤亡的最终根源，但是另一方面他们又要为选举那些授权战争的人的行为负责。平民可能会因此被迫接受这样一个现实：激发潜能只是他们准备制裁的唯一战争形式的令人担忧但是又必要的特点。也就是说，这种情形是，在彻底非对称战争中，违背交战正义原则更有可能发生在冲突中的任意一方。和我们的例子相关的是，这有可能偏离相称性范围，反对第一时间发动战争。也就是说，乙国家的反应可以被预见，可能再次削弱甲国家行动的开战正义。激怒乙国家并可能会使乙国家采用前面提到的非道德选择，如果存在这种理由，甲国家必须仔细地分析它卷入战争所要取得的目标。

有人可能会质疑这种解释所需要的预见水平。为方便起见，我们将观点简述如下：乙国家正在执行这种糟糕的行动（用敌人觉得非正当的目的执行一场战争），然后，因为甲国家使用无人机作为发动战争的手段，乙国家执行更糟糕的行动（此时，伤害到靠近操作无人机操控基地的百姓）。可能有人会说，这不是反对甲国家的观点。批评家也可能会认为，将反对使用无人系统作为正义战争武器的观点，这种道德考虑相当勉强。有的观点认为，关于使用无人机（一个拥有其他标准优势的行动）会导致乙国家执行更糟糕的行动的说法，还需要更高的确定性[56]。另外，即使可以确信乙国家将会执行更糟糕的行动，道德仍然会谴责执行更糟糕行动的乙国，而不是通过假定的正义途径执行假定的正义行动的甲国。为了回应这个观点的第一部分，只需要指出认识的确信程度已经非常高就可以了。历史强有力地提醒着这样一个事实，技术非对称不会阻止具有劣势技术的敌人创造和维持一种足够和超级大国对抗的影响。事实上，技术非对称可能会让技术上处于劣势的对手做出这样的响应，因为他们没有其他的选择。

这倒不是说反过来将谴责投向甲国家、豁免乙国家的行动的道德责任，也不是鼓励任何国家都去做坏事从而让敌人停止对抗。相反，这等于是承认这些战争导致的伤害是出于可预测的和可辨识的原因。这朝着未来冲突中达成更加友好的解决方案迈出了第一步。注意，对于斯乔瑟的主要观点本身而言，这不是一个大问题。回忆一下他的观点：如果军队用无人系统代替有人平台执行正义行动时不会招致正义战争战斗能力的损失，他们就应该使用无人系统。然后，斯乔瑟会简单地接受这个说法：如果无人系统使军事行动变得非正义，它们就不应该被使用。在有些完全非对称冲突中这可能是对的，但并不是在所有的情况下都能给出如此明晰的答案。这些系统还没有失去控制或约束，所以我们面临着一个棘手的问题：怎样处理相互造成风险时的彻底不平衡问题，而不是考虑风险水平是否不够或者太高。我们不想排除所有情形下的军事操作。在军队-国家协议下这个观点是不堪一击的而且是相当不明智的，因为放下武器可能导致更糟糕的不平衡问题。相关的问题是，当风险水平明显不平衡时，究竟该如何使用无人系统？随着国家之间的技术差距越来越大，我们需要更加关注这个问题。

一个可能的回应是建议军事强势国家（拥有无人系统）允许弱势国家在应用正义战争理论时存在一定的自由度。但是，允许敌人选择一种并没有道德的行动看起来违背直觉，或许导致严重的道德罪过。例如，让强国出于技术不对称的考虑，而允许弱国执行不相称的攻击可能是错误的。因此，我们可以肯定地说，给弱国颁发一张参战外卡（wild card）并不是一个好的解决方式。另外一个由戴维·罗丹倡导的更加体面、具有较小问题的方法是，军事强国在考虑和应用正义战争原则时需要对自身提出更高的要求[57]。也就是说，建议强国在发动战争时满足更高的认识确信度标准，这种做法看起来是个明智的道德选择。这不是鼓励强国降低保护措施，也不是小心对待敌人，也不是放下武器。这是个好建议，单纯为了风险而承担风险没有什么好处。遵守这些更强规范的战争是什么样子呢？卡恩认为，在这种高度非对称的情形下，解决方案是限制任何军事力量的应用，并将其变成国际法则[58]。这种行为是基于提供无可怀疑的有罪证据。逐步下降的策略也可行，几乎不容忍附带伤害，严格禁止无辜人员的死亡。规范行动的效果是让非参战人员比无人机驾驶员拥有更高的地位，意味着需要限制攻击的次数。但是，尽管更少的战争、更加符合国际法则的活动听起来像是个绝妙的目标，有人可能会说，这作为对非对称的回应过于苛刻，我们必须继续寻找合适的平衡。可能是，如果非对称冲突的情形应该被某种适当的标准所主导，我们应该提出一套武器使用正当性原则（一般考虑战争中使用武力的正当性）评判使用无人机的道德性。这个标准既要比国际战争严苛，又要比国内法律更宽容。但是，这终究是个问题，留待其他人讨论[59]。

7.5 小结

本章旨在表明，无人系统的使用能够引入在道德上可疑的非对称问题；至少在有些情况下，基于非对称考虑存在拒绝无人战争合法性的理由。另外，本章还提出，基于战士的非对等性，不太容易判断过于非对称的攻击的合理性。有强大技术优势的军队必须认真思考敌人所能形成的威胁。在分析完全非对称战争是否真的是实现军队既定目标的最佳选择时，必须具有长期和更加策略性的风险认识，考虑所有可能唤起的反弹。基于前 6 章的证据和观点，似乎可以清晰地发现，无人机和其他远程武器扮演着一个角色，因为它们可以提供很多好处，但同时也存在很多问题。对于非对称导致的相关问题，我们必须要问：在什么情况下才能使用无人武器，使用到什么程度？当面临挑战的时候，我们必须谨慎，防止出现战争疑云时对威胁做出误判，在安全或危险的方面不要错得太多（这样就无理了）。考虑到政治、心理和时间压力，这点特别正确。正如第 5 章和第 6 章讨论的那样，无人武器的关键决策者们常常面对这些压力。展望未来，我们需要思考非对称与其他因素对敌人、对持久和平前景的效应。

注　释

1 David Rodin, “The Ethics of Asymmetric War”, in *The Ethics of War: Shared Problems in Different Traditions*, ed. Richard Sorabji and David Rodin (Alderson: Ashgate, 2006), 58.

2 William Safire, *The Right World in the Right Place at the Right Time: Wit and Wisdom from the Popular “on Language” Column in the New York Times Magazine* (New York: Simon & Schuster, 2004), 13.

3 同上。

4 Andrew Mack, “Why Big Nations Lose Small Wars: The Politics of Asymmetric Conflict”, *World Politics: A Quarterly Journal of International Relations* 27, no.2 (1975).

5 同上, 178。

6 同上, 184-186。

7 Safire, *The Right World in the Right Place at the Right Time: Wit and Wisdom from the Popular “on Language” Column in the New York Times Magazine*, 13.

8 The United States Joint Staff, *Joint Strategy Review* (Washington, DC: Department of Defense, 1999).

9 Safire, *The Right World in the Right Place at the Right Time: Wit and Wisdom from the Popular “on Language” Column in the New York Times Magazine*, 13.

10 Kenneth McKenzie, *The Revenge of the Melians: Asymmetric Threats and the Next Qdr* (Washington , DC: National Defense University, 2000).

11 Rodin, "The Ethics of Asymmetric War", 155.

12 Enemark, *Armed Drones and the Ethics of War: Military Virtue in a Post-Heroic Age*, 59.

13 同上。

14 Steven Metz and Douglas V. Johnson, "Asymmetry and U.S. Military Strategy: Definition, Background, and Strategic Concepts" (Washington, DC: United States Strategic Studies Institute, 2001), 6.

15 Mack, "Why Big Nations Lose Small Wars: The Politics of Asymmetric Conflict", 182.

16 Juliet Barker, *Agincourt: The King, the Campaign, the Battle* (London: Little & Brown, 2005), 320.

17 同上。

18 Gary Taylor, ed. *Henry V* (Oxford: Oxford University Press, 1982). 圣克里斯平日演讲 (St. Crispin's Day Speech) 前后的章节都提到了做国王的道德负担，但整部剧可以被视为反战寓言。

19 Daniel R. Headrick, *Power over Peoples: Technology, Environment, and Western Imperialism* (New Haven: Princeton University Press, 2010), 275.

20 同上。

21 Harold E. Raugh, *The Victorians at War, 1815-1914: An Encyclopedia of British Military History* (Santa Barbara: ABC-CLIO, 2004), 257.

22 Winston Churchill, *The River War: An Historical Account of the Reconquest of the Soudan* (London: Longmans, Green and Co., 1899). 基于他后来作为政治家的行为，丘吉尔明确认为，即使是不受人尊敬的武器也具有合法的角色。

23 Alastair Finlan, *The Gulf War of 1991* (New York: Rosen Publishing Group, 2008), 84.

24 Andrew Murphie and John Potts, *Culture and Technology* (London: Palgrave, 2003), 172.

25 Thomas G. Mahnken, *Technology and the American Way of War* (New York: Columbia University Press, 2008), 183.

26 Geoffrey Kemp, "Arms Acquisition and Violence: Are Weapons or People the Cause of Conflict?", in *Leashing the Dogs of War: Conflict Management in a Divided World*, ed. Chester A. Croker, Fen Osler Hampson and Pamela R. Aall (Washington, DC: United States Institute of Peace Press, 2007), 60.

27 Adapted from Suzy Killmister, "Remote Weaponry: The Ethical Implications", *Journal of Applied Philosophy* 25, no. 2 (2008).

28 Strawser, "Moral Predators: The Duty to Employ Uninhabited Aerial Vehicles", 344.

29 事实上，斯乔瑟对公平性问题提出了三个挑战。作者将只分析前两个，因为前两个就已经包含了他的主要观点。讨论前两个后就没必要再讨论第三个了。

30 Strawser, "Moral Predators: The Duty to Employ Uninhabited Aerial Vehicles", 356.

31 同上。

32 McMahan, *Killing in War*. 这本于 2009 年出版的专著，综合了过去 10 年中出版的很多论文，代表了麦克马汉在这个问题上最清晰的想法。

33 参考 Walzer, *Just and Unjust Wars: A Moral Argument with Historical Illusions*; Johnson, *Just War Tradition and the Restraint of War* ; Temes, *The Just War*.

34 Walzer, *Just and Unjust Wars: A Moral Argument with Historical Illusions*, 34-40.

35 McMahan, *Killing in War*, 15-31.

36 Michael Walzer, "Response to McMahan's Paper", *Philosophia* 34, no. 1 (2006): 41-43.

37 同上，43。

38 Paul Kahn, “The Paradox of Riskless Warfare”, *Philosophy and Public Policy Quarterly* 22, no. 3 (2002): 2.

39 同上，3-4。

40 Sparrow, “Robotic Weapons and the Future of War”, 127.

41 Kahn, “The Paradox of Riskless Warfare“.

42 Sparrow, “Robotic Weapons and the Future of War”, 128.

43 有一种观点和实用主义的关于折磨的说辞平行：如果我们能够折磨一个人而获得拯救很多人生命的信息，并且别人也不会发现，这将为未来的折磨打开先例，然后我们就应该做（在某种情况下）。

44 一个非常有趣的讨论，可以参考 McMahan 的“deep morality”及其在我们非理想世界中的应用，参考 Henry Shue, “Do We Need a ‘Morality of War’?”, in *Just and Unjust Warriors: The Moral and Legal Status of Soldiers*, ed. David Rodin and Henry Shue (Oxford: Oxford University Press, 2008).

45 Enemark, *Armed Drones and the Ethics of War: Military Virtue in a Post-Heroic Age*, 60.

46 这反映了利用广义的结果主义理论，对结果进行预测时的更为普遍的问题。

47 Walzer, *Just and Unjust Wars: A Moral Argument with Historical Illusions*, 43.

48 万一这个国家并没有感受到道德行动的压力呢？这可能需要甲国家采取不同的方法，但是实现目标的方法几乎是一样的：包括考虑潜在的反应，以及参考这些反应行动。

49 Killmister, “Remote Weaponry: The Ethical Implications”, 122.

50 Robert Simpson and Robert Saparrow, “Nanotechnologically Enhanced Combat Systems: The Downside of Invulnerability”, in *In Pursuit of Nanoethics*, ed. Bert Gordijin and Anthony Cutter (Dordrecht: Springer, 2013/14), 93-94.

51 Stephen Lendman, “America’s Drone Command Centers: Remote Warriors Operate Computer Keyboards and Joysticks”, Global Research: Centre for Research on Globalisation, http://www.globalresearch.ca/america-s-drone-command-centers-remote-warriors-operate-computer-keyboards-and-joysticks/30590.

52 Chris O’Connell, “Drone Command Center, 200-Plus Jobs Coming to Horsham”, Fox News, http://www.myfoxphilly.com/story/21676061/drone-command-center-200-jobs-coming-to-horsham.

53 Andrew Croome, *Midnight Empire* (Sydney: Allen & Unwin, 2012).

54 Scott Wilson, Greg Miller, and Sari Horwitz, “Boston Bombing Suspect Cites U.S. Wars as Motivation, Officials Say”, *The Washington Post* (2013), http://articles.washingtonpost.com/2013-04-23/national/38751370_1_u-s-embassy-boston-marathon-bombings.

55 Stephen Nathanson, *Terrorism and the Ethics of War* (Cambridge: Cambridge University Press, 2010); Virginia Held, *How Terrorism Is Wrong: Morality and Political Violence* (Oxford: Oxford University Press, 2008); Michael O’Keefe and C. A. J. Coady, eds., *Terrorism and Justice: Moral Argument in a Threatened World* (Carlton: Melbourne University Press, 2002).

56 作者要感谢 B.J.斯乔瑟提出这个潜在的反对问题。

57 Rodin, “The Ethics of Asymmetric War”, 161-165.

58 Kahn, “The Paradox of Riskless Warfare”, 4-5.

59 一些源于本章早期草稿的观点，参考 Megan Braun and Daniel Brunstetter, “Rethinking the Criterion for Assessing CIA-Targeted Killings: Drones, Proportionality and Just Ad Vim”, *Journal of Military Ethics* 12, no.4 (2014).

8

无人系统和战争的终结：展望持久和平

大多数人可能还记得，乔治·W. 布什（George W. Bush）走下战机，踏上亚伯拉罕·林肯（Abraham Lincoln）号航母甲板，在标有“使命完成”的巨大旗帜下发表战争电视讲话的场景。布什总统在 2003 年 5 月的演讲中，给出了在中东的主要战争行动结束的信号，他宣布“美国和其同盟已经获胜”[1]。但直到今天，旗帜上的标语和布什的声明还存在很大的争议。确实，目前还不清楚这是否是个正确的信号，因为尽管大规模部署高技术复杂无人系统，但在他的讲话之后仍然有大量的军民伤亡。虽然不能简单地说美国主导的联盟对战争后果缺乏预见，但对持久和平的不佳前景，必须部分归结于缺乏对于无人战争对正义战争理论第三原则影响的关注。这个原则就是战后正义原则，关注战争结束阶段是否正义。它为使用无人机的国家从战争状态到和平状态过渡期间所应该承担的责任，提供了分析和看法。本章的前半部分主要是理论，探讨了正义战争理论第三原则的历史和基础概念，包括当前的思维方式、为战后正义理论提供观点，以及它和开战正义（指导诉诸战争时的责任划分）的协同关系。本章的后半部分填补理论和实际的鸿沟，首先探索在使用无人系统的条件下，战后正义要求所引发的问题，包括提供一般性的标准，以评判距离和技术在具有文化差异的敌对群体形成战争感知的过程中所扮演的角色；然后还简单展望了工程师和决策者在解决无人战争和战后正义的终点之间的矛盾时所能采取的措施。

8.1　正义战争理论三部曲的历史定义

几乎每个关于无人系统的讨论都服从传统的正义战争理论。根据第 4 章采用的道德观点，我们知道正义战争理论是一系列连贯的概念和价值，旨在战时能够做出系统性的道德判断，包括两个原则：开战正义和交战正义。这些原则并非没有问题。例如，麦克马汉等给出了对两个原则进行区分的质疑。但是，像第 7 章论证的那样，这些质疑并非致命的。正义战争理论继续保有强大的说服力，许多重要的关于无人系统的伦理问题在主要原则下进行了卓有成效的分析。然而，这可能会引起争议，依靠上述两个原则评估无人作战不能公平地对待任务，并且留下了一个重要的问题，这关系到战后责任的性质。因此，一些正义战争理论家辩称我们需要发展正义战争理论。他们认为，应该加上一个额外的原则来应对涉及军事、补偿、善后等的准则，这个第三原则被命名为战后正义。尽管实际的战争已经结束，军队撤离并保证现在的重心是这些战后国家的重建，阿富汗和伊拉克的敌意仍在继续，令人惊奇的是几乎没有涉及正义战争理论的讨论，也没有任何涉及无人系统技术的赞许[2]。在细致地分析这个关系之前，需要关注相关但是有限的、考虑战后相关责任的政治道德和军事的历史，以及为什么经典正义战争理论家忽视或拒绝这个精心设计的框架。

一些学者在理论形成的初期思考战后正义这一想法[3]，这在大量有影响力的正义战争学者中应该是存在的。在现代正义战争思想做出贡献的许多不同传统中可以找到正义战争理论第三原则定义的历史痕迹[4]。圣·奥古斯丁（St. Augustine）在他的《上帝之城》[5]一书中，将战争联系到了和平的战后目标，“和平是所有生物的本能目的，甚至是战争的根本目的……甚至在它们通过暴动将自己从其他的生物中分离开这种极端情况下，它们不能达到自己的目的，除非它们与同盟保持某种和平的外表”。他在书中指出了有利于长期目标作战方式的要求[6]。很久以后，正义战争理论的其他支持者在这一思想基础上建立了三部曲概念的想法。这些支持者包括弗朗西斯科·维多利亚（Francisco de Vitoria），他设置了合理没收敌军财产并要求支付赔偿的规则[7]。弗朗西斯科·苏亚雷斯支持类似的规则，他认为，当“完全充分的满意被自愿提供”[8]的时候，一个国家没有理由继续进行战争。接下来，是胡戈·格罗修斯（Hugo Grotius）在《战争与和平的权利》（*On the Law of War and Peace*）[9]一书中明确提出了三部曲的概念，它将正义战争原则世俗化，并将它和所有国家绑定在一起而不考虑当地的习惯。尤其是在该书的卷三中，不仅包括了开战正义和交战正义的经典原则，还包括战争的正义终止、管辖区域的实际原则，如通常遵循的投降和和平条约[10]。康德也根据正确开战（right to war）、正确参战（right in war）和正确退战（right after war）三个宗旨提出了一个理论[11]。正如在和平解决、对个人惩罚的限制以及自我管理的尊重等内容中阐述的那样，他将后者，也就是战后正义的同义词和正义性联系了起来。[12]。因此，所有正义战争理论家都认为，各国应该在某种程度上对战争结束方式和管理和平前景负责。

这些经典作家的论述，大多数围绕着战争和作战技术，而对冲突后环境的伦理问题几乎没有关注。这并不意味着正义战争的传统是简单的或者是缺乏现代意义的。像其他文献一样，正义战争理论的创始者不可能实际地想象像遥控操作的无人机器会带来什么问题，更不用说完全自主的无人系统，但他们认为当被应用到改变政治体系和战场创新中时，应当坚持和深思这些主要原则。这对于战后正义是一样的，它是在新领域重新审视和重新应用的问题。但是，像奥兰德指出的，仍会出现这样的问题：为什么现代战争的最终阶段会被忽视？是否有一个重要的事物被忽视了？[13]这里，他提出了战后和平之所以被忽视的两个有说服力的原因。

第一，原因相对简单，以前战争目的是不同的，也就是战争背后的动机是不同的。例如中世纪，像奥古斯丁写到的，战争受教会因素的影响，也会被许多现实因素所约束。历史学家詹姆斯·特纳·约翰松写道，战争更多的是兼职的事业，因为对战争有关的质疑持续了很多年，而且还因为军队利用更大的人口基数来获得经济上的支持。这意味着为了避免贫困，士兵们需要关注自己的财产，保证他们能够保持生产并能自给自足。结果是，战士的状态更像是今天的预备役[14]。这些战争中的武器装备也很难应用和运输，如抛石机和攻城锤。因此，采取严厉的战术和破坏性的武器装备不是为了交战国的利益。这样做将不能有效地威胁到他们的政治和经济福利。对和平和幸福的重视已经建立在战争的意义和性质中，这大大削弱了对第三原则的明确需求。

第二，某些深层次原因来自传统的延续。像评论家经常强调的，起初正义战争理论遵循开战正义和交战正义两个既定的思路，许多人展示了利用奥兰德所谓的非反思性的不情愿来摆脱这两类思路[15]。还有人认为，虽然开战正义不应该属于正义战争理论的范畴，但是也不能完全将两者分开。那些讨论战后正义的人也有意识地将它归入行之有效的开战正义之下。步亚里士多德等众多正义战争理论先贤的后尘，瓦尔泽也提出战后正义要从属于开战正义。在他经典的《正义和非正义战争》的第一版中，他认为“战后正义包括取得证明战争开始的正当理由……如果这个正当的理由是防止侵略的正当防卫，战后正义就包括战胜和驱逐侵略者……完全停止并且我们到此结束”[16]。他写道这个想法有双重性：①只有存在很大的胜利可能性时，战争才能被认为是正义的，因此，领导者必须有一些获取成功的想法；②正确的动机意味着，不论什么构成成功，成功必须不仅是可行的，而且在道德上还要站得住脚[17]。因此，对于他和这个阵营的其他人，战后环境的争论是开战起初的重要组成部分。至少对于这些学者们，战后考量完全归入开战正义里。鉴于许多学者在瓦尔泽的比喻下确实了解了他们的正义战争理论，这能够部分解释这个缺陷。但是，我们离不开这样的辩论。

随着我们进入 21 世纪，为什么需要重新关注一个可能的第三部曲概念呢？对于一些对麦克马汉的修正主义的正义战争理论保持怀疑的人，解释很可能是，对双边结构的重新审议能够发挥系统化的功能。回忆那些信奉麦克马汉当代正义战争理论的人，他们拒绝分类就是逻辑区分的想法。如斯塔恩（Stahn）所指出的，对于类似麦克马汉式观点支持者的好处是，开战正义也许可以统一力量，并且“在使用武力的理由动机和干预的后果中，建立更密切的关系”[18]。通过鼓励国际行为主体去考虑他们行为的后果，正式认可支配战后时期的规范与原则可能也能阻止他们诉诸武力，缩小开战正义和交战正义的差距。某种形式上，弥补这一差距有助于正义战争的修正主义者。因此，传统正义战争理论的拥护者仍然会认为和平的正义应独立并优先于战争来评价。也就是说，对于愿意考虑第三原则概念的传统主义者，公正和不公正和平的组合不能被排除。对一个将要发生战争的国家，即使遵从战前正当性的概念，在战争中也服从交战正义，它也不能在战争结束后满足战后正义的条件。

更普遍也可以说更重要的是，战后正义的现代理论将填补一个非常大的范式空缺，因为当前还没有一个完全令人信服的道德框架对从战争到和平的转变过程进行约束。过渡的一些要素可能已经部分并入开战正义中，但由于战争有开始、中间和结束的过程，每阶段都值得彻底和系统地对待，我们需要正义战争理论的第三原则，它涵盖了在冲突结束阶段的责任。不用说，战争实际结束时这是最好的。“我们为什么需要第三原则？”的答案，在最近的军事干预中是很明显的。这显然难以设立一个标准来判断任何战争的最终结果，我们将永远努力改善战后的影响，一些全面的战争似乎已经很好地结束了，或者能够很好地结束。我们只需要求助于历史，结束的和导致毁灭性的、持久的战争，往往被重新点燃成更加致命的冲突。伊拉克不过是最近的一个强调国家在军事行动的常规阶段结束后所面临挑战的例子。因此，结合认真的阐述第三原则可以缩小差距，顺利地从冲突过渡到更好并持久的和平状态。

即使是同一阵营的拥护者也必须承认，作为一个单独的关卡和思考，它有许多的优点和一些启发式的价值[19]。如果不出意外，它会在需要诉诸战争和个体行为时，对军事和政治决策者提供平衡的提醒。在这种情况下，作为下两章将重点介绍的内容，他们必须有一个强有力的计划来处理军事行动的任何不利影响，确保迅速地实现和恢复和平。

8.2 战后正义原则

我无意否认一些当代哲学家为引入战后正义分类和认真阐述原则所作出的努力，借用罗伯特·罗亚尔（Robert Royal）的贴切形容，在这个问题上的思考尚处于初期而不是青春期[20]。在 2003 年那个值得纪念的日子，乔治·布什的演讲激发了人们越来越多的共识，即结束战争后值得全面系统地对待，但对于战后正义的原则和标准并未达成共识。卡米拉·博桑基特（Camilla Bosanquet）企图通过辩论来分类，最后的结论是，“战后正义理论的研究潮流，如果你愿意这么说的话，到处是尚未得到一样乐谱的音乐家”[21]。当然，这并不是说这种声音能被忽略。如果有区别的话，这进一步表明了认真阐明相关原则的重要性。大多数现有的表达，试图在开战正义和战后正义之间建立协同，通过调整前者对战后问题已经确立好的准则，或从战后国际最佳实践和法律学者提出的主张中得出原则。在这个意义上说，关心这个表达的哲学家正在做哲学家一直做的事情：建立在现实中的同时把理想概念化。

本节进一步阐述他们的观点，有助于鉴别两个独立的立场，但必须承认的是许多学者的工作依赖于这两者，并且战后正义的思考有时很难理解。有些人将战后正义视为设置限制准则，概述了一旦冲突结束胜利者允许做什么。阿莱克斯·J. 贝拉米（Alex J. Bellamy）将其称为极简主义[22]。借鉴正义战争理论家瓦特尔（Vattel）和格罗修斯的工作，贝拉米主张极简主义倾向把战争视为维权的方法，并认为战斗人员只有在其权利受到侵犯时才有权发动战争，而且只有在这些权利得到维护之前才有权发动战争。这种思维的结果是极简主义的意见，是胜利者有权保护自己，恢复任何已经被非法侵占的东西，并惩罚那些侵犯了他们或他人权利的肇事者，如面临种族灭绝的情况下[23]。本质上，这里争论的是他们能把事态恢复到冲突前的状态，但是其他的干预或行动在道德上是未经批准的。贝拉米还确定了一个最大化方法。它建立在刚刚叙述的不太严格的解释之下，并且增加了两个命题：一是在正义战争的思考中有反对冲突的内在假定；二是胜利者获取的义务和责任，超过了维护他们权利的必要需求。这些责任包括但不局限于通过建立军事法庭和审理战争罪来规范战争的准司法职能，并且采取其他有效措施通过协助长期治理和重建工作来避免进一步的战争，像美国和日本、德国正在中东尝试做的[24]。

这个最大化方法显然更具规范性。原因很简单：极简主义的做法仅仅是鼓励恢复原状。拥护这个纲领的人主张胜利者有权采用更多的必要战争去维护他们的权利，并让他们回到平等的状态，或者尽可能接近于战争爆发之前的状态。但是，考虑到战争是在这些条件下爆发的，在达到战前状态就停止努力就是留下了将来发生冲突的可能性。如果我们避免返回到冲突状态，一些有意义的行为是必需的。这引导着我们考虑奥兰德的工作，他或许是战后正义最重要的学者和倡导者[25]。他认为这个原则的范围，必须扩大到“个人和集体更安全地拥有我们的权利”[26]。他解释说正义战争的目的是代表公民行使维护社会的基本权利。他认为，合法的正义战争必须尽可能地观察社会：获得支持自己的人民和其他国家的舆论支持，坚持国际正义的基本原则，尤其是互不侵犯原则；并且保障公民的权利，包括那些安全性。乍看之下，由于他的权利话语，他的解释可能是极简主义；但在这些实际要求的阐述中，它的多数派性质变得更加清晰。这是因为奥兰德关于战后正义的讨论很少提及权利，而是专注于义务。他列举了以下六项原则，根据这些原则，胜利者除了恢复所需的责任外，还应承担广泛的责任：维权、和平解决的相称性和公开性、区别、惩罚、补偿和善后[27]。

首先，他认为，战争的公正解决应保障被侵犯者的基本权利，并使最初发动战争成为正当的[28]。有关权利包括生命、自由、主权和争议领土等。对奥兰德来说，保护这些权利是任何合乎道德的和平解决方案所必须达到的实质性目标。其次，利用相对的传统正义战争理论，他认为，和平解决方案必须慎重、合理，并公开宣布[29]。公告要求确保战胜国很清楚地将持续战后和解的诚意转达给交战国，而相称条件要确保胜利者不利用和解作为复仇的工具，否则只会导致更多的不稳定因素。借鉴另一个熟悉的原则，他说和平解决中需要将战败国的士兵、政治家和平民区别对待[30]，人们普遍认为，平民应从战后的惩罚中豁免。平民豁免意味着免于广泛的社会经济制裁，如征收赔偿税等。相反，士兵和政治家不能得到豁免。奥兰德的第四个原则是，战败国的这类人应受到的惩罚，必须和他们所犯下的道德罪行相称[31]。相称的惩罚对于未来的道德犯罪来说是有力的威慑，并可以促进侵略者改变。当然，来自各方的士兵如果犯有战争罪，必须追究其责任。在第五个原则中，奥兰德更进一步声称，战败国应当付给战胜国财政赔偿，虽然如前所述，由后者来决定这如何符合相称性和歧视的要求[32]。最后也是最重要的，他指出，侵略国可能要求善后和撤军，这取决于侵犯的性质和原因，以及考虑如果没有这些行动的情况下是否会存在一些威胁[33]。

根据奥兰德的理论，正义的和平必须满足所有这些要求[34]。简单地说，必须有完全符合道德的退出策略，而无须顾忌这些策略可能给政策规划者的思想和军事指挥官所拥有的资源构成的压力。任何明显的不遵守都将构成对正义战争理论的违反，冒犯者将可能遭受道德的谴责。这是因为刚刚列举的这些原则代表了在使用无人机或常规武器发动战争时所要解决的一个清单[35]。然而，关于这些原则及要求，有必要做出进一步的解释。无论从经济上还是政治上，这些都是十分昂贵的。像西方联盟在中东的行动所证明的，如果不满足战后正义的要求，试图完成任何类似这些目标，至少在短期内能够避免长达几十年的努力以及带来数百人的伤亡。在道德上，一个国家对其人民的直接责任（根据第 3 章中解释的社会契约定义）与它关心战败国人民福祉的战略责任之间存在着重大的紧张关系。如果没有充分理解所需内容的敏感性，善意的行动也可能导致永远不会被治愈的文化冲突。产生这些问题的部分原因是原则过于笼统。说到这里，不同的战争必须有不同的战后义务。在有些情形下，快速撤离很可能是先见之举；但是在其他情形下，执行长期稳定的行动可能更加明智。出于对后面分析的考虑，8.3 节将以中东为例，阐述这些原则在无人机行动中的考量。

8.3 战后正义和使用无人机的效果

从上面的讨论中，我们了解到奥兰德对战后正义的解释，国家坚持六项基本原则有助于建立最低限度的公正社会和维护和平的美好境界。军事领导者需要知道的是，怎样在冲突地区开展和运用这些（和类似的）原则。把这些理论原则付诸实践是项艰巨的任务，因为战后行动也必须考虑军事行动地区的政治、社会、文化和宗教等。美国在准备干预中东时，就没有充分重视这项工作。而且，就目前所知有关如何进行干预的战略规范，当前也是一片空白。例如，我们知道美国军方对长期的、复杂的冲突没有做好充分准备。部队只是为短期的冲突进行装备，美国认为短期的冲突将涉及核、生物或化学武器[36]。我们也知道，美国冲突后的规划仅是保护石油基础设施并避免科威特式的破坏。全面作战在两个月内停止并且伊拉克的油田相对安然无恙地幸存下来，在两个方面来看取得了一定的成功，但宗教的冲突延续至今，并且政府现在的干预比之前也要少。在这场本应是五个月的战争开始十多年后，美国的经济衰退承受着大于预期的损失，已经到了比以往任何时候都更加依赖无人机的时候。有人会争辩，这会加剧问题而不是使问题得到缓和。本节将论述如何落实奥兰德的战后和平原则，以及证明无人系统应用中采用这些原则的现实性。

除了他提出的六项战后和平原则，奥兰德还提供了十个方面的蓝图，旨在最大限度地展望持久和平，同时制定有力的政治军事变革，这些将在展示无人作战的问题时进行讨论。他提出的第一点就是，各国必须在冲突和随后的占领期间努力遵守战争法[37]。这在道德上对于自身利益是至关重要的，并且也有助于巩固国家的事业和对当地人民而言其占领的合法性。美国由于在伊拉克虐待阿布格莱布（Abu-Ghraid）监狱的战犯已经触犯了这一原则，但焦点已经开始从对折磨和羞辱的关注转移到了对无人机战争的关注。像本书已经强调的，无人系统的使用因为某些理由可以违反战争规则：它可能导致更多的战争，减少杀戮障碍和在本质上存在不公平、不公正的情况。但是，或许最大的担忧是这些系统可能被认为是任意或极不相称的。无人系统技术推动了靶向杀戮的历史，避免造成大量错误的平民伤亡和大规模的杀伤。根据普劳的研究，虽然这些不同系统的不精确记录不同，许多人记录说靶向的准确度或者说“杀戮率”在 10%到极低的 2%不等；据一些记录，50 次无人机袭击中只有一次导致“基地”组织人员或其他武装组织成员伤亡[38]。虽然这些说法和数字经常被夸大，但普遍认为由于无人机导致了总统布什和奥巴马在他们的任期内已经失去道德制高点[39]。这是有问题的，因为如果当地居民和国际受众开始对一个国家继续发动战争的道德基础产生怀疑，他们可能会不再拥护并收回他们的资源，这或许将完全破坏国家获得成功的机会，也可能延长实现国家既定目标的时间，因此将导致更长的、更血腥的战争。

另一个后果是对于不准确和不相称的无人机袭击，整个社会对此类行动的道德正义忧心忡忡，它使社会在战争期间以及冲突后阶段的行为——解除武装和非军事化变得越发困难，这时建立公正和持久和平秩序是至关重要的[40]。许多军事评论家担心，无人系统技术客观上可能加深了部署区域的暴力、敌对和不稳定[41]。尽管一些评论家反对，并强调无人机袭击和暴力增加之间的因果关系没有确凿的证据，有力的间接证据表明，使用无人机正在激发不满并阻碍美国减少暴力袭击数量的努力，这些袭击已经威胁到美国及其盟友的部队。例如，澳大利亚陆军中校大卫・基尔库伦（David Killcullen），他是大卫・佩特劳斯（David Petraeus）将军的前反恐顾问，他表示，如果美国继续其激进的无人机袭击政策，非武装部落将很快变成极端分子[42]。这也许看起来是个大胆的主张，但不妨设想一下如果在你家的房子周围住的是毒枭、杀人犯和恐怖分子，在州长的支持下，当地警察部队决定采用武装无人机抓捕或草率地杀掉住在附近的那些不法分子。这些不法分子带来足够多的危险，警方利用风险矩阵来衡量在人口稠密的区域采取行动时给平民造成的伤害与将这些人从社会中清除的好处之间的利弊关系。警方意外地摧毁了一些房屋和当地的公园，那么房主和受伤的家庭更可能反对罪犯还是警察？如果警察想逮捕罪犯，他们会怎么去做呢？

我们应该将同样的逻辑应用于无人作战中，并领悟这样的观点，杀害平民或破坏他们家园并杀害他们亲人，这将意味着助长违背建立持久和平的条件，并可能引发激进的叛乱。在伊拉克和阿富汗，当地民众抵抗美国的意志随着平民被杀或受伤、村庄的被毁以及平民被迫流落街头的增多，而不断发展和加强[43]。潜在的战略含义是，每名受影响的个体代表了由家庭、朋友和专业人士组成的一个长期而又紧密的网络，在这个网络中的人们回想起英国和巴基斯坦早期的空袭行动。这只会给他们增加更多的理由憎恨美国和西方意识形态。像卡特哈勒（Kaltenhaler）等认识到的，激进恐怖组织获得道义上的正义性，作为一种力量，它在一些人看来是最新的殖民主义斗争[44]。一个年轻的独立战士接受采访时告诉《卫报》，“如果年轻人对我们的事业失去希望，他们会寻找一种替代方法。而这些年轻人正在加入‘基地’组织”[45]。这种观点得到了一份联合国报告的支持，其结论是空袭是自杀式炸弹袭击的主要动机之一[46]。此外，美国的一项研究结果指出，也门的无人机袭击意想不到的后果是“当地居民的激进”[47]。该研究包括对也门政府官员、部族首领等的采访。其结论像哈利・巴斯（Harry Bash）所说的那样，无人机可能是强大的武器，但“塔利班”和“基地”组织已经拥有了他们自己的低成本武器——“不同于想象的自杀圣战分子”[48]。为此，他们招募心怀不满的青年，给他们灌输激进的理念，用宗教“圣战”思想来说服他们，让他们穿上布满爆炸物的衣服，然后在一些人口稠密的地区引爆。这一点与上文提到的国家批准战争相似，当别无选择的时候，有些人会采取任何可以实现变革的手段。对美国人来说，美国士兵和自杀“圣战”分子之间形成了鲜明对比。但是对于许多伊拉克人、阿富汗人和其他人来说，这两者之间的差异可能不是很显著。

无人机攻击的虚拟精度也降低了非国家组织和战后公民社会最终蓬勃发展的可能性，这是在奥兰德的战后正义蓝图下的另一实际要求。哥伦比亚大学法学院关于无人机作战的一个最新报告指出了一些相关因素，这些因素使受影响的平民不愿与他人交往、享受生活以及对社会做出承诺。首先，一些中立的平民发现自己处在如“基地”组织等地方武装和美国无人机战争之间这样一个危险的境地。他们被怀疑是为国外势力工作的间谍或线人[49]。在《洛杉矶时报》的一篇报道中，一个店主被绑架后被扔进汽车后备厢，被带到一个拘禁着其他“叛徒”的隐蔽地方，他被殴打了 8 个星期[50]。由于无法确定是否有罪，他被转移到另一个武装组织并最终获释。而那些涉嫌与国外势力勾结的人已经受到伤害并被密切监视，被无人机导弹错误锁定的许多人也被侮辱并被假定为以某种方式参与战争[51]。在这种情况下，居住在那些容易被轰炸地区附近的居民，有可能通过他们自己的治安行为来对抗有嫌疑的武装分子，以期排除社区内存在的潜在危险。不知道即使远离了婚丧嫁娶等集会场所，无人机是否也会错误地将和平区域误认为是“塔利班”极端分子的藏身之所。对无人系统和负面关联的担忧在道德上尤其令人担忧，因为它们可能会阻碍公民团体的形成，这些团体将公民与政府联系起来（并经常保护他们免受政府的影响）减轻国家的压力，为国家合法化服务。如果没有强有力的民众参与支撑的强大社会团体，残暴的政府就会占据统治地位，导致进一步的暴力和战争。

奥兰德建议，为了防止专制政府的兴起或重生，胜利的国家必须与当地居民一起，努力建立新宪法和最低限度的公正政府。政府必须体现内部的相互制衡，来确保政府所服务的人群尽可能得到保护[52]。他谨慎地说道，在宪法制定过程中，所有那些不参与的人，也包括一些致力于最低限度的公正政府的人，他们有可能破坏一些后续的协议[53]。奥兰德描绘的画面是胜利者、被征服者和其人民之间真诚和善意的政治伙伴关系；显而易见，这三者的支持都是必要的，无人系统的使用威胁到后者的参与，原因与上述相同。除了上面提到的，可以归结为不愿与美国部队和过渡政府在伊拉克合作，更普遍地说，不能保护当地人的想法意愿[54]。取得民众的情感和智力支持，对无人的军事力量来讲是有问题的，因为可以想象，派机器人去打仗杀敌与战争是不合拍的。敌方战斗人员可能会认为，他们的对手不愿意用常规的、更侠义的、面对面的方式来解决争端。众所周知，习惯在中东小范围内发动战争的塔利班认为使用远程武器是一种非常懦弱的行为[55]。这对平民来说可能也是一样的。例如已经解释过的，因为他们可能永远只能听到掠夺者无人机飞过头顶的轰鸣声，看到它们所造成的破坏和副作用，而不会看到它们背后操作者的面孔[56]。此外，很少有战斗的士兵承担任何附带损害责任，并发扬诸如荣誉、诚实、责任、尊重、正直和胆识等价值，这些价值观传统上被认为是各自国家的代表。然而，中东还没有像西方一样迅速脱离传统的习俗，因此美国要想赢得伊拉克人、阿富汗人和其他国家民众的认可，恰恰需要这些价值观。

不幸的是，在许多方面，在伊拉克、阿富汗及其巴基斯坦边界的无人机战争像越南战争一样不受欢迎[57]。尽管奥巴马政府和高级官员可能不会担心，就像持续轰炸越南北部一样使用无人机对重点目标进行打击已经程式化了，这种方式后来被叫作滚雷（Rolling Thunder）。在这两场战争中，至少在一定程度上美国已经不愿委托地面部队并且失去了当地居民应有的支持。民众支持的程度同样令人关注。在关于巴基斯坦对无人机袭击的公众态度一文中，卡特哈勒等（2010 年）引用皮尤全球态度项目（Pew Global Attitudes Project）民意调查的结果，证实了该国无人作战失去支援的原因。它指出虽然美国并非人人都讨厌，但绝大多数人反对美国与其政府联合发动的无人机攻击[58]。当被问及无人机是否会杀死太多无辜的人时，回答者的反应非常强烈，在 2000 名回答者中，95%的回答是肯定的[59]。2012 年全球民意调查的数据证实，虽然反对率有所下降，但在所有 20 个受访州中的 17 个州的人口中，反对率保持不变。[60]目前还没有任何证据表明，这是一个很大的异议和可能来自非无人战争的威胁，但卡特哈勒等辩称，很多反对派其实是被好战团体和宗教极端分子对美国的敌对形象所驱使的[61]。必须说的是，单凭这一点不能说明难以获得避免战后怨言的认可，宗教和政治宣传不能真正脱离已经讨论过的根本原因。然而，还必须考虑到，如果美国和那些跟随它使用无人机的国家去与那些已经被征服的国家建立工作关系，他们必须在冲突的余波下给社会的发展提供帮助。

这就引出了倒数第二点，也是奥兰德最终的要求之一，即为了避免回到以前的国家状态,这些国家必须清除过去政权的宣传或已经渗透到目标国的武装分子，并鼓励国家共同价值观的转变[62]。他认为，这可能有必要在受影响的国家或省份修改教育课程，因为在 20 世纪初，一些法西斯集团利用学校来向孩子灌输思想——如未来公民，使孩子们更倾向认同他们的种族和民族至上的理论[63]。在过去，这已经导致了教育上的大量侵害。这同样适用于今天，宗教激进主义的教学（其对暴力和妇女的态度）和无人系统的使用，经常会引起当地人的愤怒，并且还会为传播破坏性的辟谣和政治宣传创造良好环境[64]。“基地”组织喜欢被看作是试图通过消除美国的存在和亲西方的政权来团结伊斯兰世界。这是整个中东地区所流行的，因为它已经开始填补经营其所在国家的政府留下的空白。比如，某些情况下照顾伤病员，并在偏远地区给年轻人提供教育。通过在宣传中强调这些做法，“基地”组织也会很快在遭受无人机打击和监视的处境中获取利益。例如，2009 年，“基地”组织将轰炸中央情报局位于霍斯特（Khost）的基地视为对巴基斯坦极端分子伤亡的复仇行动。负责协助袭击的训练师被击毙后不久，他的“殉难”被放到“圣战”网站和聊天室吹嘘[65]。

为了彻底消除社会上的这种宣传，并增加两个国家未来减少暴力的可能性，胜利者必须协助战败国建立可靠的政府来摆脱事实上的专制，并且抓捕和起诉那些犯有战争罪的人（这通常也隐藏于宣传工作）[66]。当然这对自己的权利很重要，因为它确保了有罪的会获得应有的惩罚，并且会有某种力量在阻止恐怖分子或者暴君。可悲的是，虽然一些美国无人机确实有令人印象深刻的监视能力，人们可能会认为可以定位和跟踪这些个体，但是它们存在如第 5 章所描述的技术上的限制。一些培养这些个体的军事团体，现在也习惯了在充满无人机的环境中作战，也意识到了这些限制并且发明了一些逃避无人机监控的策略。美联社在最近被“基地”组织武装分子占领的建筑物中发现的一些文件证实了这一点，一些文件将美国的无人机行动描述为最后的努力，试图以此来破坏美国的无人机行动。其他文件是给士兵们一些对策，告诉他们留在太阳照不到的地方、避免聚集在开阔地带、形成聚会的假象并尽可能寻求干扰、混淆或者覆盖作业频率等，以逃避无人机的监视[67]。从公布的有关奥萨马·本·拉登（Osama bin Laden）的最终捕获信息中可知，他也懂得这些对策，从不冒险走出位于阿伯塔巴德（Abbottabad）的院子并且从不抬头，这使得无人机不能对他进行面部识别。找到这样的人是起诉他们的关键。当我们把无人系统放在美国捕获或杀死政策的背景下考虑的时候，它们显然比较好。有针对性地使用无人机协助清除目标，对不屑于监禁和审讯作为战略问题的政治领袖可能是有利的，但在战争中赢得民众的认可和促进持久和平的过程，这并不总是最佳选择。尤其是当你认为无人系统发起的致命打击会失去从暴力背后获取有价值情报的机会时，这一点尤其正确。

当然，在作战中使用的每件武器，都具有某种战术、战略和道德上的代价，不论是步兵武器、核弹、战斗机还是无人机。在使用无人机的情况下，这些代价大都在一定程度上被相对于其他武器的优势所弥补。换句话说，正如第 3 章所解释的，道德能力的显著提高可以降低其他军事人员受伤的风险。然而，目前的无人机计划挑战了战后正义，并且每个人都希望支持无人作战：期望能够更安全地拥有权利、自由以及持久的和平。也就是说，希望无人机能切实地应用到战后援助行动方面。

8.4 为无人机正名

总之，战后正义要求我们在能够保持和平的条件下发动战争，但无人机挑战了一些战后和平原则的应用，尤其是实际的要求。一些伦理学家认为，无人机所提出的挑战是无法应对的。例如斯巴鲁认为，有很多的战争不是简单的打击人，很明显在获胜的中东战争中掠夺者无人机的使用是错误的[68]。按照他的逻辑，如果战争的目标涉及赢得当地人的认可，并创造条件使他们能够管理自己，并摆脱困扰他们数十年的暴力生活，由于上面提到的一些原因，仅靠高空中飞行的无人机摧毁关键目标是不可能完成的[69]。虽然我们不能否认洗刷无人机恶名带来的挑战，无人机的坏名声已经伴随着以往的使用打击结果尽人皆知，但这也许过于悲观。就像斯巴鲁自己写的，更多的战争不是为了杀人，不需要为了这一目的而专门使用无人机。有趣的是，在和平和稳定的运行中，美国和其他使用这些系统的国家有机会洗刷无人系统所带来的恶名，证明他们能够在评估和应对和平需求方面起到积极作用。

在履行战后正义义务方面，美国必须首先确保其能正确评估在实际作战行动中无人机袭击造成的平民伤亡。在传统的军事行动中，军事草案要求做敌方的战斗损伤评估，该草案在冲突期间更新并在任何致命行动结束时完成[70]。这样做的目的是确定目标是否满足和是否完成了总体结果,但对于我们的目的更重要的是，评估在此过程中是否有可能发生平民伤亡。如果怀疑已造成了平民伤亡，将会进行调查确认损失，吸取实践教训以防止未来的危害，而且在很多情况下采用金钱、咨询和援助来补偿这些损失。在典型的无人机环境中采取这一基本步骤是很重要的，原因有很多。第一，评估和调查平民的伤亡是很重要的，因为不仅敌方人员应因战争罪或造成过多附带的损害而受到起诉。第二，从战略的角度上来看，基于从武器上的摄像头获取的信息而进行的全面评估，也许可以计算平民伤亡的数量并且从操作的角度来看这也是至关重要的。第三，提高透明度可能会给那些受无人作战影响的中东国家传达一个明确而积极的信息，即美国致力于保护人类的生命和尊严[71]。目前，关于美国无人机战争的秘密，政府甚至不愿承认它的存在，更不用说它的道德和法律依据，许多当地民众更多的是愤怒、害怕和怀疑每一次伤亡的合法性，而不是合作[72]。

然而，美国和其他国家可以在未来的冲突中使用无人系统技术，以提高其公共事务的使命并在整个军事行动范围内向当地居民传达其意图和政策，减少平民在战后和平阶段受到的影响，并进一步打击敌人所散播的任何具有破坏性的假情报。例如，在伊拉克或阿富汗的边远地区，无人机可以用于在整个军事行动地区分发用本地方言写的消息，解释这些技术是什么以及为什么要在本地区使用。它们也可以用于快速更换在战斗中损坏的通信基础设施，以便通过无线电或移动电话与当地居民进行通信。例如，微型飞行器集群项目利用高空飞行的动态群建立一个流动网络，可以在通信受地形影响的地区提供无线通信[73]，这对阿富汗山区的人来说特别有利。该网络也可用于将真实的、不保密的信息传递给国内的人民，告诉他们在实现引发冲突的任何目标方面所取得的进展。所有的这些都是成功的战后正义规划的要素。因此，无人机可以被很好地利用，并在呈现故事的另一面和塑造被专门从事心理战的情报人员称为目标人群的认知领域方面发挥关键和辅助的作用[74]。

此外，无人技术可以用于冲突后的重建和稳定运营。战争结束后，那些住在偏远地区的人受军事行动直接或间接的影响而需要帮助，由于部队和救援人员难以进入，这些救援通常是在最后。尽管事实是，腐败的官员经常阻止人道主义援助进入这些区域，如联合国和红新月会运动都不愿意将他们的人员送到这些危险的地区，因为这些地区被武装组织所控制，对外部干预当地事务充满敌意。正是在这个方面，无人机可以超越其最初的军事目的[75]。仅作为一个例子，大的无人机可以用来补充或恢复现有的供应线路以及提供紧急的投放任务。北约在阿富汗南部的高威胁地区被严重的物流问题所困扰，正是出于这样的原因，北约已经对无人直升机的使用做了评估。K-MAX 任务自主直升机已经进行了 6 个月的测试，从首航开始它已经成功递送了几百吨的货物[76]。这些机器人直升机省去了车队和大批地勤人员，避免他们因进入这一区域而受到伤害。更有创造性地使用无人机，可以作为持续的措施，用来侦查有可能使国家重新陷入冲突的大群体或其他萌芽迹象，尽管这听起来很像监视并且还可能带来侵害隐私的问题[77]。

在这里应该指出，这最后一点不同于前面讨论过的索夫莱斯库和比彻姆论文中提出的像“机器人守护者”一样的遥控战车[78]。索夫莱斯库和比彻姆指出这样的事实，在无人机限制对士兵和救援人员伤害的范围内，这些系统可能会使各国减少对造成伤亡的担忧，更有可能进行人道主义军事干预，他们认为这是一件好事。此外，有一个理由不应该被这个论点说服。虽然国家有时确实没有在它们应该干预的时候进行干预，但它们有一种更大的倾向，即在没有必要或没有理由的时候进行干预，只会使事态严重恶化。如果没有其他的原因，区分这两种争论是很重要的。还需要说明的是，在冲突后援助行动支撑方面和克服在中东人心目中根深蒂固的恶名方面，无人机的使用遇到了某些明显的障碍。这大多都涉及这样的事实，即因为无人机行动的真正性质和动机的不确定性，即使它的最好用途可以暗中援助准军事、军事或国家工作，但无人系统技术始终存在两面性。因此，使用无人系统的决定必须受这些和其他战争法律的影响。

8.5 小结

一旦所有相关行动真正的结束，在中东地区的战争将成为我们这个时代的决定性冲突。学者提出无数问题，从先发制人和预防有关，到与主权和独立有关。然而，本章还认为，我们今天所面临的最根本和首要的问题之一是关于战后重建、稳定与和平的义务和责任。8.1 节着重指出，战后正义在其现代理论的起步阶段，在如维多利亚、格罗修斯和康德等理论家的思想中占有一定地位。他们给出了正义战争理论的三部曲概念的文本证据。8.2 节详细介绍了奥兰德在同一时期企图振兴三部曲概念，并探讨了他的六个原则建议。8.3 节消除了理论和实践之间的差距。这表明无人作战给奥兰德为制定这些原则而提出的十点蓝图造成了诸多挑战。除了这些系统挑战战争的道德规则，无人系统使解除武装和非军事化社会的形成变得更困难，威胁到非国家组织和战后社会的繁荣，阻碍与当地人合作建立促进持久和平所做的努力，阻碍去除有害的政治宣传做出的努力，并且损害逮捕那些涉嫌战争罪犯的人的企图。8.4 节承认有办法来确保在可能的情况下，能够消除无人机的坏名声。

总体而言，本章已经说明了如果管理不当，无人机可能会在阻碍战争结束和限制持久和平前景方面，起到至关重要的但常常被忽视的作用。随着武器开发的进展和能够进一步加剧问题的其他机器被使用，公众、政治家、军事领导人和工程师必须意识到这一点。考虑到这些，我们必须要搞清是谁需要对任何就这一问题和其他潜在问题的不作为负责。

注　　释

1 Associated Press, “Text of Bush Speech”, CBS News, http://www.cbsnews.com/stories/2003/05/01/iraq/main551946.shtml .

2 很多学者简单地摒弃战后正义方面的问题，其他人则简单地进行忽略处理，因为这会将开战正义和交战正义所包含的简洁讨论复杂化。例如，丹尼尔・布伦斯特德和梅冈・布劳恩就曾经在一句话中忽视了这个重要的学术问题：“最后，尽管如布莱恩・奥兰德和迈克尔・沃泽等学者曾经指出加深我们对战后正义理解的重要性，但是我们在此不做讨论。” Brunstetter and Braun, “The Implications of Drones on the Just War Tradition”, 340.

3 Robert Royal, “In My Beginning Is My End”, in *Ethics Beyond War's End*, ed. Eric D. Patterson (Washington, DC: Georgetown, 2012), 65.

4 Carsten Stahn, “Jus Post Bellum: Mapping the Discipline(s)”, in *Just Post Bellum: Towards a Law of Transition from Conflict to Peace*, ed. Carsten Stahn and Jann K.Kleffner(The Hague:TMC Aasser Press,2008), 95.

5 Augustine, *City of God*.

6 同上, 866。

7 Francisco de Victoria, “De Indis Et De Ivre Belli Relectiones”, ed. James Brown Scott and Ernest Nys, trans. John pawley Bate, *The Classics of International Law* (Washington, DC: Institute of International Law, 1917),184-185.

8 Francisco Suarez, “The Three Theological Virtues”, ed. James Brown Scott, trans. Gladys L. Williams, *The Classics of International Law* (Washington, DC: Institute of International Law, 1944), 838-840.

9 Hugo Grotius, “On the Law of War and Peace: Three Books”, ed. James B. Scott, trans. Francis W. Kelsey, *The Classics of International Law* (Washington, DC: Carnegeie Institution of Washington, 1925).

10 同上, 804-831。

11 Immanuel Kant, *The Philosophy of Law: An Exposition of the Fundamental Principles of Jurisprudence as the Science of Right*, trans. W. Hastie (Edinburgh: T. & T. Clark, 1887).

12 同上, 221-222。

13 Brain Orend, "Jus Post Bellum: A Just War Theory Perspective", in *Just Post Bellum: Towards a Law of Transition from Conflict to Peace*, ed. Stahn Carsten and Jann K. Kleffner (The Hague: TMC Aasser Press, 2008), 33.

14 James T. Johnson, "Moral Responsibility after Conflict", in *Ethics Beyond War's End*, ed. Eric D. Patterson (Washington, DC: Georgetown University Press, 2012), 23.

15 Orend, "Jus Post Bellum: A Just War Theory Perspective", 33.

16 这是在专门讨论战争法的一章的开头部分所陈述的。见 Michael Walzer, *Just and Unjust Wars: A Moral Argument with Historical Illustrations* (New York: Basic Books, 1977), 109-126.

17 Michael Walzer, "The Aftermath of War", in *Ethics Beond War's End*, ed. Eric D. Patterson (Washington, DC: Georgetown University Press, 2012), 35.

18 Stahm, "Jus Post Bellum: Mapping the Discipline(s)", 321.

19 David Fisher, *Morality and War: Can War Be Just in the Twenty-First Century?* (Oxford: Oxford University Press, 2011), 79-80.

20 Royal, "In My Beginning Is My End", 90.

21 Camilla Bosanquet, "The Ethics of a Just Post Bellum", in *International Society of Military Ethics* (2007).

22 Alex J. Bellamy, "The Responsibilities of Victory: Jus Post Bellum and the Just War", *Review of International Studies* 34, no. 4 (2008): 602.

23 同上, 603-605。

24 同上, 612-618。

25 托尼•考迪对战后正义原则提出了非常相似的表达；而且，从某种意义上说，这种表达甚至更加广泛。他的战后正义原则包罗万象，覆盖战争的结束、如何处理战后境况、如何在战后公正地对待本方的军队。C. A. J. Coady, "The Jus Post Bellum", in *New Wars and New Soldiers: Military Ethics in the Contemporary World*, ed. Paolo Tripodi and Jessica Wolfendale (Farnham: Ashgate, 2011). 由于他的观点看起来混合了这三个部分中的细微差异，本章中采用的是奥兰德的解释。

26 Orend, "Jus Post Bellum: A Just War Theory Perspective", 39-40.

27 同上, 41-42。

28 同上。

29 同上。

30 同上。

31 同上。

32 同上。

33 同上。

34 同上, 43。

35 这个让人害怕的引用是为了避免提倡清单方法，然而领导人和参战人员将战争伦理看成是一件无关紧要的事情。

36 Eric D. Patterson, *Ending Wars Well: Order, Justice, and Conciliation in Contemporary Post-Conflict* (New Haven: Yale University Press, 2012),3.

37 Orend, "Jus Post Bellum: A Just War Theory Perspective", 46.

38 Plaw, "Counting the Dead: The Proportionality of Predation in Pakistan", 2-3.

39 Sarah Kreps, "Flying under the Radar: A Study of Public Attitudes Towards Unmanned Aerial Vehicles", *Research & Politics* 1, no. 1(2014). 特别是，参考第 3 页中公众对使用支持无人机进行打击的看法的统计数据。

40 Orend, "Jus Post Bellum: A Just War Theory Perspective", 46.

41 Avery Plaw et al., "Do Drone Attacks Do More Harm Than Good", *The New York Times* (2012), http://www.nytimes.com/roomfordebate/2012/09/25/do-drone-attacks-do-more-harm-than-good .

42 Center for Civilians in Conflict, "The Civilian Impact of Drones: Unexamined Costs, Unanswered Questions" (New York: Columbia Law School Human Rights Clinic, 2012), 23.

43 Leila Hudson, Colin Owens, and Matt Flannes, "Drone Warfare: Blowback from the American Way of War", *Middle East Policy* 18, no. 3 (2011).

44 Karl Kaltenhaler, William Miller and Christine Fair, "The Drone War: Pakistani Public Attitudes toward American Drone Strikes in Pakistan", in *Annual Meeting of the Midwest Political Science Association* (Chicago, 2012).

45 Ghaith Abdul-Ahad, "Yemenis Choose Jihad over Iranian Support", *The Guardian* (2012), http://www.guardian.co.uk/world/2012/may/10/yemen-jihad-iran-saudi-interference .

46 Bergen and Tiedemann 2007, cited in Jeffrey A. Sluka, "Drones in the Tribal Zone: Virtual and Losing Hearts and Minds in in the Af-Pak War", in *War, Technology, Anthropology*, ed. Koen Stroeken (New York: Berghahn Books, 2012).

47 Sudarsan Raghavan, "In Yemen, US Airstrikes Breed Anger, and Sympathy for A1 Qaeda", http://articles.washingtonpost.com/2012-05-29/world/35456187_1_aqap-drone-strikes-qaeda.

48 Harry H. Bash, *Stuff 'N' Nonsense: A Hodge-Podge of Whimsical, Sober & Politically Incorrect Musings* (Toronto: Inkwater Press, 2011), 461.

49 Center for Civilians in Conflict, "The Civilian Impact of Drones: Unexamined Costs, Unanswered Questions", 22.

50 Alex Rodriguez, "Pakistani Death Squads Go after Informants to US Drone Program", http://articles.latimes.com/2011/dec/28/world/la-fg-pakistan-death-squads-2011128.

51 Center for Civilians in Conflict, "The Civilian Impact of Drones: Unexamined Costs, Unanswered Questions", 22.

52 Orend, "Jus Post Bellum: A Just War Theory Perspective", 47.

53 同上。

54 很多学者提到了这个问题。两份优秀的讨论参考: Joseph Cummins, *Why Some Wars Never End: The Stories of the Longest Conflicts in History* (Massachusetts: Fair Winds Press, 2010) 和 Antonius C.G.M.Robben, "Losing Hearts and Minds in the War on Terrorism", in *Iraq at a Distance: What Anthropologists Can Teach Us About the War*, ed. Antonius C.G.M.Robben (Philadelphia: University of Pennsylvania Press, 2010).

55 Loes van Wifferen, "Alienation from the Battlefield: Ethical Considerations Concerning Remote Controlled Military Robotics" (Utrecht: Universiteit Utrecht, 2011).

56 Center for Civilians in Conflict, "The Civilian Impact of Drones: Unexamined Costs, Unanswered Questions", 23.

57 Lloyd Gardner, "America and the Vietnam War: Re-Examining the Culture and History of a Generation", in *Iraq as the 'Good War' as Opposed to Vietnam, the Bad War*, ed. Andrew A. Wiest, Mary K. Barbier, and Glenn Robins (New York: Taylor & Francis 2009), 309.

58 Kaltenhaler, Miller, and Fair, "The Drone War: Pakistani Public Attitudes toward American Drone Strikes in Pakistan", 2-3.

59 同上, 4。

60 Pew Research, "Drone Strikes Widely Opposed", http://www.pewglobal.org/2012/06/13/global-opinion-of-obama-slips-international-policies-faulted/.

61 Kaltenhaler, Miller, and Fair, "The Drone War: Pakistani Public Attitudes toward American Drone Strikes in Pakistan", 6.

62 Orend, "Jus Post Bellum: A Just War Theory Perspective", 48.

63 同上。

64 Fancois Gere, "The Future of Asymmetric Warfare", in *The Ashgate Research Companion to War: Origins and Prevention*, ed. Hall Gardner and Oleg Kobtzefff (Farnham: Ashgate, 2012), 522.

65 Hillel Ofek, "The Tortured Logic of Obama's Drone War", *The New Atlantis: A Journal of Technology and Society* 27, no. 1 (2010):38.

66 Orend, "Jus Post Bellum: A Just War Theory Perspective", 46.

67 Abdullah bin Mohammed, "The A1-Qaida Papers - Drones" (2011), http://hosted.ap.org/specials/interactives/_international/_pdfs/al-qaida-papers-drones.pdf.

68 Robert Sparrow, "The Ethical Challenges of Military Robots", in *Ethical and Legal Aspects of Unmanned Systems: Interviews*, ed. Gerhard Dabringer (Vienna: Institute for Religion and Peace, 2010),89.

69 同上。

70 United States Army, "Field Manual" (Washington, DC: Department of Defense, 1994).

71 Center for Civilians in Conflict, "The Civilian Impact of Drones: Unexamined Costs, Unanswered Questions", 61.

72 同上, 19-35。

73 Sabine Hauert et al., "The Swarming Micro Air Vehicle Network (SMAVNET) Project", http://lis2.epfl.cn/CompletedResearchProjects/SwarmingMAVs/.

74 Joseph R. Didziulis, "Winning the Battle for Hearts and Minds: Operationalizing Cultural Awareness During Stability Operations" (Montgomery: Air Command and Staff College, 2008), 9.

75 Jack C. Chow, "The Case for Humanitarian Drones", *Open Canada* (2012), http://opencanada.org/features/the-think-tank/essays/the-case-for-humanitarian-drones/.

76 Isaac Lamberth, "K-Max – Unmanned Aerial Alternative to Convoys", http://www.isaf.nato.int/article/news/k-max-unmanned-aerial-alternative-to-convoys.html.

77 M. G. Michael and K. Michael, "Towards a State of Uberveillance", *IEEE Technology and Society* 29, no. 2 (2010).

78 Beauchamp and Savulescu, "Robot Guardians: Teleoperated Combat Vehicles in Humanitarian Military Intervention".

9 责 任 缺 失

日趋智能化的无人系统引发了一系列的道德关切，责任和责任感是最核心的问题。机器人武器控制团体作为呼吁暂停使用无人机的一部分，将这个争论进一步推广。本章旨在表明：当无人系统确实加剧一些传统问题，并可能在某些情况下让我们反思谁应该在道德上为军事战争罪行负责时，标准的责任概念是能够处理无人战争中所谓的责任缺失（responsibility gap）问题的，而且，即使不存在缺失，也没有理由对无人系统进行彻底的禁止。其中，责任缺失是指无法鉴别恰当的责任主体。本章首先探讨正义战争理论中责任归属的基础，然后分析那些应该将责任归因到人的条件，以及这些条件在技术干预的战争中所面临的挑战。接下来考查斯巴鲁提出的责任缺失概念，因为它涉及完全自主武器系统的潜在部署。我们可以通过转移到责任的前瞻性和功能性意义，来得到一个解决方案，如机构代理，并保证在建造和释放这些系统时人类的角色从未被忽视。

9.1 责任和正义战争

瓦尔泽在《正义与非正义战争》[1]中写道，“责任分配是……至关重要的”，因为“如果最终没有承担责任的人，在战争中就不会有正义”。这是合乎逻辑的主张，因为任何经得起辩护的道德理论如果要具备纠正错误的能力的话，应该包含道德责任理论或者呼吁人们解释他们的动机和信念。然而，许多理论家只是简单地强调在正义战争中进行责任分配的重要性，并且进一步提出这种分配在面对智能系统（能够自主使用致命武器）时所面临的挑战是不可克服的，因此应该禁止使用这样的系统[2]。例如，斯巴鲁认为打一场正义战争的基本条件是：有人对任何平民的死亡或者其他非正义活动负责[3]。他接着表示，承担或分配责任对于“坚持交战正义理论来说也是至关重要的”[4]。兰博·罗雅克斯（Lambèr Royakkers）和林聂·范·爱思特（Rinnie van Est）认为，斯巴鲁的观点意味着正义战争理论的一个条件是个体能够承担负责[5]。从战争正义性本身分离出来的关于战争正义性的强烈含义是：即使战争中的正义性和战争的起因之间的所有联系没有完全被隔断，也允许脱离战争的起因评判战争中的行为[6]。当涉及检验斯巴鲁之前关于交战正义原则优点的观点时，这将是有用的部分。但是我们首先需要阐明一个问题，即在多大程度上，责任和问责制是系统化遵循道德法律和战争惯例的必要概念条件。当我们在这种环境下讨论责任归属必要性的时候，我们认为，需要对在目标瞄准过程和随后发射（或者不发射）致命弹药的决定中，所造成的伤害和死亡进行问责。从正义战争理论中我们可以了解到，不允许不分青红皂白地攻击别人，因为非战斗人员被认为是在战争边界之外的。他们在战争中的豁免权是源于这样的事实：他们的存在和活动对战争几乎没有什么影响；参战人员的角色通常是留给那些代表各自国家的代理人，通过杀戮阻止伤害和纠正错误的人。无论什么人必须解释为什么参战人员在一开始首先会成为适当的目标。这项任务的难度取决于战争代理所持有的标准。尽管我们在这里不会详细地讨论这些问题。理论家们传统上援引权力分析帮助士兵了解谁是合适的目标。建立在前面所提到的观点基础上，有些人还认为：单单是被训练和武装就是充分的理由；穿上军服并携带武器标志着道德状态发生变化，实现了从非参战到参战状态的转变[7]。其他人可以用拳击赛场进行类比，这个比喻指出，在文明社会中殴打街上的路人是不公平不道德的，但是殴打那些自愿进入拳击台的人是完全合理的。这些自愿主义者认为，士兵们一旦踏入战场，就意味着他们放弃了对战争的免疫权，成了合法的攻击目标[8,9]。不考虑潜在的原因，由于现代战争的特点与平民在协助技术战和战争机器[10]中所起的作用，使得鉴别工作执行起来异常困难。

然而，这里的问题是无论现实中区分参战人员和非参战人员如何困难，缺少鉴别性都不会授予政府及其代理机构滥杀无辜的权利。小心翼翼地鉴别参战人员的责任，更多地落在了侵略者的身上[11]。这就意味着，如果存在特别大的不确定性，就不应该发起攻击。如果攻击发起后导致了平民伤亡，那么做出攻击决定的人一般必须对这次攻击负责。这里我们假定能够辨别出做出攻击决定的人。在分析缩小战争范围和降低暴力程度、减少总体破坏的时候，这个原则同样成立。上面鉴别性要求讨论的是战争的合法目标问题，比例性要求更详细地讨论摧毁这些目标时使用多大的武力、什么样的武力在道德上是被允许的问题。甚至是在仅仅包含军事目标的战争中（现在极少发生的），也可能发生不成比例地使用武力的情况，因为一个人在道德上被允许只使用必要的武力来达到目的[12]。当然，很多人相信无人系统可以让使用者通过使用高选择性的杀伤，来避免一些战争的苦难。作为军事行动的一部分，如果摧毁少量的合法目标能避免进一步的杀戮，那么根据比例性原则这将会具有巨大的意义。然而如果像上文所讲的那样，它将公民及基础设施置于危险之中，那么使用这样的操作也许就不那么明智了。这样只会导致打击过程和责任归因复杂化。按照罗雅克斯和范·爱思特的理解，在任何情况下，鉴别性和相称性标准在约束战争的暴力和范围方面起到重要的作用，但在集体违反这些原则的情况下，个人没有明确的理由应该承担责任。当然他们的意思是说，这些原则要求战争代理，无论是人、机器还是两者的组合，应该对他们的行为负责。有许多原因可以解释这个问题，其中有三个原因特别突出。第一条也可能是最重要的原因是，国家及其代理需要从自身和他人的错误中吸取教训，以确保以后的战争得到公正的执行并获得更好的结果[13]。第二条原因指出，当伤亡发生时，如果没有人或者其他任何人承担责任，即受害人的家人等对任何事都不能直接采取指责、怨恨情绪或赔偿要求等态度，这个时候大多数人（尤其是受害者、他们的家庭及更广大的受影响的平民或军事社区团体）将不会感到满意。对于士兵、组织或其他相似的机构，对他们在某些活动中所扮演的角色负责，可以帮助他们以良知和道德声誉转变回归平民领域。毕竟，并不是所有的现代士兵都是各自国家部署在海外的国防军中的永久性成员，也不是所有的组织都是军工复合体的永久组成部分。因此，即使在和平时代，正确的责任概念可以作为不道德行为的抑制剂。一方面重新宣示坚守战争法则和传统的重要性；另一方面提醒战争代理及那些支持代理的人，战争最终将会结束，他们将会希望回到不会被不当行为引起的问题所困扰的平民生活中。

也就是说，当这种行为发生时，责任分配就像鉴别参战人员和非参战人员，或者做出相称性判断一样困难。就像瓦尔泽自己承认的那样，“添加责任不再是一件容易的事情”，尤其对于“那些秘密谋划的或突然启动的特定国家行为”[14]。而且，我们毫不奇怪地看到，许多重大的战争罪行并没有根据瓦尔泽的正义战争理论进行责任划分，就这样悄无声息地成了历史。在一些情况下，虽然瓦尔泽主张划分责任的必要性，但是由于分配责任往往非常困难，以至于他尽量避免让特定的实施者承担责任。例如，他提到许多美国人在越南战争中属于道德上的同谋，尽管他很快就表示他没有“兴趣针对某个特定的人或者他所做的事情”[15]。反而，他只想坚持“有责任的人……（并且）道德结算是困难的和不精确的”[16]。9.2 节将会表明，在技术时代道德结算只会更加困难。但是，罗雅克斯和范·爱思特认为，这也许不是太大的问题。他们认为，“我们通常不会说，在被允许的条件下，或者至少没有违反规则的条件下，某个人是否会被追究责任”[17]。除非有一些规则使它们之间建立连接，换句话说，他们认为战争的许可性和事后责任不存在紧密的联系。然而，战争不像他们所谓的正常环境。他们忽略了这样一个事实，就是在正义战争理论中隐含着一条责任规则，即使没有规则，这也会助长第 8 章所讨论的似乎没完没了的冲突，并因此成为制定这样一条规则和调查遵守规则所面临挑战的重要原因。

9.2 技术战争中责任归因所面临的挑战

战争中的道德责任与行动疏忽及其后果有关。当我们阅读军事伦理读物中的故事时，那些应该受到责备的人包括没有坚持公正战争原则的人，或者由其他基层军官（platoon leaders）、政府或国家做了“正确”的事[18]的人。道德责任也关注代理执行正确或错误行动的条件。

为了按照费希尔（Fischer）和拉维扎（Ravizza）[19]的代表性解释（该解释是基于导向控制的思想，而且发布相关行为的机制必须是代理自身的且必须是对起因做出响应）承担责任，行动者不能对他们正在开展的行动感到“欺骗或无知”[20]，应该以适当的方式控制他们的行为[21]。更具体地讲，这意味着，只有在代理有意以自由、知情的方式执行了可疑的行动时，才应该追究他们在道德上的责任。也就是说，他们必须对相关现实情况和自己行为的结果保持警惕，能够独立做出行动的决定，并能基于他们对实际情况的了解采取相应的行动[22]。如果满足这些条件的话，我们通常能够回顾性或前瞻性地建立责任主体和受影响的人或物之间的联系（后者将是本章最后一节的重点）。然而，无人机技术化战争对道德责任的基本解释提出了不同的挑战。为了完整地论述和反驳斯巴鲁关于责任缺失是无法解决的威胁的观点，有必要仔细分析一下半自主军事技术是怎样使战争中的责任归属变得复杂化的。

在军事领域进行责任归因时存在很多障碍，且它们彼此交织，以至于几乎不可能进行清晰易懂的讨论。就目前而言，最重要的是与受试者对所涉行为的因果关系密切相关。根据上面提到的解释，要追究一个代理人的责任，他们一定是对由此产生的事件造成了应有的影响。什么是应有的？这个问题将在下文中做进一步探讨。但是对于一件不幸的事件，代理没有其他的选择或者无法控制，责备某些人或者某些事是无济于事的。这实际上是说，使用基于复杂计算和信息技术的现代作战技术，会让我们失去对谁应该承担责任的把握，因为它模糊了代理的行为和最终结果之间的因果联系。当使用复杂技术时，跟踪导致特定事故的一系列事件，通常会引入很多的方向[23]。绝大多数的技术事故是多方面错误共同作用的结果，通常包括很多人，并不局限于终端用户、工程师和技术员。表面看起来，辨别贡献因子是非常困难的，一些人（如斯巴鲁）也许会说是不可能的。鉴别贡献因子的困难就是丹尼斯·汤普森（Dennis Thompson）所说的“人多的问题”（problem of many hands）[24]。这个问题不应该和后面很快就要讨论的责任缺失相混淆，因为它不同于压缩空间，并不是对责任的完全放弃。

附加在“人多的问题”上的另一个问题是，作战技术经常在代理和他们的行为及其后果之间产生物理距离。这进一步模糊了行为和事件之间的因果联系。巴特亚·弗里德曼（Batya Friedman）较早地在教育环境中注意到了这种效应，教育团体鼓励年轻人成为电子信息团体中负责任的成员[25]。军事环境中开发和使用无人系统，在雇佣远程无人机操作员时，这个挑战再次出现了。正是这些战争代理，需要被鼓励在网络中心操作环境中扮演负责任的角色。正如第5、6章中所广泛讨论的那样，无人系统技术——而不是其他的任何材料技术——扩展了军事活动所能达到的时间和空间范围。一个国家的军队在正常的范围内进行自卫在道德上可能是被许可的或者是值得称许的，他们和社会契约保持一致。如果允许其在更大范围进行自卫，这种远距离也能将他们和自己造成的伤害隔离开。就像前面提到的，人们很早就理解，技术产品催发的生理和心理距离，以及杀人后的解脱之间存在正相关的关系[26]。当有人使用美国的地面控制站操作的无人飞机在中东执行军事行动的时候，操作员也许并没有完全意识到这个系统及其弹药将如何影响到当地的居民，也许不会经历或者完全理解他们的行为带来的真正后果[27]。这直接影响到他们对自己行为意义的理解；当考虑他们所应承担的责任时，会有一个缓解效应。

对责任的缓解效应和如下的事实密切相关：无人系统及其携带的传感器，能够在很大程度上积极塑造道德代理对这个世界的感受和经验。这会对承担道德责任的条件造成进一步的影响。为了做出由正义战争理论所许可的合适决定，一个道德代理必须全面分析和思考他们的行为所带来的后果，理解他们将获得的相关风险和利益，以及行动的目标所受到的风险和利益。这进而会要求他们对相关的事实给予充足的认识。虽然麦克马汉和其他人提供了解释[28]，在这里应该使用什么样的认知阈值仍然不得而知；但是被广泛认可的是，让一个人对他不了解或者无法进行合理预期的事情负责是不公平的。无人系统的能力和其他情报搜集技术的能力是密切相关的。因为在某些方面，通过帮助相关用户获取、校准、分析信息和数据，无人系统可以协助他们采取适合的行动[29]。例如，在对军队的销售演示中，无人机工业的代表一般会表示，他们的军用硬件能够让军队在野战中看到“下一座山之外”的情形，在拥挤的城市环境中绕过“下一个街区”，让他们不用冒更大的风险就能获得以前无法得到的信息[30]。对于有些系统来说这也许是对的，并且这样会让操作者对自己的战术决定进行深刻的反省。然而，由于第5章讨论过的技术、地理和操作方面的限制因素，这些系统会妨碍人们看到一幅更大的场景，并可能改变操作员的行动，也可能会进一步限制责任。

很多智能军事系统拥有这样的复杂过程，它们阻止对自己生成或获取信息的有效性和相关性进行评估。这样，它们实际上能够阻碍使用者在操作环境中做出恰当的决定，因而对它们应该承担的责任造成直接的影响。这种复杂性的后果是，人们对那些越来越多地嵌入到无人飞行器或其控制系统中的自动化系统有着前面提到的倾向，要么过度依赖，要么不加充分使用。特别是在以时间关键性和动态环境为特征的现代战争中[31]。在美国海军导弹巡洋舰文森斯号（USS Vincennes）部署到波斯湾并与伊朗小船发生枪战期间，最令人震惊地说明了这个情况。尽管这艘军舰配备了一种当时最复杂和最自动化的海军武器——宙斯盾作战系统（可以自动瞄准来袭导弹和敌机），文森斯号却错误地将伊朗客机鉴别为 F-14 战斗机并向它开火，造成 290 人丧生[32]。事故后的报告和分析发现，对于系统能力的过度相信，加上糟糕的人机界面，造成船上的人员未对系统进行干预致使悲剧的发生。尽管事实上，从附近的军舰上可以获得有关飞机属性的否定性证据，如它误以为是敌机下降并以极快的速度向它靠近。在调查结果中，一个下级军官评论道，"我们叫她机器人巡洋舰（Robocruiser）……她似乎总是在拍照……似乎（总是）告诉人们打开或关闭这种联系，仿佛她的照片更好"[33]。这个军官的印象是，半自主系统可以提供其他方式无法获取的可靠信息。至少在这种情况下，这种想法是不正确的[34]，这个系统没有提供通过其他方式无法获得的信息，而是提供了误导性的信息。战争代理是否因为使用了先进的军事技术而对相关时间的状态有着更深刻的理解，或者他或她的理解和知识是否是准确的，这些都值得怀疑。也就是说，目前尚不清楚道德责任是被加强还是受到了威胁。这里提出的观点是，尽管可获得的信息总量在上升，但是即便信息都是清楚和准确的，在理解具体哪一条信息应该影响行动的自主权和最终的决定方面，存在着道德上理解力的下降。意思是说，复杂系统的操作者也许要承担高标准的责任，因为他们能获得大量的相关信息，但是事实上这些也许会蒙蔽他们的判断，意味着他们可能会更加不负责任。

必须补充说明，先进的技术可能会以一种不清楚甚至是无法度量的方式对它们的用户产生一定程度的影响[35]。这种控制方式并不是隐含在技术本身中，而是通过设计过程和人类行动所展现的其他道德选择的方式施加影响。半自主军事技术有助于集中控制，增加对很多操作的控制，降低成本和提高效率。然而，人类可以施加的控制是有限的；事实上，这个增加的控制只能通过将一些低级别的决策外包给计算机处理来实现，让人类在更加有限的行动范围进行抉择。换句话说，一些军事技术在设计时，其明确目标就是让人类以特定的方式行动，进一步缓解责任的分配。但是，请注意，还远不能说，我们在这些情形中无法进行责任归因。

9.3 自动化战争中所谓的责任缺失

在 9.2 节中，我们看到军事技术的发展是如何导致经营者或用户丧失部分影响力，以及是如何对更一般的道德责任归因提供更广泛的理解的，即限制操作者的责任，也许让我们考虑将剩下的责任份额进行重新分配。在本节中，我们将会看到，随着无人系统日趋计算机化，很多前面描述的问题只会变得更加严重。这些问题和其他因素在完全自动化的战争中，共同造就了被斯巴鲁和其他人认为是比已经讨论过的任何问题都要严重得多的问题。这个问题被认为是对镶嵌在正义战争理论中的责任框架构成了不可逾越的威胁。作为完全理解和驳斥这个问题的本质和含义的最后一步，有必要讨论由斯巴鲁分析得到的一些结论，这些观点最初是由安德雷斯·马蒂亚斯（Andreas Matthias）提出来的[36]。

马蒂亚斯认为，我们沿着自主连续体系发展得越深，就越接近破坏这个社会为了方便责任归因而花费几个世纪的努力建立起来的规则系统[37]。他认为，非自主系统使用是相对安全的，这说明操作者已经阅读过了用户手册并承担使用它的责任[38]，除非机器未能在预定的限制下运行。因此，用户拥有控制权，并对系统正常操作时的行为和事件负责。但是如果系统爆炸了或者系统执行了用户手册中没有说明的行动，这时候我们应该将责任归咎于制造商。从之前的讨论我们知道，当引入能够轻微自主的机器时，考虑到非自主系统的刚性和有限性，道德责任变复杂了。事实上，负责操作这台机器的人失去对这个系统的控制。如果进一步发展，将会发生什么？马蒂亚斯指出，如果美国国家航空航天局（NASA）的一名技术员正在操控的一个半自主的空间机器人，由于过长的反应时间而在连续两次输入的时间间隙掉入火山口，我们认为这名技术员不应该承担责任[39]。任务自主化无人系统在代理和系统之间创造了一个缓冲区，也在行为和事件之间创造了另一个缓冲区。这样，操作者就可以操作很多无人机，提高工作效率，但是付出的代价是理解能力和情景感知的下降。绝对要从操作者身上移走这个责任。然而，真正的问题出现在能够适应和学习新技能的智能机器人上。也就是说，无法进行行为预测是机器人系统的一个特征，而不是一个计算机事故或者技术失败[40]。马蒂亚斯让我们重新分析空间机器人的案例：如果它不是被来自地球的操作员远程控制，而是拥有集成的导航和控制系统、能够将数据存储到内部存储器、能够从这些数据中分析外部世界的表示并采取行动，这时我们又该如何承担道德责任呢[41]？因此，它应该能够记录视频影像并且能够评估穿越任何熟悉地形的难度。马蒂亚斯问道，在这种修改过的情景中，如果机器人再一次掉进火山口，谁又应该对此负责呢？

斯巴鲁随后在他关于无人系统的讨论中提出了这个问题[42]。他让我们想象一架由成熟的人工智能技术引导的无人机向表示愿意投降的敌军投弹的场景。自主武器系统在没有人类操作员的情况下做出投弹决定时，谁应该对这一特殊事件负责呢？读者的第一直觉可能会说，任何道德犯罪或违背正义战争的行为都应该归咎于武器制造者。然而，斯巴鲁通过类比用户手册反对这样的说法。这个类比认为，如果系统手册声明了系统的局限，即机器会以一定的概率袭击错误的目标，那么前面的说法就是不公平的[43]。如果这样的事情发生了，他认为应该是使用者的责任（因为使用者被假定已经读过了用户手册）。另外，一旦系统启动并自主行动，要求编程者或制造商对他们所创造的系统的行为负责，就好比当父母不再呵护孩子时，也要求父母对孩子的行为负责一样[44]。斯巴鲁认为这是错误的，而且它会自然地引导我们考虑应该让指挥官承担责任。然而他再一次认为这是不公平的，并且认为这样做，将引发对我们“智能”武器的质疑。如果机器自己做出决定，他暗示总有一个临界点是我们无法要求指挥官对后续的任何死亡负责的[45]。9.4 节将指出，斯巴鲁关于责任分担错误的观点是不正确的，而且我们还没有到达他所描述的那个临界点上。

然而，在斯巴鲁的解释下，责任最终可能落到机器本身。通常道德责任被归因于道德代理，并且至少在英美哲学传统中，道德代理是为人类预留的。原因就是，不像大部分的动物，理性的人类被看作可以自由权衡自己行动的结果，并选择以某种方式行动，也就意味着他们是有意义的道德行为的发起者。虽然有些人试图将军事机器人人格化，并且像丹尼尔·邓乃特（Daniel Dennett）和苏林斯那样著名的哲学家曾经提出的，这些军事机器人可以被归结为道德代理[46]。但是斯巴鲁认为他们不应该也反对这样一种观点，即机器人可以拥有使人类变为道德代理人的能力。他认为机器人不可能具有等同于人类的心理状态、常识、情感或表达；如果机器人具备了这些能力，将会破坏用机器人代替人类的整个动机[47]。根据这个观点，机器人将具有与人类等价的道德地位。但是这是有争议的，因为可以这样说，尽管人工道德代理可能是值得道德考虑的，但是由于某种自然与人工的区别，这种区别赋予了创造方式更大的权重，他们仍然会认为生物道德代理享有不同的地位。即使机器人没有与人类同等水平的道德地位，较低的自主水平也足以让机器人承担责任。然而，斯巴鲁认为没有机器人可以负责，因为它们不会遭受任何损失[48]。这个观点预先假定遭受损失是承担责任的一个要求，但是这个假设并不被包含在正义战争理论中的责任框架所支持，在总结了这个所谓的问题后我们将回到这一点。

对于斯巴鲁来说，像在他之前的马蒂亚斯一样，我们已经或者即将陷入一个重要的僵局。我们正在开发很多机器，并且只有有限的、正在使用的机器是任务自主的，能够在有限制的场景中在没有任何人工输入的情况下开展一系列行动。更进一步的，所有迹象都说明有些机器的操作规则在生产过程中不是由其制造商所固定的，可以在操作过程中由机器自己改变。也就是说，这些机器具备从周围环境和经验中学习的能力。传统上，对于机器的行为存在几类责任划分，但是马蒂亚斯和斯巴鲁认为，机器人会带来任何人都不会承担责任的行动，因为没有个人或集体能够充分控制这些系统[49]。这些情况构成了马蒂亚斯所说的责任缺失。

乍一看，它也许是基本的责任缺陷——也就是之前描述过的“人多的问题”这一经典问题，然而又与无人系统的出现和完全自主武器系统的前景有着新的关联。但是假设这是错的。马蒂亚斯和斯巴鲁提出的问题不是我们无法鉴别责任主体，而是没有人承担责任。斯巴鲁可能会认为，如果确定相关人员存在任何问题，那是因为他们不存在。在关于共同责任的文章中，菲利普·佩蒂特（Philip Pettit）将其描述为无人问题（problem of no hands）[50]。汤普森曾提出更为人熟知的人多的问题，其特点是道德责任的普遍放弃。这里存在着轻微但却很重要的转变。

虽然不是无可争辩的，责任缺失的支持者所提出的问题非常直观。然而，为了和马蒂亚斯的观点进行区分，斯巴鲁提出，如果我们考虑战争中另一种情况，即使用童子军[51]，也许我们可以更好地理解他的困境。之所以用这个比喻，是因为它有助于将斯巴鲁的观点描述成问题，尽管儿童和机器学习之间的相似性并不像斯巴鲁描述的那么大。他认为，像机器人一样，为什么在战争中使用儿童是不道德的原因之一是，将使用武力的决定权交给不能对他们负责的代理手中。根据他的观点，童子军缺乏完全的道德自主能力，但是他们在某些方面很明显是自主的，并且“肯定比任何存在的机器人更要自主”[52]。他继续表示，当他们不能理解自己所做的事情的道德维度时，他们拿出足够的自主性，使得那些命令他们行动的人不会或不能控制自己。这样会为一些下达命令对使用童子军负责的人带来很多问题[53]。斯巴鲁提出的观点是，存在一个概念空间，在这个空间内童子军和军事机器人是足够自主的，以至于将所有的责任归于成年人或传统道德代理是没有问题的；但是，他们又还没有足够自主到对自己的行为能够完全负责的地步。斯巴鲁认为，他的反对者们试图通过规定相关实体承担比他们所应承担的或多或少的责任来关闭这个概念空间，从而适应一个极性边界，但是这样做并没有完全解决这个问题。他认为，事实上我们应该禁止使用任何自主武器[54]。9.4 节将提出，我们实际上可以借助更加集体化、更实用的、更有前瞻性的共同责任概念来解决这个问题。

9.4 对责任概念的修订

在阐述了正义战争框架中责任的重要性，探索了半自主系统对责任归属提出的一些挑战，并且描述了自主无人系统责任的困境之后，很明显我们需要对责任的概念进行修订。但是需要澄清的是，马蒂亚斯和斯巴鲁的论点都取决于三个基本的前提。第一个前提，程序员、制造商和指挥官等，也许无法预知具有学习能力的自主机器人，在高度复杂和动态的军事操作环境中将做出什么选择。第二个前提，没有一个代理可以完全地控制这些系统的发展和后续的应用，无论和这个现实状况有没有关系，伤害他人的事情最终都会发生。第三个前提，系统对导致伤害的行动的周围环境保持警觉，且能够基于这些信息自由地操纵相关的因果链，系统只有在这种意义上实现控制的时候，代理才应该需要对这些伤害负责。结论表明，因为这些与程序员、制造商和指挥官无关，所以部署这些系统会导致某些道德上的空白，我们传统的责任概念不能对此进行解释。尽管问题很明了，但是不明显的是，从表面来看总体的结论是可以接受的或者任何个别前提是正确的。有很多方法可以克服这些所谓的责任缺失，或者至少存在很多可以被质疑的前提，使人怀疑手头上的问题是难以克服的。

在讨论这种所谓责任缺失的本质、说明其不足以作为禁止使用自主系统的正当理由时，指出追责条件的范围大是非常重要的。在讨论责任分担的观点时，我们很快就会发现：即便没有单个人可以完全控制自主系统的功能，追责也不是不可能的。因为程序员、制造商和指挥官不能完全控制无人系统的操作和制造，就建议免除他们任何形式的责任，马蒂亚斯和斯巴鲁在这个观点上走得太远了。对常识的呼吁应该揭示出，找出多个个体在开发和部署过程中的失败，然后否认他们的道德责任[55]，是荒谬且潜在危险的。这样做是拒绝了纠正过去、现在和未来错误的机会。与严格的责任所规定内容相反的是，这种强烈的控制意识对于实施一定程度的道德责任来说并非必需的。相关的程序员、设计者、制造商和指挥官都应该承担一定程度的责任。用斯巴鲁的话说，要求程序员对具有动态学习能力的机器人的行为负责，就类似于要求父母对已经脱离他们呵护的孩子的行为负责一样。孩子和机器存在不同的学习机理，任何这样的类比都存在局限性。但是他似乎忽略了这样的事实，那就是父母至少有一部分责任来让孩子脱离呵护而变得独立的那一刻做准备。非常相似的是，一旦机器人被交付使用，无人系统的开发者对确保机器人能够按照预定的功能工作负有重要的责任。但是在大多数情况下，这种愿景还远未达到。继续拿指挥官与抚养做类比，如当父母教孩子开车的时候，父母会把孩子放在能够学到必要技能而又不至于让孩子或他人受伤的位置。类似地，一个自主系统的指挥官有责任保证这个系统是经过完全测试的原型机，或者被放置在合适的学习环境或测试环境中，直到它的表现和人工系统一样，或者发生任何严重伤害的概率非常小，以至于我们可以通过后面将要描述的功能道德来解决。所谓功能道德是指，工程师和制造商通常会选择发布具有一定不可预测性的智能机器，并且更正小错误的程序可以代替惩罚。

机器要想实现完全自主，还有很长的一段路要走（如果不是不可能）；斯巴鲁用童子军进行类比时指出了这一点。机器将不会像那些关于憎恨人类的《终结者》之类的电影中描述的那样仅仅“觉醒”。事实上，没有曼哈顿工程那种规模的集体努力，不可能制造出这样的实体。从中得到的教训是：所有参与的代理，所有与使用无人系统有关的其他人（包括半自主系统的使用者）都应该承担一份责任，即使他们说对这些系统并没有进行完全或绝对控制。做出使用无人武器的责任是模糊的、没有人应该对无人武器的使用负责，或不可能处理自主系统的情形之类的结论，不仅是鲁莽的，而且是危险的。相反（正如其他人对信息学的争论一样）[56]，在无人系统的发展中我们正处于这样一个重要的节点，即我们有理由调整和改善道德责任的概念，并且抛开道德责任强加依赖于代理的想法，他们对先进机器人的技术设计和部署的所有方面拥有完全控制权。这是因为，这些系统都非常复杂，几乎没有与设计、开发和使用有关的决定是基于个人考虑而做出的。既然没有人对相关结果进行完全控制，在我们对这些系统进行道德评价时，为什么单单关心人类的动机和行动呢？我们需要抛弃通常依赖的关于个人责任的不充分的观念，并且接受更复杂的集体责任概念，其途径和范围涵盖非人类活动。也就是说，它必须是一个全面的方法，能够承认各种人类代理、系统和组织或机构的贡献。随着技术发展、风险的增加和潜在责任相关问题的积累，愈发需要更新我们的道德价值和相关的责任观念。

值得注意的是，那些预见到我们正面临诸如智能机器人等发展困难的人，已经考虑呼吁我们改变思考责任的方式。例如，丹尼尔·邓乃特和彼得·斯托森（Peter Strawson）很早以前就认为，我们应该尽可能少地将道德责任看成个人义务，而更多地看成由实用的群体规范所主观定义的角色[57]。之所以赞同这种观点，主要是因为更经典的解释会导致无穷无尽的关于自由意志和意向的问题，这不是能被旨在得到这些结论的实用观点所能够轻易解决的。这种实际解释的好处是支持非人类实体。例如，复杂的社会技术系统，以及制造他们的企业要对它们所导致的危害负责。这似乎需要我们站在非道德和完全道德代理之间的一个连续的代理关系的角度来思考问题，我们这里关注的机器人类型与后者相差甚远。这种实用主义的（或功能性的）方法支持代理随着时间发展，将焦点逐渐转移到复杂系统未来的适当行为上，将道德责任更多地看成聚焦于结果的合理并有效的社会政策问题。出于本节的主旨，这对看待道德责任和这个实用主义的解释与前文提到的社会契约论的观点的一致性是有帮助的。也就是说，我们应该把道德责任视为社会为保卫公共空间并保持相对和谐状态而使用的一种机制，这种和谐是个体向国家转移权力时的契约产生的。因此，这个责任机制的目标是阻止社会遭受进一步的伤害并且阻止他人犯相似的错误。对社会契约和正义战争理论的违反者进行惩罚也许是有用的，但是严格讲这种惩罚不是必要的，也不是在所有的情况下避免伤害的最好方法。就像耶罗恩·范·登·霍芬（Jeroen van den Hoven）和格特·扬·洛霍斯特（Gert-Jan Lokhorst）所说的，无论是人类的心理辅导还是机器的再造，治疗在许多情况下和避免伤害是同样有效的选择，可以以不同形式应用于非人类代理[58]。这一点很重要，因为它意味着在“操作的道德和真正的道德代理”[59]之间有足够的概念空间来承担责任，或者用弗洛瑞迪的话说是负有道德责任，人工代理可以执行一项任务并对结果进行评判[60]。

在无人机的辩论中，也许是因为工程师和程序员也试图采取一种玩忽职守的模式对有害事件的责任进行分配，学者似乎也专注于一种向后看的责任感。然而，一种可以弥补所谓责任缺失的有效和高效的责任机制，不仅仅是在一些事情出错的时候才要求某个人去负责。因此，这种回溯性责任感必须与前瞻性责任感区分开，后者更侧重于引起改变的能力，而不是承担责任等[61]。也就是说，在某种程度上，我们必须停止单纯地考虑过去的失败，并考虑在以后的行动中关注这相互的责任。这是因为在真正的世界性问题的辩论中，如越来越多自主无人武器的使用，我们也希望用道德概念来处理潜在的问题。出于这个目的，从现在开始，我们可以提出前瞻性责任来采取行动，主要为了预防不良后果，或者保证特定的状态比通过回顾模型的替代方法更有效、更高效地获得结果。考虑到未来的伤害，它对那些参与设计、制造和使用无人系统的人提出了一般性义务。不可否认，就像赛梅斯·米勒（Seamus Miller）指出，通过计算很难得出一个可靠的结论，也就是到底需要对无人系统预测未来多么久远的事情[62]。也就是对军事机器人来说，两件事是清楚的：第一，如果最近困扰无人系统的麻烦有任何迹象的话，代理有合理的理由期待意外；第二，一旦完全自主系统被开发和利用，制定再多的政策也无法阻止它们的蔓延。

特别是后面的原因，我们必须更仔细地思考大部分前瞻性责任在哪些场合中是失效的。在讨论富裕国家在对抗气候变化的过程中，比其他国家必须拿出更多的行动时，詹姆斯·嘉维（James Garvey）引用了康德的观点，提出“能够意味着应该”和“应该意味着能够”在一些其他情况下，“能够”后面的经济和政治手段促成了应该被纠正或者被减轻的问题[63]，这对于我们目前所讨论的责任问题似乎也成立。一般来讲，一个代理拥有的权利越多而且处理的资源越多——无论这些资源是智力的、经济的还是其他方面的——当问题出现时，他们越有义务采取合理的行动[64]。基于对社会贡献的能力水平，杰西卡·法尔奎斯特（Jessica Fahlquist）提出了一种特别的方法来辨别某个人在环境保护义务上的程度，指出在军事和军事工业综合体中变革的能力与在环境世界中大致相同，没有理由不把这一点应用到无人机的辩论中，并且扩大到无人系统的制造商以及管控无人系统的政府中[65]。军工复合体的企业处于独特的地位，有能力预见伤害的风险，并推断开发学习系统带来的可能后果。事实上，犯错之后这样做，会带来很高昂的代价。而且，制造商处于最有利的位置，给工程师们创造机会来做而不用担心受到谴责，无论是按计划进行还是在系统里的特定限制下进行设计，或是直接拒绝承担这样的项目。因此，似乎有理由对他们提出前瞻性的责任。然而我们知道，对于这些军工复合体的集体代理来说，有时候利益能够战胜道德。因此，相关方也应当分担前瞻性责任。如果制造商不能自我调节并建立适当的工业标准，应该将一定程度的责任归咎于政府。因为政府有义务监督制造商，并为他们产品开发和应用设定规范框架。

需要注意的是，虽然本章中提出的观点似乎是反对斯巴鲁禁止开发和使用无人系统的观点，但这只是部分正确的。这里的反对意见只是他的所主张的前决条件，或者他用来得出反对使用杀手无人机结论的那种机器人。也就是说，始终看不出斯巴鲁需要做出非常大胆的结论，即主张没有人可以为在具有操作自主性和真正道德自主性之间的军事机器人的使用负责。似乎许多其他的代理是足够负责的，通过将工具性的方法与回溯性责任和之前提到的前瞻性责任相结合，就有可能公平地分配责任[66]。也可能是政府这样的一些代理也得出了与斯巴鲁相同的结论。那就是，虽然国家和他们的军队有契约义务来有效并高效地保护那些给予它们权利的公民，但是结果可能意味着要避免在一些环境中使用无人系统。并且事实上，在前面的几章中得出的结论中也有一些相关的证据。事实上，时间也许会证明无人系统提出了这样的一个问题：保证共同制定国际公约或者新的《日内瓦公约》，以禁止使用无人系统，除了某些特殊的情形，也许在世界的某个偏远地区明确地标定了“杀戮区”。然而，这些还不清楚，根据这里所提倡的责任修订解释的特点，禁止使用无人系统并没有本质上的责任差异，至少不是没有参考其他章节讨论的问题。

评论家可能认为，将过多的责任分配给组织或政府的行动者的解释会侵蚀个人的责任感，并且对于改善无人机合理结果也不会获得预期的效果。他们也许会问，如果免除在传统道德观念之下的个别政党集体暴行的责任，将会发生什么？回应这个担心的方法很少。事实上，第一个要强调的是根据回溯性和前瞻性模型，个人是不能免除责任的。在功能性或实用性解释下，个人代理仍然要对他们参与战争犯罪负责。因此，如果一个程序员或者一个指挥官由于失误炸毁了整个村庄，他们将要承担责任。通过施加前瞻性责任，他们需要保证系统以期望的方式设计、开发、测试和使用。因为个体代理是社会契约的核心单元，回应的第二种方式是重申：假设代理逐渐开始接受新的价值观并做正确的事情的想法很明显过于理想，但是在一些情况下，在个人、机构、政府之间分配行为责任更公平、更有效。这是因为，站在中长期的角度，必须意识到人类和非人类代理都会犯下违背正义战争理论某些规则的错误。结果在相关的情境下，最大的责任分担必须归于最有能力的代理。在权利本位理论中，为了强调对责任的过度简单分析，亨利·舒（Henry Shue）建议在一些情况下，考虑到我们所拥有的时间、问题属性和严重性，我们必须超越个体，以最有效和最高效的方式将责任分配到机构[67]。因为提供物理安全的责任最终落在了像司法系统和警察部队一样的机构。对于斯巴鲁所说的杀戮机器人，最好将大部门的前瞻性责任，实施到政府或者它的相关部门，因为政府最能保证系统可以被设计成能够排除或者减少类似错误的影响，或者政府能够采取相应的措施处理同样的问题。必须再次强调，这并不意味着个人代理或者具有相关能力和资源的公司，不用为获得期望效果而努力或者可以免于分担责任，而仅仅表明政府代理应该付出更多努力，因为这里提出的责任解释能够追溯到他们的角色，并且他们需要为违反正义战争理论的行为承担责任。

9.5 小结

本章首先提出有必要在正义战争理论中明确地阐述责任问题，并且反驳了那种有明确的要求追究有罪个人的责任的说法。正义战争理论暗含一个责任原则：无论道德谴责有多么的困难，战争代理——无论是人、非人实体、还是他们的组合——必须要为违反正义战争理论的行动负责。9.2 节中指出，从用户远离责任感到模糊化因果链，技术对责任归属造成了很多障碍，使得我们更难发现道德上的错误。9.3 节阐述了在完全自主无人战争中，这些因素和其他问题是如何共同造就斯巴鲁——以及之前的马蒂亚斯——所提出的道德差异问题，或者一类没有人或实体应该负责的行动的。9.4 节为责任理论奠定了基础，主要观点是行动和责任可以分配到人、非人代理或两者的组合。需要更多的研究才能揭示这个新责任理论的内容及其深刻内涵；但是，即便没有其他的研究，本章有望阐明，尽管在自主系统中比在半自主和非自主系统中追责更加复杂和困难，但却绝不是一个无法解决的难题。

注　释

1 Walzer, *Just and Unjust Wars: A Moral Argument with Historical Illustrations*, 287-288.

2 这些理论家中的许多人都来自国际机器人武器控制委员会，这个委员会发出呼吁——禁止使用自主致命机器人，那些机器人自主地做出使用暴力的决定。委员会提出禁令的理由是“我们担心机器人在决定使用武力时会破坏人类的责任，模糊对后果的责任”。见国际机器人武器控制委员会“Scientists's Call”，http://icrac.net/call/；也可见 Bill Keller，“Smart Drones”, *The New York Times* (2013), http://www.nytimes.com/2013/03/17/opinion/sunday/keller-smart-drones.html?pagewanted=all.

3 Sparrow, “Killer Robots”, 67.

4 同上。

5 Royakker and van Est, “The Cubicle Warrior: The Marionette of Digitalized Warefare”, 290.

6 J.Fieser and B.Dowden, “Just War Theory”, *The Internet Encyclopedia of Philosophy* (2007), http://www.iep.utm.edu/j/justwar.htm.

7 Jeff McMhan, “The Ethics of Killing in War”, *Ethics* 114, no.1(2004): 55.

8 同上，56。

9 这些解释被划定权力边界和各自承担责任相关问题困扰。

10 相关讨论见 Walzer, *Just and Unjust Wars: A Moral Argument with Historical Illustrations*, 146.

11 同上，156。

12 同上，129。

13 Royakker and van Est，“The Cubicle Warrior: The Marionette of Digitalized Warefare“.

14 Walzer, *Just and Unjust Wars: A Moral Argument with Historical Illustrations*, 301.

15 同上，302-303。

16 同上。

17 Royakker and van Est, “The Cubicle Warrior: The Marionette of Digitalized Warefare”, 291.

18 更多这样的例子见 Coleman, *Military Ethics: An Introduction with Case Studies*.

19 John Martin Fischer and Mark Ravizza，*Responsibility and Control: A Theory of Moral Responsibility* (Cambridge: Cambridge Press, 1998).

20 同上，13。

21 同上，12-13。

22 这里讨论了最常见的因素，如 Katinka Waelbers 的论文，“Technological Delegation: Responsibility for the Unintended” *Science and Engineering Ethics* 15，no.1(2009): 58-60. 对于要求某人在道德上承担责任的条件，存在一些分歧。进一步的讨论，可以参考下面文献中所提出的几个观点：Hans Jonas, *The Imperative of Responsibility. In Search of an Ethics for the Technological Age* (Chicago: University of Chicago Press, 1984); John Martin Fischer and Mark Ravizza, eds, *Perspectives on Moral Responsibility* (Ithaca: Cornell University Press, 1993).

23 Merel Noorman, “Computing and Moral Responsibility”, http://plato.stanford.edu/archives/fall2012/entries/computing-responsibility/.

24 这个术语是由丹尼斯·汤普森提出的，写在庞大的官僚机构政治官员道德责任的主题中。更多信息参见 Dennis Thompson，*Political Ethics and Public Office* (Cambridge: Harvard University Press, 1987); Dennis Thompson, “Moral Responsibility and Public Officials: The Problem of Many Hands”, *American Political Science Review* 74, no.4 (1980).

25 Batya Friedman, “Moral Responsibility and Computer Technology”, in *Annual Meeting of the American Educational Research Association* (Boston, MA1990).

26 Grossman, *On Killing: The Psychological Cost of Learning to Kill in War and Society* 97.

27 Waelbers, “Technological Delegation: Responsibility for the Unintended”, 52.

28 McMahan，*Killing in War*, 详见第 2 章和第 3 章。

29 Shoshana Zuboff，“Automate/Informate: The Two Faces of Intelligent Technology”, *Organizational Dynamics* 14，no.2 (1985): 8-10.

30 United States Department of Defense, “FY2009-2034 Unmanned Systems integrated Roadmap”, 2.

31 Mary L.Cummings，“Automation Bias in Intelligent Time Critical Decision Support Systems”, in *AIAA 1st Intelligent Systems Technical Conference* (Chicago, 2004).

32 关于这一事件及导致该事件的一连串事件，更完整的讨论可以参考：Regan H.Campbell and Geoffrey Eaton, “It’s All About You: Implementing Human-Centered Design”, in *Human Performance Enhancement* in *High-Risk Environment: Insights, Developments, and Future Directions from Military Research*, ed. Paul O’Connor and Joseph Cohn (Santa Barbara：ABC-CLIO，2011), 214-215; Colin S.Gray, “AI at War: The Aegis System in Combat”, in *Directions and Implications of Advanced Computing*, ed. D.Shculer (New York: Ablex, 1997).

33 W.Rogers and S.Rogers，*Storm Center: The USS Vincennes and Iran Air Flight 655* (Annapolis: Naval Institute Press, 1992), 133.

34 Noemi Manders-Huits, “Moral Responsibility and IT for Human Enhancement” (The Association for Computing

Machinery Symposium on Applied Computing, Dijon, 2006).

35 同上。

36 Andreas Matthias，"The Responsibility Gap: Ascribing Responsibility for the Actions of Learning Automata", *Ethics and Information Technology* 6 (2004).

37 同上，175。

38 同上，175-176。

39 同上。

40 Jason Millar and Ian Kerr，"Delegation, Relinquishment and Responsibility: The Prospect of Expert Robots", in *We Robot* (Coral Gables: University of Miami School of Law, 2012), 6.

41 Matthias, "The Responsibility Gap: Ascribing Responsibility for the Actions of Learning Automata", 176.

42 Sparrow, "Killer Robot", 69.

43 同上，70。

44 同上。

45 同上，70-71。

46 John P. Sullins，"When Is a Robot a Moral Agent?", *International Review of Information Ethics* 6，no.1(2006)；Daniel D.Dennett，"When HAL Kills, Who's to Blame? Computer Ethics", in *HAL's Legacy: 2001's Computer as a Dream and Reality*, ed. D. G. Stork (Cambridge: MIT Press 1997).

47 Sparrow, "Killer Robot", 71-73.

48 同上，72。

49 同上，73；Matthias，"The Responsibility Gap: Ascribing Responsibility for the Actions of Learning Automata", 177.

50 Philip Petit，"Responsibility Incorporated", *Ethics* 117，no.2(2007): 198.

51 Sparrow, "Killer Robot", 73-74.

52 同上，73。

53 同上，74。

54 同上。

55 Donald Gotterbarn, "Informatics and Professional Responsibility", *Science and Engineering Ethics* 7，no.2(2001): 225.

56 Mander-Huits, "Moral Responsibility and IT for Human Enhancement".

57 Daniel D. Dennett, "Mechanism and Responsibility", in *Essays on Freedom of Action,* ed. Honderich (Boston: Routledge and Kegan Paul, 1973); Peter F. Straswon, "Freedom and Resentment", n *Freedom and Resentment and Other Essays* (Methuen: London 1974).

58 Lokhorst and van den Hoven，"Responsibility for Military Robot".

59 Wallach and Allen, *Moral Machines: Teaching Robots Right from from Wrong*, 10.

60 Luciano Floridi and J. Sancers，"The Foundationalist Debate in Computer Ethics", in *Readings in Cyberethics*, ed. R. Spinello and H. Tavani (Massachusetts: Jones and Bartlett，2004).

61 Gotterbarn, "Informatics and Professional Responsibility", 227.

62 Seumas Miller, "Collective Responsibility and Information and Communication Technology", in *Information Technology and Moral Philosophy, ed. Jeroen van den and John Weckert* (Cambridge: Cambridge University Press, 2008).

63 James Garvey, *The Ethics of Climate Change: Right and Wrong in a Warning World* (Bloomsbury: New York, 2008), 86.

64 Jessica Nihlèn Fahlquist, "Moral Responsibility for Environmental Problems—Individual or Institutional ? ", *Journal of Agricultural and Environmental* 22, no.2(2008): 123.

65 同上。

66 这里没有主张精确的责任划分，因为本书并不讨论法律知识或者具体案例。

67 Henry Shue, “Mediating Duties”, *Ethics* 98, no.4(1988): 696-698.

10
结　论

尽管前面章节中主题非常丰富，但是有个鲜明的态度和主要观点贯穿始终，这个观点是：在具有国防需要的今天，平衡社会、政治和道德问题时所面临的困难。本书从一个令人警醒的故事开始讲述，故事表明无人系统可以使战争变得不再那么野蛮、无能为力，甚至是过时的（第 1 章）。据说在很多其他军事技术创新领域中也曾出现过类似的警示，如机械、坦克、炮弹和炸弹等。接下来是关于军事技术创新中渐进自主性技术的调查和讨论（第 2 章）。尽管我们还远未达到生产具有人类作战能力的真正自主机器人的阶段，但辅助技术却正在经历快速的发展，半自主机器人系统的智能化程度已经足够用于商业和军事目的。

第 3 章阐述了这些技术将如何指挥政府和军队部署力量以降低士兵的身体伤害。不论好坏，军事机器人的应用都将尽量减少战斗带来的心理压力。同时也证明军事机器人的应用减少了军队对环境的影响；更重要的是，比人类士兵更经济、更有效。简而言之，许多具有道德相关性的军事、战略和政治奖励都与这些机器的使用有关。

第 4 章试图提供一个广泛而完整的、基于契约的正义战争理论版本，并且探索使用无人系统得到收益的同时可能面临的制约。对于认为正义战争理论已经过时的观点，有人认为将现有的正义战争原则应用到无人战争中必将充满复杂性，但是这代表这是缓和各国应对威胁反应的最好机会。

接下来的章节是本书的核心，对这些复杂性进行了详细的考察。第 5 章讨论了应用无人系统所带来的潜在技术与操作问题，特别是在我们目前的风险环境下（在这种环境下，美国和盟军部队不会被置于危险的道路上），对人类的自满情绪和技术局限表达了深深的忧虑。

另外，第 6 章阐述了社会政治和心理因素。在很多情况下，可能的目标、其他可能的受害者、公民和外部观察人士，对无人机攻击并不了解或者观点被扭曲，这就对管控战争正当性的正当权威原则提出了挑战。有人认为，有更先进的技术可以解决这些问题。但是这些想法，以及世界各国政府希望增加无人机使用规模和强度的事实，共同提出了第 7 章中所描述的完全非对称性问题。这里的问题是，一些国家可能最终在军事机器人方面发挥强大的力量，而这些国家所面临的风险却很低，这将成为正义战争的障碍。第 8 章试图探讨一个未被广泛探讨的话题，即战争的结束。当无人系统用来支持坦率的沟通和直接的援助支持任务，而不是用于激怒和恐吓当地民众时，其在促进持久和平中可能发挥作用。

那么这里提出的信息，就是我们通过使用创新的军事机器人让西方世界更加安全和繁荣的每一步，对于所有利益相关者而言都意味着危险。本书的另一个问题主线是，我们应该对那些过分乐观或者过于愤世嫉俗的观点持怀疑态度。各种过于乐观的观点往往会首先引来批判，但是各种过于愤世嫉俗的观点也会把争论引向错误的方向。例如，一些反机器人协会担心没有清楚的证据表明高度自主无人系统拥有或者在可预见的未来将会拥有精确的目标识别能力、态势感知能力或者做出均衡打击决定的能力。因此，他们认为自主系统将会削弱人的责任，不能满足使用武力的严格要求。他们的总结是，如果这些担心属实，自主无人系统就应该被禁止使用。他们认为自己得出的结论尤其正确，特别是在现代战争中，战场没有清晰的界线，平民、叛乱分子和战斗人员越来越难以区别。

就像第 9 章描述的那样，在责任归属方面的确存在大量复杂的问题。然而，无论是追责问题，还是本书中总结的其他问题，都不能为完全禁止开发和使用自主无人系统提供充足的正当理由。目前的问题是确定我们能否将相关的挑战充分进行管理、转化为有用的可操作的解决方案，而不是过早地讨论直接禁止。虽然开发无人系统的目标在于减少或者免除士兵参与战争，但是我们应该第一步做的是承认无人战争是一项人类活动和社会制度。回顾一下定义，战争是通过契约关系维持的有组织的暴力活动。人类是无人战的主要驱动者；我们定义了选项，并根据心理、社会和文化因素做出选择。更进一步，我们必须积极寻求在经验层面理解这些影响，然后进一步考虑它们的政治策略、法律和道德意义。虽然道德图景模糊的说法是安全的，但是即使是最自主化的系统也似乎存在一些合法性角色。例如，无论是在偏远地区的边境巡逻，还是参与不会发生平民伤害的固定“杀人区域”内的战争，没有明显的道德理由来禁止将它们用于某些非常特别的目的。但是，实际的管控是非常有必要的。

参考文献

Abdul-Ahad G, 2012. Yemenis Choose Jihad over Iranian Support[N/OL].The Guardia.http://www.guardian.co.uk/world/2012/may/10/yemen-jihad-iran-saudi-interference.

Ackerman G A, 2006. It is hard to predict the future: The evolving nature of threats and vulnerabilities[J]. Revue Scientifique et Technique International Office of Epizootics, 25(1):353-360.

Adams T, 2001. Future warfare and the decline of human decision-making[J]. Parameters: The US Army War College Quarterly Senior Professional Journal, 31(4): 57-71.

Alford H, 1839. The Works of John Donne: With a Memoir of His Life[M]. London: John W. Parker.

Allen N, 2006. Just war in the "Mahabharata" [M]//Sorabji R, Rodin D. The Ethics of War: Shared Problems in Different Traditions. Aldershot:Ashgate: 138-149.

Allison R, 2004. Russia, regional conflict, and the use of military power[M]// Miller S E, Trenin D. The Russian Military: Power and Policy. Massachusetts: MIT Press: 121-156.

Anderson S, Madhava K, Taddonio K, 2007. Technology Transfer for the Ozone Layer:Lessons for Climate Change[M]. London: Earthscan.

Anscombe E, 1986. War and murder[M]//Wakin M M. War, Morality and the Military Profession. Boulder: Westview Press.

Arkin R, 2008. On the ethical quandries of a practicing roboticist: A first-hand look[M]//Briggle A, Waelbers K, Brey P. Current Issues in Computing and Philosophy. Amsterdam: IOS Press: 45-49.

Arkin R, 2009. Ethical robots in warfare[J]. IEEE Technology and Society, 28(1): 30-33.

Arkin R, 2009. Governing Lethal Behavior in Autonomous Robots[M]. Boca Raton: CRC Press.

Arkin R, 2010. Governing lethal behaviour[M]//Dabringer G. Ethical and Legal Aspects of Unmanned Systems: Interview. Vienna: Institute for Religion and Peace: 149-156.

Arkin R, 2010. The case for ethical autonomy in unmanned systems[J]. Journal of Military Ethics, 9(4):332-341.

Asaro P M, 2008. How just could a robot war be?[M]//Brey P, Briggle A, Waelbers K. Current Issues in Computing and Philosophy. Amsterdam: IOS Press. 50-64.

Asaro P M, 2009. Modeling the moral user[J]. IEEE Technology and Society, 28(1): 20-24.

Asaro P M, 2010. Military robots and just war theory[M]//Dabringer G. Ethical and Legal Aspects of Unmanned Systems: Interviews. Vienna: Institute for Religion and Peace: 103-119.

Associated Press, 2003. Text of Bush Speech[N/OL]. CBS News. http://www.cbsnews.com/stories/2003/05/01/iraq/main551946.shtml.

Associated Press, 2009. US Military Damaged Ancient Babylon Site[N/OL]. The Sydney Morning Herald. http://www.smh.com.au/world/us-military-damaged-ancient-babylon-site-20090710-deuh.html .

Augustine, 1984. City of God[M]. London: Penguin Books.

Axe D, 2008. War Bots: How U.S. Military Robots Are Transforming War in Iraq, Afghanistan, and the Future[M]. Ann Arbor: Nimble Books.

Bacevich A J, 2005. The New American Militarism: How Americans Are Seduced by War[M]. Oxford: Oxford University Press.

BAE Systems. BAE Systems Unveils Latest Innovative Unmanned Underwater System[EB/OL].http://www.baesystems.com/Newsroom/NewsReleases/autoGen_107227114948.html.

Baker D P, 2011. Just Warriors Inc: The Ethics of Privatised Force[M]. New York: Continuum.

Baker D P, 2011. To whom does a private military commander owe allegiance?[M]//Tripodi P, Wolfendale J. New Wars and New Soldiers: Military Ethics in the Contemporary World. Farnham: Ashgate: 181-200.

Balyko Y, 2008. NATO's unmanned aerial vehicles in local conflicts[J].Military Parade, 1: 36-37.

Barker J, 2005. Agincourt: The King, the Campaign, the Battle[M]. London: Little &Brown.

Bames M, Evans A W, 2010. Soldier-robot teams in future battlefields: An overview[M]//Barnes M, Jentsch F. Human-Robot Interactions in Future Military Operations. Barnes: Ashgate: 9-30.

Barnes M, Everett H R, Rudakevych P, 2005. Throwbot: Design considerations for a man-portable throwable robot[J]. Proceeding of the SPIE, 5804: 511-520.

Barrett E, 2010. Executive summary and command brief[J]. Journal of Military Ethics, 9(4): 424-431.

Bartlett R, 2004. United States Navy[M]. London: Heinemann Library.

Bash H H, 2011. Stuff 'N' Nonsense: A Hodge-Podge of Whimsical, Sober & Politically Incorrect Musings[M]. Toronto: Inkwater Press.

Baumgold D, 1983. Subjects and soldiers: Hobbes on military service[J]. History of Political Thought, 4(1):43-63.

Beauchamp Z, Savulescu J, 2013. Robot guardians: Teleoperated combat vehicles in humanitarian military intervention[M]// Strawser B J, McMahan J. Killing by Remote Control: The Ethics of an Unmanned Military. New York: Oxford University Press: 106-125.

Beck U, 1999. Word Risk Society[M]. Cambridge: Polity Press.

Belin D, 1987. Computers in Battle: Will They Work?[M]. New York: Harcourt Brace Jovanovich Publishers.

Belkmy A J, 2008. The responsibilities of victory: Jus post bellum and the just war[J]. Review of International Studies, 34(4): 601-625.

Benjamin M, 2012. Drone Warfare: Killing by Remote Control[M]. New York: OR Books.

Bergen P, Teidmann K, 2010. The year of the drone: an analysis of us. drone strikes in Pakistan 2004-2010[J/OL]. Foreign Policy. http://www.foreignpolicy.com/articles/2010/04/26/the_year_of_the_drone .

Bergen P, Teidmann K, 2011. Washington's phantom war: The effects of the U.S. drone program in Pakistan[J]. Foreign Affairs, 90(4): 12-18.

Betz D J, Lee S, 2006. Information in the Western Way of Warfare-Too much of a good thing?[J]. Pacific Focus, 21(2): 197-231.

Biddle S, 2002. Afghanistan and the Future of Warfare: Implications for Amy and Defense Policy[M]. Carlisle: Strategic Studies Institute.

Black J, 2007. The revolution in military affairs: The historian's perspective[J]. Journal of Military and Strategic Studies, 9(2): 1-42.

Bonds R, 2002. Illustrated Directory of Modern American Weapons[M]. Minneapolis: Zenith Imprint.

Booher L, 2005. What could happen? No room for complacency in OIF[J]. Combat Eage, 13(10): 4-7.

Bookstaber R. Will the Unemployed Really Find Jobs Making Robots?[EB/OL]. http://www.businessinsider.com/will-the-unemployed-really-find-jobs-making-robots-2012-8.

Boot M, 2006. War Made New：Technology, Warfare, and the Course of History, 1500 to Today[M]. New York: Gotham

Books.

Bosanquet C, 2007. The ethics of a just post bellum[J]. International Society of Military Ethics.

Bowycr D, 2008. Just War Doctrine: Relevance and Challenges in the 21st Century[D]. Cranfield: Cranfield University.

Boyne W J, 2011. How the Helicopter Changed Modern Warfare[M].Gretna: Pelican Publishing Company, Inc.

Brandt R, 1986. Utilitarianism and the rules of war[M]//Wakin M. War, Morality, and the Military Profession. Boulder: Westview Press: 393-413.

Braun M, Brunstetter D, 2014. Rethinking the criterion for assessing CIA-targeted killings: Drones, proportionality and jus ad vim[J]. Journal of Military Ethics, 12(4): 304-324.

Brennan J O, 2012. The Efficacy and Ethics of U.S. Counterterrorism Strategy[A]. Woodrow Wilson International Center for Scholars.

British Broadcasting Corporation. Belgrade Hit by NatoBlitz[EB/OL]. http://news. bbc.co.uk/2/hi/ europe/332328.stm.

Bronner E, 2012. Israel Plans New Rules on Exchange of Prisoners[N/OL]. The New York Times. http://www.nytimes.com/2012/01/06/wodd/middleeast/after-shalit-israel-changing-prisoner-exchange-rules.html.

Bruneau T C, 2005. Civil-military relations in latin America: The hedgehog and the fox revisited[J]. Revista Fuerzas Armadasy Sociedad, 19(1): 111-131.

Bruneau T C, 2011. Patriots for Profit: Contractors and the Military in the U.S. National Security[M]. Stanford: Stanford University Press.

Bruneau T C, Matei F C, 2008. Towards a new conceptualization of democratization and civil-military Relations[J]. Democratization, 15(5): 909-929.

Brunstetter D, Braun M, 2011. The implications of drones on the just war tradition[J]. Ethics & International Affairs, 25(3): 337-358.

Bryant J K, 2010. The Battle of Fredericksburg: We Cannot Escape History[M]. Charleston: The History Press.

Bryce M, 2009. The unique nature of military service[M]//Defence Force Welfare Association Forum. Canberra: Defence Force Welfare Association.

Buley B, 2008. The New American Way of War: Military Culture and the Political Utility of Force[M]. New York: Routledge.

Burgan M, 2009. Nikola Tesla: Physicist, Inventor, Electrical Engineer[M]. Mankakto: Compass Point Books.

Cady D L, 2010. From Warism to Pacifism: A Moral Continuum[M]. Philadelphia: Temple University Press.

Calhoun L, 2011. Political philosophers on war: Arguments inside the "Just War" box[J]. The Independent Review, 15(3): 447-461.

Cameron L, 2006. Private military companies: Their status under international law and its impact on their regulation[J]. International Review of the Red Cross, 88(863): 573-598.

Campbell R H, Eaton G, 2011. It's all about you: Implementing human-centered design[M]//O'Connor P, Cohn J. Human Performance Enhancement in High-Risk Environments: Insights, Developments, and Future Directions from Military Research. Santa Barbara: ABC-CLIO: 21-223.

Canning J, Dabringer G, 2010. Ethical challenges of unmanned systems[M]// Dabtinger G.Ethical and Legal Aspects of Unmanned Systems: Interviews. Vienna: Institute for Religion and Peace: 7-19.

Capek K, 2010. Rossum's Universal Robots [M]. Translated by Wyllie D. Fairford: Echo Library.

Cavelty M D, 1988. Cyberwa[M]// Kassimeris G, Buckley J. The Ashgate Research Companion to Modem Warfare. Furnham: Ashgate.

Center for Civilians in Conflict, 2012. The Civilian Impact of Drones: Unexamined Costs, Unanswered Questions[M].

New York: Columbia Law School Human Rights Clinic.

Chappelle W, McDonald K, McMillan K, 2011. Important and Critical Psychological Attributes of USAF MQ-1 Predator and MQ-9 Reaper Pilots According to Subject Matter Experts[M]. Edited by Department of the Airforce. Ohio: USAF School of Aerospace Medicine.

Childress J F, 1978. Just-War Theories: The bases, interrelations, priorities, and functions of their criteria[J]. Theological Studies, 39(3): 427-445.

Chiu Y, 2007. Combat Contractualism: A Secular Theory of Just War[M]. Berkeley: University of California.

Chow J C, 2012. The Case for Humanitarian Drones[EB/OL]. Open Canada. http://opencanada.org/features/the-think-tank/essays/the-case-for-humanitarian-drones/.

Christopher P, 1994. The Ethics of War and Peace: An Introduction to Legal and Moral Issuse[M]. Upper Saddle River, NJ: Prentice Hall.

Churchill W, 1899. The River War: An Historical Account of the Reconquest of the Soudan[M]. London: Longmans, Green and Co.

Clark R, 1977. The Role of the Bomber[M]. New York: Thomas Y. Cromwell Company.

Clement T, 2009. The morality and economics of safety in defence procurement[M]// Dale C, Anderson T. Safety-Critical Systems: Problems, Process and Practice. Dordrecht: Springer: 39-54.

Coady C A J, 2008. Morality and Political Violence[M]. Cambridge: Cambridge University Press.

Coady C A J, 2011. The jus post bellum[M]// Tripodi P, Wolfendale J. New Wars and New Soldiers: Military Ethics in the Contemporary World. Farnham: Ashgate: 49-58.

Coeckelbergh M, 2011. From killer machines to doctrines and swarms, or why ethics of military robotics is not (necessarily) about robots[J]. Philosophy and Technology, 24(3): 269-278.

Coker C, 2002. Waging War without Warriors? The Changing Culture of Military Conflict[M]. Boulder: Lynne Rienner Publishers.

Coker C, 2007. The Warrior Ethos: Military Culture and the War on Terror[M]. New York: Routledge.

Coker C, 2008. Ethics and War in the 21st Century[M]. New York: Routledge.

Coleman S, 2012. Military Ethics: An Introduction with Case Studies[M]. Oxford: Oxford University Press.

Congressional Unmanned Systems Caucus[EB/OL]. http://unmannedsystemscaucus.mckeon.house.gov/about/purpose-mission-goals.shtml.

Cook M, 2004. The Moral Warrior: Ethics and Service in the U.S. Military[M]. Albany: State University of New York Press.

Cooke N J, Chadwick R A, 2010. Lessons learned from human-robotic interactions on the ground and in the air[M]// Barnes M, Jentsch F. Human-Robot Interactions in Future Military Operations. Farnham: Ashgate: 355-374.

Cooper S, 2005. High-tech war and the securing of consent[J]. Southern Review: Communication, Politics &Culture, 37(3): 73-86.

Coppieters B, Kashnikov B, 2002. Right intentions[M]//Coppieters B, Fotion N. Moral Constraints on War: Principles and Cases. Lanham: Lexington Books:73-101.

Coppieters B, Apressyan R, Ceulemans C, 2002. Last resort[M]// Coppieters B, Fotion N. Moral Constraints on War: Principles and Cases. Lanham: Lexington Books: 139-154.

Coppieters B, Ceulemans C, Hartle A E, 2008. Just cause[M]// Coppieters B, Fotion N. Moral Constraints on War: Principles and Cases. Lanham: Lexington Books: 27-54.

Cordesman A, 2001. The Lessons and Non-Lessons of the Air and Missile Campaign in Kosovo[M]. Washington, New

York: Praeger.

Cordesman A, 2003. The Iraq War: Strategy, Tactics, and Military Lessons[M]. Washington, DC: CSIS Press.

Corum J S, 2010. Development of modern counterinsurgency theory and doctrine[M]//Kassimeris G, Buckley G. The Ashgate Research Companion to Modern Warfare. Famham:Ashgate.

Cosenzo K, Parasuraman R, De Visser E, 2010. Automation strategies for facilitating human interaction with military unmanned vehicles[M]//Barnes M, Jentsch F. Human-Robot Interactions in Future Military Operations. Famham: Ashgate.

Crabtree J, 1994. On Air Defense[M]. Westport: Praeger.

Craik K J W, 1947. Theory of die human operator in control systems I: The operator as an engineering system[J]. British Journal of Psychology, 38(2): 142-148.

Craik K J W, 1948. Theory of the human operator in control systems II: Man as an element in a control system[J]. British Journal of Psychology, 38(3): 142-147.

Croome A, 2012. Midnight Empire[M]. Sydney: Allen & Unwin.

Cummings M L, 2004. Automation bias in intelligent time critical decision support systems[C]//AIAA 1st Intelligent System Technical Conference, Chicago.

Cummings M L, 2006. Automation and accountability in decision support system interface design[J]. Journal of Technology Studies, 32(1): 23-31.

Cummings M L, 2006. Integrating ethics in design through the value-sensitive design approach[J]. Science and Engineering Ethics, 12(4):701-715.

Cummins J, 2010. Why Some Wars Never End: The Stories of the Longest Conflicts in History[M]. Massachusetts: Fair Winds Press.

Daniel L, 2010. Military Leads Mental Health Care Transformation[M]. American Forces Press Service.

Darling K, 2012. Extending legal rights to social robots[M]//We Robot. Coral Gables: University of Miami School of Law.

Davis L, 2008. Natural Disasters[M]. New York: Facts on File, Inc.

DeLanda M, 1991. War in the Age of Intelligent Machines[M]. New York: Swerve Editions.

Dennett D D, 1973. Mechanism and responsibility[M]//Honderich T. Essays on Freedom of Action. Boston: Routledge & Keegan Paul: 159-184.

Dennett D D, 1997. When HAL kills, who's to blame? computer ethics[M]// Stork D G. HAL's Legacy: 2001's Computer as a Dream and Reality. Cambridge: MIT Press.

Didziulis J R, 2008. Winning the Battle for Hearts and Minds: Operationalizing Cultural Awareness During Stability Operations[M]. Montgomery: Air Command and Staff College.

Dipert R R, 2010. The ethics of cyberwarfare[J]. Journal of Military Ethics, 9(4): 384-410.

Dobos N, 2012. Are Our Soldiers Assets or Workers?[N]. Sydney Morning Herald, 2012-06-03.

Dodd M, 2011. Combat Roles Offered to Women[N]. The Australian, 2011-04-12.

DoDvClips. UAV Strike on Insurgents[EB/OL]. http://www.youtube.com/watch?v=QZ-dNu5uOQc&feature=related .

Dubber M D, 2006. Victims in the War on Crime: The Use and Abuse of Victims' Rights[M]. New York: New York University Press.

Dunlap C, 1998. Organizational change and the new technologies of war[C]// Joint Services Conference on Professional Ethics, Washington, DC.

Dunlap C, 1999. Technology and the 21st Century Battlefield: Recomplicating Moral Life for the Statesman and the Soldier[M]. Carlisle: Institute for Strategic Studies.

Dyer G, 2010. War: The New Edition[M]. New York: Random House.

Egeland J, 2008. A Billion Lives: An Eyewitness Report from the Frontlines of Humanity[M]. New York: Simon & Schuster.

Ehrhard T P, 2010. Air Force UAVs: The Secret History[M]. Washington, DC: Mitchell Institute Press.

Eisenhower D D, 1961. Eisenhower: 1960-1961: Containing the Public Messages Speeches and Statements of the President, January 1, 1960, to January 20, 1961[M]. Washington, DC: United States Government Printing Office.

Ely J A. Drones: A Challenge to the Professional Military Ethic[EB/OL]. https://globalecco.org/drones-a-challenge-to-the-professional-milifrary-ethic.

Enemark C, 2011. Drones over Pakistan: Secrecy, ethics, and counterinsurgency[J]. Asian Security, 7(3): 218-237.

Enemark C, 2013. Armed Drones and the Ethic of War: Military Virtue in a Post-Heroic Age[M]. New York: Routledge.

Evans M, 2005. In defence of just war theory[M]// Evans M. Just War Theory: A Reappraisal. Edinburgh: Edinburgh University Press Ltd: 203-222.

Fabre C, 2008. Cosmopolitanism just war theory and legitimate authority[J]. Journal of International Affairs, 84(5): 963-976.

Fahlquist J N, 2009. Moral responsibility for environmental problems-individual or institutional?[J]. Journal of Agricultural and Environmental Ethics, 22(2): 109-124.

Feaver P D, 1999. Civil-military relations[J]. Annual Review of Political Science, 2(1): 211-241.

Feaver P D, 2003. Armed Servants: Agency Oversight and Civil-Military Relations[M]. Cambridge: Harvard University Press.

Fiala A, 2004. Practical Pacifism[M]. New York: Rowman & Littlefield Publishing Group, Inc.

Fiala A, 2008. The Just War Myth: The Moral Illusion of War [M]. Lanham: Lexington Books.

Fiesei J, Dowden B. Just War Theory[EB/OL]. The Internet Encyclopedia of Philosophy. http://www.iep.utm.edu/j/justwar.htm.

Finlan A, 2008. The Gulf War of 1991[M]. New York: Rosen Publishing Group.

Finn A, Scheding S, 2010. Developments and Challenges for Autonomous Unmanned Vehicles: A Compendium[M]. Berlin: Springer-Verlag.

Finnegan J, 1985. Military Intelligence: A Picture History[M]. Arlington: United States Army Intelligence and Security Command.

Fischer J M, Ravizza M, 1994. Perspectives on Moral Responsibility[M]. Ithaca: Cornell University Press.

Fischer J M, Ravizza M, 1998. Responsibility and Control: A Theory of Moral Responsibility[M]. Cambridge: Cambridge University Press.

Fisher D, 2011. Morality and War: Can War Be just in the Twenty-First Century?[M]. New York: Oxford University Press.

Fitzsimonds J R, Mahnken T G, 2007. Military officer attitudes toward UAV adoption: Exploring institutional impediments to innovation[J]. Joint Forces Quarterly, 46(3): 96-103.

Floridi L, 2011. Children of the fourth revolution[J]. Journal of Philosophy and Technology, 24(3): 227-232.

Floiidi L, Sancers J, 2004. The foundationalist debate in computer ethics[M]//Spinello R, Tavani H. Readings in Cyberethics. Sudbury: Jones and Bartlett: 81-95.

Fotion N, 1997. A utilitarian defense of just war theory[J]. Synthesis Philosophica, 12(1): 209-225.

Fotion N, 2008. Proportionality[M]//Coppieters B, Fotion N. Moral Constraints on War: Principles and Cases. Lanham: Lexington Books: 125-137.

Fotion N, Coppieters B, Apressyan R, 2008. Introduction[M]//Coppieters B, Fotion N. Moral Constraints on War:

Principles and Cases. Lanham: Lexington Books: 1-24.

Fotion N, Coppieters R, 2008. The likelihood of success[M]// Coppieters B, Fotion N. Moral Constraints on War: Principles and Case. Lanham: Lexington Books: 101-124.

Francis P L, 2009. Issues to Be Considered for Army Modernization of Combat Systems[M].Edited by United States Government Accountability Office. Washington, DC: United States Government Accountability Office: 1-18.

Friedman R, 1990. Moral responsibility and computer technology[C]//Annual Meeting of the American Educational Research Association, Boston, MA.

Friedman R S, 1985. Advanced Technology Warfare: A Detailed Study of the Latest Weapons and Techniques for Warfare Today and into the 21st Century[M]. New York: Harmony Books.

Gabriel R A, Metz K S, 1991. From Sumer to Rome: The Military Capabilities of Ancient Times[M]. New York: Greenwood Press.

Gage D W, 1995. UGV history 101: A brief history of Unmanned Ground Vehicle (UGV) development efforts[J]. Unmanned Systems Magazine, 13(3): 9-16.

Galliott J C, 2012. Closing with completeness: The asymmetric drone warfare debate[J]. Journal of Military Ethics, 11(4): 353-356.

Galliott J C, 2012. Uninhabited aerial vehicles and the asymmetry objection: A response to strawser[J]. Journal of Military Ethics, 11(1): 58-66.

Galliott J C, 2014. Take out the Pilot from Australia's F-35 Joint Strike Fighter [N/OL]. The Conversation. https://theconversation.com/take-out-the-pilot-from-australias-f-35-joint-strike-fighter-28107.

Galliott J C, 2015. Commercial Space Exploration: Ethics, Polity and Governance[M]. Farnham: Ashgate.

Gardner L, 2009. America and the Vietnam war: Re-examining the culture and history of a generation [M]// Wiest A A, Barbier M K, Robins G. Iraq as the "Good War" as Opposed to Vietnam the Bad War. New York: Taylor & Francis: 291-311.

Garren D J, 2007. Soldiers slaves and the liberal state[J]. Philosophy and Public Polity Quarterly, 27(1/2): 8-11.

Garvey J, 2008. The Ethics of Climate Change: Right and Wrong in a Warning World[M]. New York: Continum International Publishing Group Ltd.

Gere F, 2012. The future of asymmetric warfare[M]// Gardner H, Kobtzefff O. The Ashgate Research Companion to War: Origins and Prevention. Farnham: Ashgate: 505-528.

Gerber D E, 1999. Greek Elegiac Poetry: From the Seventh to the Fifth Centuries B.C.[M]. Cambridge: Harvard University Press.

Gertz N, 2011. Technology and suffering in war[M]//Technology and Security. University of North Texas: Society for Philosophy and Technology.

Gideon F C, 2000. Air Force Instruction 90-901[M]. Washington, DC: United States Department of Defense.

Glosson B C, 1993. Impact of precision weapons on air combat operations[J]. Airpower Journal, 7(2): 4-10.

Gonsalves R, Ferreira S, Pinto J, et al, 2011. Authority sharing in mixed initiative control of mulitple uninhabited aerial vehicles[C]//Engineering Psychology and Cognitive Ergonomics, Orlando, Florida.

Goodrick M A, 2010. On maximising fan-out: Towards controlling multiple unmanned vehicles[M]// Barnes M, Jentsch F. Human-Robot Interactions in Future Military Operations. Famham: Ashgate.

Gotterbam D, 2001. Informatics and professional responsibility[J]. Science and Engineering Ethics, 7(2): 221-230.

Graham S, 2011. The new military urbanism[M]// Bridge G, Watson S. The New Blackwell Companion to the City. Malden: Wiley-Blackwell:121-133.

Gray C S, 1997. AI at war: The aegis system in combat[M]// Shculer D. Directions and Implications of Advanced Computing. New York: Ablex: 62-79.

Gray C S, 2005. Another Bloody Century: Future Warfare[M]. London: Weidenfeld &Nicolson.

Gray C S, 2008. The 21st century security environment and the future of war[J]. Parameters: The U.S. Army War College Quarterly Senior Professional Journal, 38(4): 14-26.

Gray G J, 1967. The Warriors: Reflections on Men In battle[M]. New York: Harper and Row.

Grossman D, 1995. On Killing: The Psychological Cost of Learning to Kill in War and Society[M]. Boston: Little, Brown and Company.

Grotius H, 1901. The Rights of War and Peace[M]. Translated by Campbell A C. Washington, DC: M. Walter Dunner Publisher.

Grotius H, 1925. On the law of war and peace: Three books[M]// Scott B J. The Classics of International Law. Washington, DC: Carnegie Institution of Washington.

Hall J, 2007. Low Reynolds Number Aerodynamics for Micro Aerial Vehicles[M]. Boulder, CO: University of Colorado.

Halverson N. Marine Corps Orders Bulletproof Underwear[N/OL]. Discovery Channel. http://news.discovery.com/tech/marine-corps-orders-bulletproof-underwear-110418.html.

Hanson D. Predator Strike Video[EB/OL]. http://www.youtube.com/watch?v:=:tIsdwbZSMMw.

Harde A E, 2008. Discrimination[M]//Coppieters B, Potion N. Moral Constraints on War: Principles and Cases. Lanham: Lexington Books: 171-190.

Hare R M, 1989. Rules of war and moral reasoning[M]//Hare R M. Essays on Political Morality. Oxford: Clarendon Press: 45-61.

Hauck L, 2003. Have we become ... complacent?[J].Combat Edge, 11(11): 8-11.

Hauert S, Leven S, Zuffrey J C, et al, 2010. The Swarming Micro Air Vehicle Network (SMAVNET) Project[EB/OL]. http://lis2.epfl.ch/CompletedResearchProjects/SwarmingMAVs/.

Hay-Edie D, 2002. The Military's Impact on the Environment: A Neglected Aspect of the Sustainable Development Debate[M]. Geneva: International Peace Bureau.

Headrick D R, 2010. Power over Peoples: Technology, Environments, and Western Imperialism, 1400 to the Present[M]. New Haven: Princeton University Press.

Held V, 2008. How Terrorism Is Wrong: Morality and Political Violence[M]. Oxford: Oxford University Press.

Hennigan W J, 2011. It's a Bird! It's a Spy! It's Both[N/OL]. Los Angeles Times. http://articles.latimes.com/2011/feb/17/business/la-fi-hummingbird-drone-20110217.

Herspring D R, 2005. The Pentagon and the Presidency: Civil-Military Relations from FDR to George W. Bush[M]. Lawrence: University of Kansas Press.

Hew P, 2010. C2 design for ethical agency over killing in war[C]// The Evolution of C2: Where Have We Been? Where Are We Going?, Santa Monica: International Command and Control Research and Technology Symposia.

Hew P, 2010. The blind spot in robot-enabled warfare deeper implications of the IED challenge[J]. Australian Army Journal, 7(2): 45-56.

Hills A, 2004. Future War in Cities: Rethinking a Liberal Dilemma[M]. Portland: Frank Cass.

Hobbes T, 2004. Leviathan[M]. Sioux Falls: Nuvision Publishers.

Homer, 1890. The Iliad and Odyssey of Homer[M]. London: George Routledge and Sons.

Homer, 1961. The Iliad of Homer[M]. Translated by Lattimore R. Chicago: University of Chicago Press.

Homer, 1980. The Odyssey[M]. Translated by Shewring W. Oxford: Oxford University Press.

Horner D, 2000. Stress on higher commanders in future warfare[M]//Evans M, Ryan A. The Human Face of Warfare: Killing, Fear and Chaos in Battle. St Leonards: Allen & Unwin :134-158.

Hoskins A, 2004. Televising War: From Vietnam to Iraq[M]. London: Continuum International Publishing Group.

House of Commons Foreign Affairs Committee, 2009. Global Security: Afghanistan and Pakistan, Eighth Report of Session 2008-09, Report, Together with Formal Minutes, Oral and Written Evidence[R]. London: Parliament: House of Commons: Foreign Affairs Committee.

Hudson L, Owens C, Flannes M, 2011. Drone warfare: Blowback from the new American way of war[J]. Middle East Policy, 18(3): 122-132.

Hunt D V, 1985. Smart Robots: A Handbook of Intelligent Robot Systems[M]. Dordrecht: Springer.

Huntington S P, 1985. The Soldier and the State: The Theory and Politics of Civil-Military Relations[M]. Cambridge: Belknap Press.

Hurka T, 2004. Proportionality in the morality of war[J]. Philosophy Public Affairs, 33(1): 34-66.

Ignatieff M, 1998. The Warrior's Honour: Ethnic War and the Modem Conscience[M]. London: Chatto and Windus.

Ignatieff M, 2000. Virtual War: Kosovo and Beyond[M]. New York: Metropolitan Books.

Institute of Medicine, 2000. Gulf War and Health: Depleted Uranium, Sarin, Pyridostigmine[M]. Washington, DC: National Academy Press.

International Committee for Robot Arms Control. Scientists Call[EB/OL]. http://icrac.net/call/ .

Jalbert J, 2003. Solar-powered autonomous underwater vehicle development[C]//13th International Symposium on Unmanned Untethered Submersible Technology, Durham.

Johnson D D P, 2004. Overconfidence and War: The Havoc and Glory of Positive Illusions[M]. Cambridge: Harvard University Press.

Johnson J T, 1984. Can Modem War Be Just?[M]. New Haven: Yale University Press.

Johnson J T, 1984. Just War Tradition and the Restraint of War[M]. Princeton: Princeton University Press.

Johnson J T, 2011. Ethics and the Use of Force: Just War in Historical Perspective[M]. Farnham: Ashgate.

Johnson J T, 2012. Moral responsibility after conflict[M]//Patterson E D. Ethics Beyond War's End. Washington, DC: Georgetown University Press: 17-34.

Johnson R J, 2013. The wizard of oz goes to war: Unmanned systems in counterinsurgency[M]//Strawser B J, McMahan J. Killing by Remote Control: The Ethics of an Unmanned Military. New York: Oxford University Press: 154-178.

Jonas H, 1985. The Imperative of Responsibility: In Search of an Ethics for the Technological Age[M]. Chicago: University of Chicago Press.

Kahn P, 2002. The paradox of riskless warfare[J]. Philosophy & Public Policy Quarterly, 22(3): 2-8.

Kaltenhaler K, Miller W, Fair C, 2012. The drone war: Pakistani public attitudes toward american drone strikes in Pakistan[C]//Annual Meeting of the Midwest Political Science Association, Chicago.

Kant I, 1887. The Philosophy of Law: An Exposition of the Fundamental Principles of Jurisprudence as the Science of Right[M]. Translated by Hastie W. Edinburgh: T. & T. Clark.

Kant I, 1991. Metaphysics of morals[M]//Translated by Nisbet H B. Kant: Political Writings. Edited by Reiss H S. Cambridge: Cambridge University Press.

Kasachkoff T, Kleinig J, 2014. Drones, distance and death[M]//The Rule of Law in an Era of Change: Security, Social Justice and Inclusive Government. Athens, Greece: Springer.

Kasher A, Plaw A, 2013. Distinguishing drones: an exchange[M]//Strawser B J. Killing by Remote Control: The Ethics of an Unmanned Military. New York: Oxford: 47-68.

Kaurin P, 2013. Courage Behind a Screen.

Keegan J, Holmes R, 1985. Soldiers: A History of Men in Battle[M]. New York: Viking.

Keller B. Smart Drones[N/OL]. The New York Times. http://www.nytimes.com/2013/03/17/opinion/sunday/keller-smart-drones.html?pagewanted=all.

Kels C G, 2012. Closing argument: At the outer bounds of asymmetry[J]. Journal of Military Ethics, 11(3): 223-244.

Kemp G, 2007. Arms acquisition and violence: Are weapons or people the cause of conflict?[M]// Crocker C A, Osler Hampson F, Aall P R. Leashing the Dogs of War: Conflict Management in a Divide. Washington, DC: United States Institute of Peace Press: 53-65.

Killmister S, 2008. Remote weaponry: The ethical implications[J]. Journal of Applied Philosophy, 25(2): 121-133.

Klosko G, 2011. Contemporary anglo-American political philosophy[M]// Klosko G. The Oxford Handbook of the History of Political Philosophy. Oxford: Oxford University Press: 456-479.

Knightley P, 2004. The First Casualty: The War Correspondent as Hero and Myth-Maker from the Crimea to Iraq[M]. Baltimore: Johns Hopkins University Press.

Krahmann E, 2010. State, Citizens and the Privatization of Security[M]. Cambridge: Cambridge University Press.

Kreps S, 2014. Flying under the radar: A study of public attitudes towards unmanned aerial vehicles[J]. Research & Politics, 1(1): 1-7.

Kreps S, Kaag J, 2012. The use of unmanned aerial vehicles in contemporary conflict: A legal and ethical analysis[J]. Polity, 44(2): 260-285.

Krishnan A, 2008. War as Business: Technological Change and Military Service Contracting[M]. Farnham: Ashgate.

Krishnan A, 2009. Automating war: The need for regulation[J]. Contemporary Security Policy, 30(1): 172-193.

Krishnan A, 2009. Killer Robots: Legality and Ethicality of Autonomous Weapons[M]. Farnham: Ashgate.

Kurzweil R, 2005. The Singularity Is Near: When Humans Transcend Biology[M]. New York: Viking Penguin.

Kuschel J, 2008. The European Defense Market: Great Challenges - Small Moves[M]. Norderstedt: GRIN Verlag.

Lackey D P, 1984. Moral Principles and Nuclear Weapons[M]. New Jersey: Rowman & Allanheld Publishers.

Lam T L, Xu Y S, 2012. Tree Climbing Robot: Design, Kinematics and Motion Planning[M]. Dordrecht: Springer.

Lamberth I. K-Max-Unmanned Aerial Alternative to Convoys[EB/OL]. http://www.isaf.nato.int/article/news/k-max-unmanned-aerial-alternative-to-convoys.html.

Lendman S, 2012. America's Drone Command Centers: Remote Warriors Operate Computer Keyboards and Joysticks[J/OL]. Global Research: Centre for Research on Globalisation, http://www.globalresearch.ca/amenca-s-drone-command-centers-remote-warriors-coperate-computer-keyboards-and-joysticks/30590.

Lepage J D, 2007. German Military Vehicles of World War II: An Illustrated Guide to Cars, Trucks, Half-Tracks, Motorcycles, Amphibious Vehicles and Others[M]. Jefferson: McFarland &Company.

Lin P, 2010. Ethical blowback from emerging technologies[J]. Journal of Military Ethics, 9(4): 313-331.

Lin P, 2012. Introduction to robot ethics[M]//Lin P, Abney K, Bekey G. Robot Ethics: The Ethical and Social Implications of Robotics. Massachusetts: MIT Press:3-16.

Lin P, Abney K, Bekey G, 2011. Robot ethics: Mapping the issues for a mechanized world[J]. Artificial Intelligence, 175(5/6): 942-949.

Lin P, Bekey G, Abney K, 2008. Autonomous Military Robotics: Risk, Ethics, and Design[M].San Luis Obispo: California Polytechnic State University.

Locke J, 1980. The Two Treatises of Government[M]. Indianapolis: Hackett Publishing Company.

Lokhorst G J, van den Hoven J, 2012. Responsibility for military robots[M]// Lin P, Abney K, Bekey G. Robot Ethics: The

Ethical and Social Implications of Robotics. Cambridge: MIT Press: 145-156.

Loo B, 2008. Revolutions in military affairs: Theory and applicability to small armed forces[M]//Loo B. Military Transformation and Strategy: Revolutions in Military Affairs and Small States. London: Routledge: 1-12.

Lucas G, 2010. Postmodern war[J]. Journal of Military Ethics, 9(4): 289-298.

Lucas G, 2011. Industrial challenges of military robotics[M]//The Ethics of Emerging Military Technologies. San Diego: University of San Diego, International Society for Military Ethics.

Lucas G, 2011. Industrial challenges of military robotics[J]. Journal of Military Ethics, 10(4): 274-295.

Lucas G, 2014. The ethical challenges of unmanned systems[M]// Doare R, Danet D, Hanon J P. Robots on the battlefield: Contemporary Issues and Implications for the Future. Fort Leavenworth: Combat Studies Institute Press: 135-137.

Mack A, 1975. Why big nations lose small wars: The politics of asymmetric conflict[J]. World Politics: A Quarterly Journal of International Relations, 27(2): 175-200.

Mahabharatay, 1884. The Mahabharata[M].Translated by Chandra Roy P. Calcutta: Bharata Press.

Mahnken T G, 2008. Technology and the American Way of War[M]. New York: Columbia University Press.

Manchester W, 1982. Goodbye Darkness: A Memoir of the Pacific War[M]. New York: Dell Publishing Company.

Manders-Huits N, 2006. Moral responsibility and IT for human enhancement[C]//Association for Computing Machinery Symposium on Applied Computing, Dijon.

Maqbool A, 2010. Mapping US Drone and Islamic Militant Attacks in Pakistan[EB/OL]. BBC News South Asia. http://www.bbcco.uk/news/world-south-asia-10728844 .

Margalit A, Walzer M, 2009. Israel: Civilians & Combatants[N/OL]. The New York Review of Books. http://www.nybooks.com/articles/archives/2009/may/14/israel-civilians-combatants/ .

Marshall S L A, 2000. Men against Fire: The Problem of Battle Command[M]. Norman: University of Oklahoma Press.

Martin G, Steuter E, 2010. Pop Culture Goes to War: Enlisting and Resisting Militarism in the War on Terror[M]. Plymouth: Lexington Books.

Martin M J, Sasser C W, 2010. Predator: The Remote-Control Air War over Iraq and Afghanistan: A Pilot's Story[M]. Minneapolis: Zenith Press.

Marx R F, 1990. The History of Underwater Exploration[M]. Mineola: Dover Publications.

Matthias A, 2004. The responsibility gap: Ascribing responsibility for the actions of learning automata[J]. Ethics and Information Technology, 6(3): 175-183.

Matthias A, 2011. Is the concept of an ethical governor philosophically sound?[M]// Tilting Perspectives: Technologies on the Stand: Legal and Ethical Questions in Neuroscience and Robotics.Tilburg: Tilburg University.

McKenzie K, 2000. The Revenge of the Melians: Asymmetric Threats and the Next QDR[M]. Edited by Institute for National Strategic Studies. Washington, DC: National Defense University.

McMahan J, 2004. The ethics of killing in war[J].Ethics, 114(4): 693-733.

McMahan J, 2006. Preventative war and the killing of the innocent[M]// Sorabji R, Rodin D. The Ethics of War: Shared Problems in Different Traditions. Aldershot: Ashgate:169-190.

McMahan J, 2009. Killing in War[M]. Oxford: Oxford University Press.

McMahan J, McKim R, 1993. The just war and the gulf war[J]. Canadian Journal of Philosophy, 23(4): 501-541.

Meadors T, 2011. Virtual jus in bello: Teaching just war with video games[M]//The Ethics of Emerging Military Technologies. San Diego: University of San Diego, International of Military Ethics.

Meagher R E, 2006. Herakles Gone Mad: Rethinking Heroism in an Age of Endless War[M]. Northampton: Olive Branch Press.

Meilinger P S, 1995. 10 Propositions Regarding Air Power[M]. Washington, DC: Air Force History and Museums Program.

Metz S, Johnson D V, 2001. Asymmetry and U.S. Military Strategy: Definition, Background, and Strategic Concepts[M]. Washington, DC: United States Strategic Studies Institute.

Michael M G, Michael K, 2010. Towards a state of uberveillance[J]. IEEE Technology and Society, 29(2):9-16.

Millar J, Kerr I, 2012. Delegation, relinquishment and responsibility: The prospect of expert robots[M]//We Robot. Coral Gables: University of Miami School of Law.

Miller S, 1985. Technology and war[J]. Bulletin of the Atomic Scientists, 41(11):46-48.

Miller S, 2008. Collective responsibility and information and communication technology[M]//van den Hovenand J, Weckert J. Information Technology and Moral Philosophy. Cambridge: Cambridge University Press: 226-250.

Mohammed A B. The Al-Qaida Papers-Drones[EB/OL]. http://hosted.ap.org/specials/interactives/_international/_pdfs/al-qaida-papers-drones.pdf .

Moore G E, 1965. Cramming more components onto integrated circuits[J]. Electronics, 38(8): 114-117.

Moore S, 2005. The federal budget 10 years later: The triumph of big government[M]// Edwards C R, Samples J C. The Republican Revolution 10 Years Later: Small Government or Business as Usual?. Washington, DC: CATO Institute: 59-72.

Moran M E, 2010. The history of robotic surgery[M]//Hemal A K, Menon M. Robotics in Genito-Urinary Surgery. Dordrecht: Springer.

Moretz J, 2002. The Royal Navy and the Capital Ship in the Interwar Period: An Operational Perspective[M]. London: Frank Cass Publishers.

Morin J W, 2011. Design, Fabrication and Mechanical Optimization of Multi-Scale Anisotrophic Feet for Terrestrial Locomotion[M]. Massachusetts: Massachusetts Institute of Technology.

Moynihan R, Heath I, Henry D, 2002. Selling sickness: The pharmaceutical industry and disease mongering[J]. British Medical Journal, 324(7342): 886-891.

Muller H, 1990. No need to fear united Germany[J]. Bulletin of the Atomic Scientists, 46(3): 14-15.

Muller H, Fey M, Mannitz S, et al. 2010. Demokratie, Streitkrafte Und Militarische Einsatze: Der Zweite Gesellschaftsvertrag Steht Auf Dem Spiel[M]. Frankfurt: Hessische Stiftung Friedens-und Konfliktforschung.

Murnion W E, 2007. A postmodern view of just war[M]//Lee S P. Intervention, Terrorism, and Torture: Contemporary Challenges to Just War Theory. Dordrecht: Springer.

Murphie A, Potts J, 2003. Culture and Technology[M]. London: Palgrave.

Murphy J, 1986. The killing of the innocent[M]//Wakin M M. War, Morality, and the Military Profession. Boulder, CO: Westview Press.

Murray W, 1997. Thinking about revolutions in military affairs[J]. Joint Force Quarterly, 16: 69-76.

Nagel T, 1986. War and massacre[M]//Wakin M M. War, Morality and the Military Profession. Boulder, CO: Westview Press: 297-316.

Nathanson S, 2010. Terrorism and the Ethics of War[M]. Cambridge: Cambridge University Press.

National Research Council (US), 2005. Committee on the effects of nuclear earth-penetrator and other weapons' [M]//Effects of Nuclear Earth-Penetrator and Other Weapons. Washington, DC: National Academies Press.

Needham J, 1956. Science and Civilisation in China: History of Scientific Thought[M]. Translated by Wang L. Cambridge: Cambridge University Press.

Needham J, 1965. Science and Civilisation in China: Physics and Physical Technology[M]. Cambridge: Cambridge

University Press.

Needham J, 1987. Science and Civilisation in China: Chemistry and Chemical Technology[M]. Cambridge: Cambridge University Press.

Neff S C, 2005. War and the Law of Nations: A General History[M]. Cambridge: Cambridge University Press.

Nemeth M, 2010. Zyvex Technologies Reveals the Piranha Unmanned Surface Vessel[EB/OL]. http://www.prweb.com/relrase/zyvex/piranhaUSV/prweb4658434.htm.

Newcome L R, 2004. Unmanned Aviation: A Brief History of Unmanned Aerial Vehicles[M]. Reston: American Institute of Aeronautics and Astronautics.

Nonami K , Kendoul F, Suzuki S, et al. 2010. Autonomous Flying Robots[M]. Dordrecht: Springer.

Noorman M, 2012. Computing and Moral Responsibility[EB/OL]. http://plato.stanford.edu/archives/fall2012/entries/computing-responsibility.

Norman R, 1995. Killing, Ethics, and War[M]. Cambridge: Cambridge University Press.

Nygren K P, 2002. Emerging technologies and exponential change: Implications for army transformation[J]. Parameters: The US Army War College Quarterly Senior Professional Journal, 32(2): 86-99.

O'Brien W V, 1981. The Conduct of a just and Limited War[M]. New York: Praeger.

O'Brien W V, 2009. The conduct of just and limited war[M]//White J E. Contemporary Moral Problems. Albany: Thomson-Wadsworth.

O'Brien W V, Langan J, 1986. The Nuclear Dilemma and the Just War Tradition[M]. Lexington: Lexington Books.

O'Connell C, 2013. Drone Command Center, 200-Plus Jobs Coming to Horsham[N/OL]. Fox News. http://www.myfoxphilly.com/story/21676061/drone-command-center-200-jobs-coming-to-horsham.

O'Hanlon M, 2000. Technological Change and the Future of Warfare[M]. Washington, DC: Brookings Institution Press.

O'Hanlon M, Singer P W, 2012. The real defense budget questions[J]. Politico, 21:1-2.

O'Keefe M, Coady C A J, 2002. Terrorism and Justice: Moral Argument in a Threatened World[M]. Carlton: Melbourne University Press.

Ofek H, 2010.The tortured logic of Obama' drone war[J]. The New Atlantis: A Journal of Technology and Society, 27(1): 35-44.

Office of the Press Secretary, 2009. Remarks by the President in Address to the Nation on the Way Forward in Afghanistan and Pakistan[N/OL]. The White House. http://www.whitehouse.gov/the-press-office/remarks-president-address-nation-way-forward-afghanistan-and-pakistan.

Office of the Surgeon General, 2006. Mental Health Advisory Team (MHAT) IV Operation Iraqi Freedom 05-07, Final Report[R]. Washington, DC: United States Department of the Army.

Office of the Under Secretary of Defense (Comptroller), 2012. Program Acquisition Cost by Weapon System[M]. Washington, DC: Department of Defense.

Orend B, 2000. War and International Justice: A Kantian Perspective[M]. Waterloo: Wilfrid Laurier University Press.

Orend B, 2006. The Morality of War[M]. Peterborough: Boradview Press.

Orend B, 2008. Jus post bellum: A just war theory perspective[M]//Carsten S, Kleffner J K. Just Post Bellum: Towards a Law of Transition from Conflict to Peace. The Hague: TMC Aasser Press: 31-52.

Osofsky M J, Bandura A, Zimbardo P G, 2005. The role of moral disengagement in the execution process[J]. Law and Human Behavior, 29(4): 371-393.

Owens P, 2008. Distinctions, distinction: "public" and "private" force?[J]. International Affairs, 84(5): 977-990.

Patterson E D, 2012. Ending Wars Well: Order, Justice, and Conciliation in Contemporary Post-Conflict[M]. New Haven:

Yale University Press.

Payne K, 2005. The media as an instrument of war[J]. Parameters: The US Army War College Quarterly, 35(1): 81-93.

Perkowitz S, 2005. Digital People: From Bionic Humans to Androids[M]. Washington, DC: Joseph Henry Press.

Peters R, 2001. Fighting for the future: Will American Triumph?[M]. Pennsylvania: Stackpole Books.

Petitt P, 2007. Responsibility incorporated[J]. Ethics, 117(2): 171-201.

Pew Research, 2012. Drone Strikes Widely Opposed[EB/OL]. http://wwwpewglobaLorg/2012/06/13/global-opinion-of-obama-slips-intemational-policies-feulted/.

Phillips R L, 1984. War and Justice[M]. Norman: University of Oklahoma Press.

Pierce A C, 2004. War strategy and ethics[M]//Lang A, Pierce A C, Rosenthal J H. Ethics and the Future of Conflict: Lessons from the 1990s. Upper Saddle River: Prentice Hall: 9-17.

Plaw A, 2013. Counting the dead: The proportionality of predation in Pakistan[M]//Strawser B J. Killing by Remote Control: The Ethics of an Unmanned Military. New York: Oxford: 126-153.

Plaw A, Flicker M, Williams B G, 2011. Practice makes perfect?: The changing civilian toll of CIA drone strikes in Pakistan[J]. Perspectives on Terrorism, 5(5/6): 51-69.

Plaw A, Mothana I, Cavallaro J, et al. 2012. Do Drone Attacks Do More Harm Than Good[N/OL]. The New York Times. http://www.nytimes.com/room fordebate/2012/09/25/do-drone-attacks-do-more-harm-than-good.

Pseudo-Apollodorus, 1975. The Library of Greek Mythology[M]. Translated by Aldrich K. Lawrence: Coronado Press.

Pseudo-Hyginus, 1960. The Myths of Hyginus[M]. Translated by Grant M A. Lawrence: University of Kansas Press.

Pufendorf S, 1934. On the Law of Nature and Nations[M]. Translated by Oldfather C H. Oxford: Clarendon Press.

Pushies F J, 2005. Night Stalkers: 160th Special Operations Aviation Regiment (Airborne)[M]. Minnesota: Zenith.

Pushies F J, 2007. U.S. Air Force Special Ops[M]. New York: Zenith Imprint.

Qiao L, Wang X S, 2002. Unrestricted Warfare: China's Master Plan to Destroy American[M].West Palm Beach: News Max Media.

Quinn B, 2013. Mod Study Sets out How to Sell Wars to the Public[N/OL]. The Guardian. http://www.theguardian.com/uk-news/2013/sep/26/mod-study-sell-wars-public .

Raghavan S, 2012. In Yemen, Us Airstrikes Breed Anger, and Sympathy for Al Qaeda[EB/OL]. http://articles.washingtonpost.com/2012-05-29/world/35456187_l_aqap-drone-stcikes-qaeda.

Raibert M, Blankespoor K, Nelson G, et al. 2008. Big dog, the rough-terrain quadruped robot[C]//17th World Congress, Seoul, Korea: 6-11.

Ramsey P, 1968. The Just War: Force and Political Responsibility[M]. New York: Charles Scribner's Sons.

Raugh H E, 2004. The Victorians at War, 1815-1914: An Encyclopedia of British Military History[M]. Santa Barbara: ABC-CLIO.

Rawls J, 1999. A Theory of Justice[M]. New York: Oxford University Press.

Rawls J, 2005. Political Liberalism[M]. New York: Columbia University Press.

Rawlsv J, 2001. The Law of Copies[M]. Cambridge: Harvard University Press.

Reidy C, 2007. Navy Doubles Foster-Miller's Robot Contract[M]. Boston Globe.

Replogte J, 2012. The Drone Makers and Their Friends in Washington[EB/OL]. http://www.fronterasdesk.org/news/2012/jul/05/drone-makers-friends-washington/#.UBfo8FEWH0c.

Robben A C G M, 2010. Losing hearts and minds in the war on terrorism[M]// Robben A C G M. Iraq at a Distance: What Anthropologists Can Teach Us About the War. Philadelphia: University of Pennsylvania Press: 106-132.

Roderick I, 2010. Considering the fetish value of EOD robots: How robots save lives and sell war[J]. International Journal of Cultural Studies, 13(3):235-253.

Rodin D, 2002. War and Self-Defense[M]. Oxford: Clarendon.

Rodin D, 2006. The ethics of asymmetric war[M]//Sorabji R, Rodin D. The Ethics of War: Shared Problems in Different Traditions. Aldershot: Ashgate: 153-168.

Rodriguez A, 2011. Pakistani death squads go after informants to US drone program[EB/OL]. http://artides.latimes.com/2011/dec/28/world/la-fg-pakistan-death-squads-20111228.

Rogers W, Rogers S, 1992. Storm Center: The USS Vincennes and Iran Air Flight 655: A Personal Account of Tragedy and Terrorism[M]. Maryland: Naval Institute Press.

Rosheim M E, 2006. Leonardo's Lost Robots[M]. Dordrecht: Springer.

Rousseau J J, 2003. On the Social Contract[M]. Translated by Cole G D H. Mineola: Courier Dover Publications.

Royakkers L, van Est R, 2010. The cubicle warrior: The marionette of digitalized warfare[J]. Ethics and Information Technology, 12(3): 289-296.

Royal R, 2012. In my banning is my end[M]//Patterson E D. Ethics Beyond War's End. Washington, DC: Georgetown University Press: 65-76.

Rush R S, 2006. Enlisted Soldier's Guide[M]. Mechanicsburg: Stackpole Books.

Safire W, 2004. The Right Word in the Right Place at the Right Time: Wit and Wisdom from the Popular "on Language" Column in the New York Times Magazine[M]. New York: Simon &Schuster.

Samuel A, Weir J, 1999. Introduction to Engineering Design: Modelling, Synthesis and Problem Solving Strategies[M]. Burlington: Elsevier Butterworth-Heinemann.

Searle J, 1980. Minds, brains, and programs[J]. The Behavioral and Brain Sciences, 3(3): 417-458.

Sellers D P, Ramsbotham J A, Bertrand H, et al, 2008. International Assessment of Unmanned Ground Vehicles[M]. Alexandria: Institute for Defense Analyses.

Shactman N, 2006. Robot sick bay[J]. Popular Mechanic, 183(7): 18-19.

Shactman N, 2007. Robot Canon Kills 9, Wounds 14[EB/OL]. http://www.wired.com/dangerroom/2007/10/robot-cannon-ki/.

Shaker S M, Wise A R, 1988. War without Men: Robots on the Future Battlefield[M].Oxford: Pergamon-Brassey's.

Sharkey N, 2007. I ropebot[J]. New Scientist, 194(2611): 32-35.

Sharkey N, 2010. Moral and legal aspects of military robots[M]//Dabringer G. Ethical and Legal Aspects of Unmanned Systems: Interview. Vienna: Institute for Religion and Peace: 43-51.

Sharkey N, 2010. Saying "No!" to lethal autonomous targeting[J]. Journal of Military Ethics, 9(4): 369-383.

Shaw M, 2005. The New Western Way of War: Risk-Transfer War and Its Crisis in Iraq[M]. Cambridge: Polity Press.

Shue H, 1988. Mediadng duties[J]. Ethics, 98(4): 687-704.

Shue H, 2008. Do we need a "Morality of War"?[M]//Rodin D, Shue H. Just and Unjust Warriors: The Moral and Legal Status of Soldiers. Oxford: Oxford University Press: 87-111.

Shurtleff K, 2002. The effects of technology on our humanity[J]. Parameters: The U.S. Army War College, 32(2): 100-112.

Siciliano B, Khatib O, 2008.The Springer Handbook of Robotics[M]. Dordrecht: Springer.

Simpson R, Saparrow R, 2014. Nanotechnologically enhanced combat systems: The downside of invulnerability[M]//Gordijn B, Cutter A. In Pursuit of Nanoethics. Dordrecht: Springer: 89-103.

Singer P W, 2009. Military robots and the laws of war[J]. The New Atlantis: A Journal of Technology & Society, 23: 27-47.

Singer P W, 2009. Wired for War: The Robotics Evolution and Conflict in the 21st Century[M]. New York: The Penguin Press.

Singer P W, 2010. The ethics of killer applications: Why is it so hard to talk about morality when it comes to new military technology?[J].Journal of Military Ethics, 9(4): 299-312.

Singer P W, 2010. The future of war[M]//Dabringer G. Ethical and Legal Aspects of Unmanned Systems: Interviews. Vienna: Institute for Religion and Peace: 71-84.

Singer P W, 2011. U-Turn: Unmanned systems could be casualties of budget pressures[J]. Armed Forces Journal.

Sjoberg L, 2006. Gender, Justice, and the Wars in Iraq: A Feminist Reformulation of Just War Theory[M]. Lanham: Lexington Books.

Sjoberg L, 2008. Why just war needs feminism now more than ever[J]. International Politics, 45(1): 1-18.

Slipchenko V, Khokhlov A, 2003. Shock and Awe: Russian Expert Predicts 500,000 Iraqi Dead in War Designed to Test Weapons[EB/OL]. Global Research. http://globalresearch.ca/articles/SLI303A.html.

Sloan E C, 2002. The Revolution in Military Affairs: Implications for Canada and Nato[M]. London: McGill-Queen's University Press.

Sluka J A, 2012. Drones in the tribal zone: Virtual and losing hearts and minds in the Af-Pak War[M]// Stroeken K. War, Technology , Anthropology. New York: Berghahn Books: 21-33.

Smit W, 2005. Just War and Terrorism: The End of the Just War Concept?[M]. Leuven: Peeters Publishers.

Snider D, Nagl J, Pfaff T, 1999. Army Professionalism, the Military Ethic, and Officership in the 21st Century[M]. Carlisle: The Strategic Studies Institute.

Solomon N, 2006. The Ethics of War: Judaism[M]//Sorabji R, Rodin D. The Ethics of War: Shared Problems in Different Traditions. Aldershot: Ashgate: 108-137.

Sparrow R, 2007. Killer robots[J]. Journal of Applied philosophy, 24(1): 62-77.

Sparrow R, 2009. Building a better warbot: Ethical issues in the design of unmanned systems for military applications[J]. Science and Engineering Ethics, 15(2): 169-187.

Sparrow R, 2009. Predators or plowshares? Arms control of robotic weapons[J].IEEE Technology and Society, 28(1): 25-29.

Sparrow R, 2010. The ethical challenges of military robots[M]//Dabringer G. Ethical and Legal Aspects of Unmanned Systems: Interviews. Vienna: Institute for Religion and Peace: 87-101.

Sparrow R, 2011. Robotic weapons and the future of war[M]//Wolfendale J, Tripodi P. New Wars and New Soldiers. Farnham:Ashgate:117-133.

Sparrow R, 2012. Can machines be people? reflections on the turing triage test[M]//Lin P, Abney K, Bekey G. Robot Ethics: The Ethical and Social Implications of Robotics.Cambridge: MIT Press:301-316.

Springer P, 2013. Military Robots and Drones[M]. Santa Barbara: ABC-CLIO.

Stahn C, 2008. Jus post bellum: Mapping the discipline(s)[M]//Stahn C, Kleffner J K. Just Post Bellum: Towards a Law of Transition from Conflict to Peace. Cambridge: Cambridge University Press: 93-114.

Stiglitz J, Bilmes L, 2008. The Three Trillion Dollar War: The True Cost of the Iraq Conflict[M]. New York: W.W. Norton &Company.

Stine D D, 2009. Federally Funded Innovation Inducement Prizes[M]. Darby: DIANE Publishing.

Story E, 2006. Complacency = Mishap[J]. Combat Edge, 15(4): 10-11.

Strangelove M, 2010. Watching YouTube: Extraordinary Videos by Ordinary People[M]. Ontario: University of Toronto Press.

Strawser B J, 2010. Moral predators: The duty to employ uninhabited aerial vehicles[J]. Journal of Military Ethics, 9(4): 342-368.

Strawser B J, 2011. Two bad arguments for the justification of autonomous weapons[M]//Technology and Security. University of North Texas, Society for Philisophy and Technology.

Strawser B J, 2013. Introduction: The moral landscape of unmanned weapons[M]//Strawser B J. Killing by Remote Control: The Ethics of an Unmanned Military. New York: Oxford University Press: 3-24.

Strawser B J, 2013. Killing by Remote Control: The Ethics of an Unmanned Military[M]. New York: Oxford University Press.

Strawson P F, 1974. Freedom and resentment[M]//Strawson P F. Freedom and Resentment and Other Essays. London: Methuen.

Stuckart D W, Berson M J, 2009. Artificial intelligence in the social studies[M]//Lee J. Research on Technology in Social Studies Education. Charlotte: Information Age Publishing.

Suarez F, 1944. On war[M]//Williams G L, Brown A, Waldron J. Francisco Suarez Selections from Three Works. Oxford: Clarendon Press.

Suarez F, 1944. The three theological virtues[M]//Brown Scott J. The Classics of International Law. Washington, DC: Institute of International Law.

Sullins J P, 2006. When is a robot a moral agent?[J].International Review of Information Ethics, 6(1): 24-30.

Sullins J P, 2010. Aspects of telerobotic systems[M]//Dabringer G. Ethical and Legal Aspects of Unmanned Systems: Interview. Vienna: Institute for Religion and Peace: 157-167.

Sullins J P, 2010. Robowarfare: Can robots be more ethical than humans on the battlefield?[J]. Ethics and Information Technology, 12(3): 263-275.

Sullins J P, 2011. Introduction: Open questions in roboethics[J]. Journal of Philosophy & Technology, 24(3): 233-238.

Sullivan J M, 2010. Defense Acquisitions: DOD Could Achieve Greater Commonality and Efficiencies among Its Unmanned Aircraft Systems[M]. Edited by Subcommittee on National Security and Foreign Affairs and Committee on Oversight and Government Reform. Washington, DC: Government Accountability Office.

Taylor G, 1982. Henry V[M]. Oxford: Oxford University Press.

Temes P S, 2003. The Just War[M]. Chicago: Ivan R. Dee.

Tenner E, 1996. Why Things Bite Back: Technology and the Revenge of Unintended Consequences[M]. New York: Vintage Books.

The United States Joint Staff, 1999. Joint Strategy View[M]. Washington, DC: Department of Defense.

Thompson D, 1980. Moral responsibility and public officials: The problem of many hands[J]. American Political Science Review, 74(4): 905-916.

Thompson D, 1987. Political Ethics and Public Office[M]. Cambridge: Harvard University Press.

Thompson L, Gillan D J, 2010. Social factors in human-robot interaction[M]//Barnes M, Jentsch F. Human-Robot Interactions in Future Military Operations. Farnham: Ashgate: 67-82.

Treverton G, 2003. National Intelligence for an Age of Information[M]. Cambridge: Cambridge University Press.

Turse N, 2008. The Complex: How the Military Invades Our Everyday Lives[M]. London: Faber &Faber.

Tyner J A, 2010. Military Legacies: A World Made by War[M]. New York: Routledge.

Tzu S, 1990. The Art of War[M]. London: Wordsworth Editions.

United Kingdom Ministry of Defence, 2011. Joint Doctrine Note 2/11: The UK Approach to Unmanned Aircraft Systems[M]. Wiltshire: Ministry of Defence: 1-102.

United States Army, 1994. Field Manual[M]. Washington, DC: Department of Defense.

United States Catholic Bishops, 1986. The just war and non-violent positions[M]//Wakin M. War, Morality, and the

Military Profession. Boulder, CO: Westview Press.

United States Department of Defense, 2009. Unmanned Systems Integrated Roadmap FY2009-2034[A]. Washington, DC: Department of Defense: 1-210.

United States Department of Defense, 2011. Unmanned Systems Integrated Roadmap FY2011-2036[A]. Washington, DC: Department of Defense: 1-89.

United States Department of Defense, 2013. Unmanned Systems Integrated Roadmap FY2013-2038[A].Washington, DC: Department of Defense: 1-89.

United States Environmental Protection Agency. EPA's Budget and Spending[EB/OL]. http://wwwepa.gov/planandbudget/budget.html.

United States National Research Council, 1993. Star 21: Strategic Technologies for the Army of the Twenty-First Century[M]. Washington, DC: National Academy Press.

United States National Research Council of the National Academies, Committee on Autonomous Vehicles in Support of Naval Operations, Naval Studies Board, Division on Engineering and Physical Sciences, 2005. Autonomous Vehicles in Support of Naval Operations[M]. Washington, DC: The National Academies Press.

Unknown, 1945. Who called them "new"?[J].Popular Science,1.

van Damme G, Fotion N, 2008. Proportionality[M]//Coppieters R, Fotion N. Moral Constraints on War: Principles and Cases. Lanham: Lexington: 159-170.

van den Berg R, 2010. The 21st century battlespace: The danger of technological ethnocentrism[J].Canadian Military Journal,10(4): 10-18.

van Wifferen L, 2011. Alienation from the Battlefield: Ethical Considerations Concerning Remote Controlled Military Robotics[M]. Utrecht: Universiteit Utrecht.

van Wynsberghe A, 2015. Healthcare Robots: Ethics, Design and Implementation[M]. New York: Routledge.

Vanya L, 2003. Excepts from the history of unmanned ground vehicles[J]. AARMS, 2(2): 185-197.

Vassallo S V, Nelon L S, 2006. Thermoregulatory principles[M]//Wonsiewicz M J, Edmomson K G, Boyle P J. Goldfrank's Toxicologic Emergencies. New York: McGraw Hill: 255-276.

Veruggio G, Operto F, 2008. Roboethics: Social and ethical implications of robotics[M]//Siciliano B, Khatib O. Springer Handbook of Robotics. Dordrecht: Springer-Verlag: 1499-1524.

Vickers M G, Martinage R C, 2004. The Revolution in War[M]. Washington, DC: Center for Strategic and Budgetary Assessments.

Victoria F de, 1917. De Indis Et De Ivre Belli Relectiones[M]//Brown Scott J, Nys E. The Classics of International Law. Washington, DC: Institute of International Law.

Vieira W G R, De Marqui C, Erturk A, et al. 2010. Structural dynamics and renewable energy[C]//28th IMAC, A Conference on Structural Dynamics.

Von Clausewitz C, 1942. Principles of War[M]. Translated by Gatzke H W. Harrisburg: The Military Service Publishing Company.

Von Clausewitz C, 1943. On War[M]. Translated by Matthijis Jolles O J. New York: The Modern Library.

Waelbers K, 2009. Technological delegation: Responsibility for the unintended[J]. Science and Engineering Ethics, 15(1): 51-68.

Wagner M, 2012. The dehumanization of international humanitarian law: Independently operating weapon system and modern armed conflict[M]//We Robot. Coral Gables: University of Miami School of Law.

Walker P D, 2008. Battle Fatigue: Understanding PTSD and Finding a Cure[M]. Bloomington: iUniverse.

Wall T, Monahan T, 2011. Surveillance and violence from afar: The politics of drones and liminal security-scapes[J]. Theoretical Criminology, 15(3): 239-254.

Wallach W, Allen C, 2009. Moral Machines: Teaching Robots Right from Wrong[M]. Oxford: Oxford University Press.

Walzer M, 2006. Just and Unjust Wars: A Moral Argument with Historical Illustrations[M]. New York: Basic Books.

Walzer M, 2006. Response to McMahan's paper[J]. Philosophia, 34(1): 43-45.

Walzer M, 2012. The aftermath of war[M]//Patterson E D. Ethics Beyond War's End. Washington, DC: Georgetown University Press: 35-46.

Watson P, 1978. War on the Mind: The Military Uses and Abuses of Psychology[M]. New York: Basic Books.

Weckert J, 2012. Risks and scientific responsibilities in nanotechnology[M]// Roeser S, Hillberbrand R, Sandin P, et al. Handbook of Risk Theory: Epistemology, Decision Theory, Ethics, and Social Implications of Risk. Dordrecht: Springer: 160-175.

Weiner T, 2005. GI Robot Rolls toward the Battlefield[N]. Herald Tribune.

Weizenbaum J, 1977. Computer Power and Human Reason: From Judgement to Calculation[M]. New York: W. H. Freeman & Company.

Werrell K P, 1998. Did USAF technology fail in Vietnam?[J]. Airpower Journal, 12(1): 87-99.

Wertheim E, 2007. Naval Institute Guide to Combat Fleets of the World: Their Ships, Aircraft, and Systems[M]. Annapolis: Naval Institute Press.

Whetham D L, 2012. Remote killing and drive-by wars[M]//Lovell D W, Primoratz I. Protecting Civilians During Violent Conflict: Theoretical and Practical Issues for the 21st Century. Farnham: Ashgate: 199-214.

Wickersham E E, 1922. Land Torpedo: US1407969[P]. 1922-02-28.

Wiliams H, 2012. Kant and the End of War: A Critique of just War Theory[M]. New York: Palgrave Macmillan.

Williamson G, 2002. German E-Boats, 1939-1945[M]. University Park: Osprey Publishing.

Wilson S, Miller G, Horwitz S, 2013. Boston Bombing Suspect Cites U.S. Wars as Motivation,Officials Say[N/OL]. The Washington Post. http://articles.Washingtonpost.com/2013-04-23/national/38751370_l_u-s-embassy-boston-marathon-bombings.

Xie M, 2003. The Fundamentals of Robotics: Linking Perception to Action[M]. River Edge: World Scientific.

Yenne B, 2004. Attack of the Drones: A History of Unmanned Aerial Combat[M]. Minneapolis: Zenith Press.

YouTube. Hell Is Coming for Breakfast[EB/OL]. http://www.youtube.com/watch?v=bHCchnGdtJA .

YouTube. UAV Kills 6 Heavily Armed Criminals[EB/OL]. http://www.youtube.com/watch?V=gNNJJrcIa7A&list=PL5F C6E7FB6B2FA591&index=4&feature=plpp_video .

Zaloga S J, 2005. V-1 Flying Bomb 1942-1952: Hitler's Infamous "Doodlebug"[M]. University Park: Osprey Publishing.

Zaloga S J, 2008. Unmanned Aerial Vehicles: Robotic Air Warfare 1917-2007[M]. Oxford: Osprey Publishing.

Zenkp M, 2012. 10 Things You Didn't Know About Drones[J/OL]. Foreign Policy. http://www.foreignpolicy.com/articles/ 2012/02/27/10_things_you_didn't_know_about_drones?page=full.

Zuboff S, 1985. Automate/informate: The two faces of intelligent technology[J]. Organizational Dynamics, 14(2): 5-18.

Zupan D S, 2008. A presumption of the moral equality of combatants: A citizen-soldier's perspective[M]//Rodin D, Shue H. Just and Unjust Warriors: The Moral and Legal Status of Soldiers. Oxford: Oxford University Press: 214-225.

索　引

H

J

K

L

M

Z